流域初始水权耦合配置方法研究

吴凤平　葛敏　张丽娜　章渊 等 著

中国水利水电出版社
www.waterpub.com.cn
· 北京 ·

内 容 提 要

本书系统研究了在最严格水资源管理制度约束下，流域初始水权如何在省区初始水权配置子系统和流域级政府预留水量配置子系统内部和彼此之间进行耦合配置的理论与方法。针对省区初始水权配置子系统，建立了省区初始水权量质耦合配置模型；针对流域级政府预留水量配置子系统，建立了政府预留水量供给需求耦合配置模型；针对省区初始水权配置与流域级政府预留水量配置两个子系统如何协调的问题，构建了耦合协调度判别准则，建立了流域初始水权配置系统的协调耦合进化模型。

本书可供从事水资源管理的学者、管理人员和决策者借鉴使用，亦可供科研机构以及高等院校师生研究水权、水市场时参考。

图书在版编目（CIP）数据

流域初始水权耦合配置方法研究 / 吴凤平等著. -- 北京 : 中国水利水电出版社, 2017.12
ISBN 978-7-5170-6151-9

Ⅰ. ①流… Ⅱ. ①吴… Ⅲ. ①流域－水资源管理－研究－中国 Ⅳ. ①TV213.4

中国版本图书馆CIP数据核字(2017)第326240号

书 名	**流域初始水权耦合配置方法研究** LIUYU CHUSHI SHUIQUAN OUHE PEIZHI FANGFA YANJIU
作 者	吴凤平　葛敏　张丽娜　章渊　等 著
出版发行	中国水利水电出版社 （北京市海淀区玉渊潭南路1号D座　100038） 网址：www.waterpub.com.cn E-mail：sales@waterpub.com.cn 电话：(010) 68367658（营销中心）
经 售	北京科水图书销售中心（零售） 电话：(010) 88383994、63202643、68545874 全国各地新华书店和相关出版物销售网点
排 版	中国水利水电出版社微机排版中心
印 刷	北京市密东印刷有限公司
规 格	184mm×260mm　16开本　14.75印张　350千字
版 次	2017年12月第1版　2017年12月第1次印刷
定 价	**65.00元**

本书编委会

主　　编： 吴凤平

副主编： 葛　敏　张丽娜　章　渊

参编人员： 于倩雯　田贵良　陈艳萍　程铁军　沈俊源
朱　敏　方　琳　刘金华　尤　敏　金珊珊
李　芳　许　霞　王丰凯　程明贝　梁蔓琪
孔德才　周　晔　潘闻闻

前言
PREFACE

水是人类社会赖以生存和发展不可替代的资源，是社会经济可持续发展的基础。水资源作为一种自然资源，曾被认为是取之不尽、用之不竭的。我国人多水少，水资源时空分布不均。社会经济的快速发展和全球气候变化导致水资源供需矛盾十分突出，加上水资源的无序开发和低效利用，导致了水资源短缺、水环境恶化和水生态退化等一系列水问题，严重影响和制约着世界社会经济的发展进程。这些危机在我国七大流域均有所体现，尤其在资源性缺水地区表现尤为突出。

为解决我国日益复杂的水问题，实现水资源的有效配置和高效利用，我国实行最严格水资源管理制度，确立了“三条红线”，实施了“四项制度”，这充分体现了国家对水资源管理的战略需求和制度安排。

水资源合理配置是水资源开发利用的前提、提高用水效率的基础以及维护水生态环境的保障，故每一条红线的落实都与水资源合理配置密切相关。而明晰流域初始水权是实现水资源在各区域及各用水行业之间进行公平、合理、有效配置的重要途径，是促进水资源合理配置的前提基础和重要内容。

本书基于耦合的视角，在系统梳理国内外初始水权配置相关研究进展和深入剖析实践需求的基础上，通过构建省区初始水量权的优化配置模型、省区初始水权的量质耦合配置模型研究省区初始水权的配置；构建需求视角下政府预留水量的规模优化配置模型、供需耦合视角下政府预留水量的结构优化配置模型，研究流域级政府预留水量的耦合优化配置；在此基础上构建流域初始水权配置系统的协调耦合进化模型，探讨省区初始水权配置子系统和流域级政府预留水量配置子系统之间的协调性、适宜性。为水权合理配置提供新的研究思路，丰富初始水权配置理论。

本书分为六大部分内容，共12章。第1部分为基础研究（第1章和第2章）：第1章叙述了本书的研究背景和意义，总结了国内外流域初始水权配置理论的相关研究进展，梳理了国内外典型流域初始水权配置相关情况；第2章梳理了我国水资源及水权管理的相关法律法规，回顾了新中国成立以来不同阶段的管理模式，并分析最严格水资源管理制度对水权管理的制约与影响，构建了基于耦合视角的流域初始水权配置框架。第2部分为省区初始水权配置研究（第3章~第6章）：第3章首先解析了最严格水资源管理制度与省区初始水权配置的关系，然后确定省区初始水权量质耦合配置对象及主体，提出了省区初始水权量质耦合配置模式，梳理归纳了支撑配置模型构建的支撑理论技术的要点及其对本书的借鉴意义；第 4 章 ~ 第 6 章面向最严格水资源管理制度的约束，考虑到省区初始水权配置具有敏感性、复杂性和不确定性等特点，分别构建了省区初始水量耦合优化配置模型、省区初始排污权免费分配模型以及省区初始水权量质耦合配置模型。第 3 部分为流域级政府预留水量配置研究（第 7 章 ~ 第 9 章）：第 7 章梳理了政府预留水量的构成及其属性作用等方面，阐述了政府预留水量分配动因，在分析水资源安全管理理论及公共产品理论与政府预留水量的关系的基础上，总结政府预留水量分配实践及启示，提出了相关理论方法在政府预留水量优化配置中的适用性；第 8 章分析了用水安全对政府预留水量配置的影响机理，基于用水安全视角提出了政府预留水量配置的公平原则、可持续原则、有效性原则及合作原则，进而构建了需求视角下政府预留水量规模优化配置模型和供需耦合视角下政府预留水量结构优化配置模型；第 9 章基于数据库软件、C#程序语言和 Matlab 软件，从政府预留水量耦合优化配置过程中自动化数据分析、计算和输出功能出发，系统分析了配置系统的数据需求，构建了一个高效、灵活的政府预留水量耦合优化配置决策支持系统。第 4 部分为系统协调耦合配置研究（第 10 章）：分析了省区初始水权量和流域级政府预留水量的依存关系，构建了耦合协调性判别准则，最后，以耦合协调性最佳为目标，建立了水权配置量调整的优化决策模型。第 5 部分为实证研究（第 11 章）：针对大凌河流域进行了实证分析，通过分析计算，获得了大凌河流域省区初始水权和政府预留水量的耦合配置方案。第 6 部分为总结与建议（第 12 章）：总结了本书的研究结论，提出流域初始水权配置方案在实施前还需完善的相关事项，展望流域初始水权研究领域可以进一步开展的工作。

本书是国家自然科学基金面上项目“最严格水资源管理制度约束下流域初始水权耦合配置方法研究”（编号 41271537）的研究成果。全书由吴凤平组织编写，吴凤平、张丽娜、朱敏负责省区初始水权配置研究，葛敏、沈俊源、尤敏负责水量水质耦合模型研究，吴凤平、章渊、周晔负责政府预留水量配置模型研究，田贵良、于倩雯、刘金华负责系统协调耦合配置模型研究，陈艳萍、程铁军、李芳等负责基础研究并协助了相关模型研究，吴凤平、方琳、金珊珊、许霞负责实证研究。此外，本书参考和引用了国内外许多学者的有关论著，吸收了同行们的辛勤劳动成果，作者从中得到了很大的教益和启发，在此谨向他们一并表示衷心的感谢。

流域初始水权配置涉及面广，影响因素多，加上作者水平和时间有限，书中难免有遗漏和不足之处，欢迎广大读者批评指正。

作　者

2017 年 10 月

目　录

第1部分　基　础　研　究

第2部分　省区初始水权配置研究

第 3 部分　流域级政府预留水量配置研究

第 4 部分　系统协调耦合配置研究

第 5 部分　实　证　研　究

第6部分　总结与建议

第1部分 基 础 研 究

第1章 概 述

1.1 研 究 背 景

当今世界面临着水资源危机的共同挑战。由于人类对水资源的无序开发和气候环境的变化，水资源短缺、水环境恶化和水生态退化等问题在世界各地频繁出现，导致可用的淡水资源持续减少，水质日益恶化，严重影响和制约着世界经济社会的发展进程。2015年联合国“世界水资源评估计划”（WWAP）和《世界水资源开发报告》数据显示，全球滥用水的情况非常严重，在全球人口激增和都市化进程加速的态势下，以目前用水比率推算，2030年全球范围内对水的需求和补水之间的差距可能高达40%，世界各地将面对严峻的“全球水亏缺”的状况。因此，确保足量、安全和卫生的水资源，成为《2030年可持续发展议程》的核心目标之一。而通过协调政策和投资来处理水-就业的纽带关系，在《2016年世界水资源发展报告——水与就业》报告中，被认为是发展中国家和发达国家实现可持续发展的首要任务。2016年世界水理事会举行以“水——人类的未来”为中心主题的第七届世界水论坛，强调了在解决水资源问题的主体框架下，全球范围内共同努力加强水资源领域合作的决心。这些都充分体现了国际社会对水资源问题的高度重视，以及对解决水资源问题的迫切期盼。

1.1.1 最严格水资源管理制度的提出

我国人均水资源占有量少，水资源时空分布差异显著。随着经济的快速发展和全球气候的变化，水资源供需矛盾日趋严峻，造成了水资源短缺、水污染加剧和生态环境恶化等一系列水问题。

面对我国日益突出的水资源问题，2011年中共中央1号文件《中共中央 国务院关于加快水利改革的决定》（简称《决定》）和中央水利工作会议明确提出要实行最严格水资源管理制度，包括建立用水总量控制制度、用水效率控制制度、水功能区限制纳污制度、水资源管理责任和考核制度等“四项制度”，并确立了“三条红线”，即水资源开发利用控制红线、用水效率控制红线和水功能区限制纳污红线。2012年国务院3号文件《关于实行最严格水资源管理制度的意见》（以下简称《意见》）明确了“三条红线”的主要目标，进一步提出实行最严格水资源管理制度的保障措施。这两个纲领性文件充分体现了国家对水资源管理的战略需求和制度安排。

目前，我国用水总量约占水资源可开发利用总量的70%以上。根据2016年《中国水资源公报》数据显示，2016年全国用水总量达到6040.2亿m^3，比改革开放初期增加了约1500亿m^3，全国现状合理用水需求缺口超过500亿m^3。水资源时空分布不均的特点进一步加剧了水资源短缺；流域水生态问题十分严峻，流域入河湖污染物不断增加，水体水质持续恶化，海河、淮河、辽河和太湖流域水体污染严重。不少流域水资源过度开发利用，已超过其水资源承载能力，如黄河流域开发利用程度达到76%，海河流域甚至已超过了100%；水质约束日趋凸显，水功能区水质达标率仅为46%，直接威胁到城乡居民的饮水安全和身心健康；水体污染严重，38.6%的河床劣于Ⅲ类水，2/3的湖泊富营养化。如何践行最严格水资源管理制度，从根本上缓解水资源问题，保障21世纪中国社会主义经济社会的可持续发展，已经成为我国社会发展进程中的重大课题。

1.1.2 科学配置流域初始水权是落实最严格水资源管理制度的重要途径

水资源合理配置是解决水资源短缺、实现节水社会建设、保护水生态环境的重要前提，故水资源合理配置与每一条红线的顺利落实都息息相关。而明晰流域初始水权是实现水资源在各省区及各用水行业之间进行公平、合理、有效配置的有效途径，是促进水资源有效配置的主要内容和重要前提。因此，流域初始水权合理配置是落实最严格水资源管理制度的有效途径，也是落实最严格水资源管理制度的重要技术支撑之一。近年来，我国水权配置实践进展明显。继1987年编制的黄河正常来水年《黄河可供水量分配方案》及1997年编制的黄河枯水年《黄河可供水量年度分配及干流水量调度方案》之后，2008年以来，松辽流域先后开展了初始水权配置专题研究，大凌河、霍林河流域省（自治区）际初始水权分配试点工作等，并相继出版了一批理论成果，但由于情况复杂，大江、大河的水量配置工作至今尚未全部完成。

随着经济社会的快速发展，水环境恶化问题的日趋凸显，排污者之间的排污矛盾也日益突出，流域初始排污权配置是解决该矛盾的有效途径，是开展排污权交易的前提和基础。继1988年我国发布《水污染物排放许可证管理暂行办法》和1996年实行《国家环境保护“九五”计划和2010年远景目标》之后，流域初始排污权配置研究也全面开展起来，如太湖流域分别在2008年和2013年编制《太湖流域水环境综合治理总体方案》，明确水污染物排放总量控制目标。在实行最严格水资源管理制度之后，流域初始水权配置的理论与实践必须适应这一制度的要求，以用水总量控制、用水效率控制和纳污量控制为基准，形成与流域内各省区用水实际相匹配、结构合理的流域初始水权配置方案。

1.1.3 合理配置政府预留水量有利于实现水资源优化配置和保障用水安全

流域初始水权一般划分为流域级自然水权、省区初始水权和流域级政府预留水量三部分。其中流域级自然水权是指满足流域生态环境合理用水需求的水资源供给额度；省区初始水权是指满足流域范围内各省区内公共生态环境合理用水需求的水资源额度或供水额度；流域级政府预留水量是指为了应对未来可能发生的不可预见因素，包括自然因素和社会因素，以及突发紧急情况下对水资源的非常规需求，由中央政府或流域机构控制和管辖的预留水量。政府预留水量是水权的一种物质表现形式，也是水权的一种载体。政府预留水量与国民经济用水、生态环境用水属于同一层面，是完整初始水权体系的重要组成部分之一。

政府预留水量在应对供水危机和规避发展风险中具有很大的优势，国家或区域必须拥有一定规模和质量的水资源使用权，以应对供水危机和发展风险。有了预留水量，当突发事件和风险发生时，政府不必再去水市场上购买应急水权，避免扰乱市场并能够及时控制风险态势的扩大。政府预留水量是国家水权制度体系的一种完善，通过科学完善的政府预留水量制度，运用预留水量，政府可以防止因水资源中断和供应急剧减少而对国民经济造成的巨大冲击，能有效地保障经济社会持续稳定和协调发展、保护生态环境，并为规避未来发展风险、保障经济社会协调发展和国家重大发展战略调整与布局等用水安全提供水资源保障。

我国实行最严格水资源管理制度，其根本目的是保障用水安全，从而保障经济安全、生态安全乃至国家安全。流域级政府预留水量如何在用水安全的视角下实现优化配置，现有研究还相对缺乏，值得进一步深入探讨。

1.2　研　究　意　义

水资源是工农业发展的重要资源，对社会经济的发展乃至人类的生存都不容忽视。我国水资源存在供需矛盾，在严重的水资源危机背景下，加强我国的水权制度建设，完善我国的水权配置研究，具有重要意义。

本书基于耦合视角研究流域初始水权配置，在理论上可以弥补我国目前探讨初始水权和谐配置以及人水和谐问题研究的不足，从而丰富初始水权配置理论。针对流域初始水权配置不同子系统的基本特征，以用水总量控制、用水效率控制和纳污量控制为基准，建立相应的约束关系，研究省区初始水权和政府预留水量的配置方法，有利于提高配置方法的科学性，在实践上可以为流域开展初始水权的配置工作提供重要理论支撑。实行最严格水资源管理制度，涉及不同用水主体的利益冲突，不仅需要多轮协商，而且容易引发争议，本书试图通过“耦合”的方法实现协商过程，在模型中充分反映各协商主体的平等话语权，从而快速、准确地达成协商结果，避免协商争端，有利于减少初始水权配置的成本。本书还可以推进最严格水资源管理制度的执行，契合我国水资源管理的新形式，具有良好的应用前景。

本书的研究成果对于促进流域水资源可持续利用，保护流域的生态环境，协调上下游、左右岸、不同行业的正当用水权益，建立和完善我国的水权制度，推进资源有偿使用，建立和谐用水秩序，提高水资源的利用效率，建设节水型社会，保证人与自然的和谐，构建社会主义和谐社会均具有重要意义。具体体现在以下几个方面。

1.2.1　应对我国当前严峻水资源形势的迫切需要

水资源不仅是基础性自然资源，也是战略性经济与军事资源，是经济社会发展的重要支撑，是生态与环境的重要控制性要素。没有水就没有生命和人类社会，没有水社会生产不可能进行，就没有经济发展和社会进步，更不可能有人们生活质量的改善与提高。水资源作为人类生命不可或缺的重要资源，其战略意义深远，政治意义重大。水资源的保护与利用直接关系到国家的安全与稳定，直接关系到人民群众的切身利益，直接关系到区域之间、行业之间、经济与社会、人与自然等多方面的和谐发展。流域水资源一旦在各区域间分配不合理，势必影响社会安定，不利于和谐社会的构建。水资源合理配置是水资源开发利用的前提、提高用水效率的基础以及维护水生态环境的保障，本书从耦合的角度来研究水资源配置问题，研究流域初始水权的配置方法，对于保护水资源生态环境、缓解水资源供求矛盾、促进人水和谐发展有着重要而深远的现实意义。

1.2.2 有利于完善现有初始水权配置理论

长期以来，国内外学者对流域水资源配置理论进行了系统深入的研究探讨。目前，针对流域水资源配置，采用行政配置手段，通过政府的宏观调控，有利于实现水资源在各区域之间配置得更加公平合理，但不利于提高流域水资源的配置效率，不利于实现水资源的综合效益；采用市场配置手段，通过市场化的经济手段，实现水资源的合理配置，有利于提高水资源的利用效率，优化水资源的经济、社会与生态环境的综合效益，但水资源具有时空分布不均匀性，不利于保障各区域之间水资源配置的公平性。

水资源的特点决定了水市场是“准市场”，无法采用完全市场化的运作手法来实现流域水资源的优化配置。流域初始水权配置强调公平与效率兼顾、公平优先，既要体现流域的经济效益，更要体现流域的社会效益与生态环境效益，究其本质是要解决如何统筹公平与效率兼顾、统筹社会经济效益与生态环境效益的问题。因此，流域水资源的配置必须考虑人类生存的基本需要以及原使用者的权利，必须将流域用水户的过去用水和将来发展通盘考虑，最终避免社会经济用水挤占生态环境用水、工业用水挤占农业用水等现象的发生。

总体来看，我国许多专家和学者对水权、水市场进行了理论研究和学术探讨，提出许多有价值的观点，对推进节水型社会建设起到了促进作用。但无论是水权配置理论研究，还是水权配置实践，在我国都还处于初步探索阶段，还没有成熟的理论方法，尤其是保证配置结果的公平、公正、合理是目前学者们关注的焦点。为了解决我国日益复杂的水问题，实现水资源的有效配置，推进最严格水资源管理制度的落实，本书基于耦合的视角，通过主要研究省区初始水权和流域级政府预留水量，探讨省区初始水权配置子系统和流域级政府预留水量配置子系统之间的耦合性、适宜性，为水权合理配置提供新的研究思路，丰富初始水权配置理论。

1.2.3 有利于简化流域初始水权配置实践中的协商过程

针对流域初始水权配置问题，我国政府选择了一些流域进行初始水权配置试点工作，并总结了一些实践经验。目前，学界普遍认为引入民主协商机制是实现科学配置初始水权的关键。胡鞍钢、王亚华（2000）提出流域地方政府是最有效的水权代表者，可以在较大程度上代表地区和用户的利益，最可能通过政治协商的方式和其他地方政府建立起一种组织成本较低的协商机制。民主协商机制恰似一种谈判机制，各方利益相关者通过广泛参与，使其需求得到反映，并通过民主集中、中央拍板，在一定规则下达成用水合约，其结果不一定是谈判各方的最优解，但却是较优解或妥协解，这将带来流域整体用水效益的提高。贺骥等（2005）提出我国流域管理应确立以联席会议为协商形式的两级协商体制，为构建流域民主协商提供了必要的制度框架。

协商的本质就是以人为本，协商的过程往往是反复进行的，难以通过一次协商就达到满意状态。协商的过程是讨价还价的过程，通过自下而上、自上而下的“协商→反馈→平衡→再协商→再反馈→再平衡”等方式充分发扬民主，充分吸收各利益相关者的合理意见和建议，切实保障各方利益。许多专家提出，应建立多级协商组织，实施政府调控和用水户参与相结合的流域初始水权配置民主协商机制。

可见，初始水权配置实践中的民主协商机制是一个复杂的过程，协商周期长、协商成本高、协商效率往往不高，并且在实践中难以控制。本书基于耦合视角研究流域初始水权配置方法，通过设计初始水权量质耦合配置的强互惠制度，将水质影响耦合叠加到水量分配中，在设计时充分反映政府的强互惠地位，可以快速、准确地达成协商结果，减少协商争端。

1.3 相关概念解析与研究进展

1.3.1 最严格水资源管理制度的概念及解析

最严格水资源管理是我国政府应对日益严重的水问题而提出的一项水管理新制度，目前已在全国各地实施，是我国强化水资源管理的新举措。最严格水资源管理制度以水资源配置、节约和保护为重点，通过统一规划和水资源论证，建立水资源开发利用控制红线，严格实行用水总量控制，建立用水效率控制红线，全面推进节水型社会建设，建立水功能区限制纳污红线，严格控制入河湖排污总量，通过开发、利用、保护、监管四项制度，实现社会经济发展与水资源水环境承载能力相协调，推动社会经济长期、平稳、较快地发展。

最严格水资源管理制度的核心是建立“三条红线”，而“三条红线”是基于水量和水质两个维度对水资源进行宏观总量控制和微观定额管理的，是通过开发、利用、保护、监管四项制度保障落实的，能促进社会经济发展与水资源水环境承载力相协调。用水总量控制红线要充分考虑水资源承载能力，是对取水的流域、区域等进行宏观总量控制，主要考虑水量问题。用水效率控制红线要充分反映节水过程，是对用水的宏观总量控制和微观定额管理，因为它既可以对一个流域、区域的用水量进行宏观总量控制，也可以对行业、企业、用水户的用水量进行微观定额管理，可以直接影响水量，也可以间接考虑到水质，因为用水效率高意味着重复利用率高和污水排放量少，有利于改善水质。水功能区限制纳污红线要充分考虑水环境的承载能力，是对入河湖排污总量的宏观总量控制和微观定额管理，主要用于水质和水生态系统的保护。最严格水资源管理“三条红线”为落实最严格水资源管理提供了新路径。解决我国日益严峻的水资源问题，必须靠制度、靠政策，走水资源管理体制、机制的制度创新之路。“三条红线”的提出就是从根本上转变水资源利用方式，实施科学化、制度化、精细化管理，统筹协调社会、经济、水资源、水环境的可持续发展，做到还水于民、还利于民、还权于民。

最严格水资源管理制度是我国政府最新提出的旨在强化水资源管理的一揽子制度的总称，具有显著的中国特色，是应对中国日益严峻的水问题、水资源管理政策滞后以及需要更加强硬的行政措施的现实而提出的一个制度体系。执行最严格水资源管理制度其核心要素是人的全面进步。无论是科学的管理体制、良好的运行机制，还是最严格水资源管理制度，其形成和实施都有赖于国民素质的全面提升。最严格水资源管理制度的实施需要全社会参与，着力形成政府、社会协同治水、兴水的整体合力，努力营造用水户关心、支持、参与的齐抓共管的良好氛围，全力构建全民监管体系是实践最严格水资源管理制度的根本保证。

在实行最严格水资源管理制度的过程中，我国流域初始水权配置迫切需要解决的核心问题是以用水总量控制、用水效率控制和纳污量控制为基准，以协调上下游、左右岸、不同区域的正当用水权益，推动经济社会发展与水资源水环境承载力相协调为目的，以清晰界定产权归属、兼顾公平与效率、结合地区实际情况等为省区初始水权配置的原则，获得由水量、水质耦合控制的省区初始水权配置方案，兼顾“供给—可能”和“需求—需要”两个方面确定政府预留水量，协调省区初始水权配置量和政府预留水量的分配比例，推进最严格水资源管理制度的落实，保障社会经济长期、平稳、较快地发展。

1.3.2 水权内涵研究进展

水权主要是指对水量的各种权利，为了与排污权（对环境容量资源的各种权利）相区分，又被称为“水量权”，其内涵的辨析，既是水权制度建设的基石，也是水权相关问题研究的逻辑起点。因此，国内外对水权的内涵展开了大量的研究和探讨。但是国内外关于水权的内涵存在较大的差异，至今尚未形成统一的认识。

1. 国外水权内涵的研究进展

美国、英国、法国、日本、澳大利亚、菲律宾等国家通过立法实践对水权内涵进行辨析，具体见表1.1。

表1.1 国外立法实践对水权内涵的辨析

国家	主要内涵	法律法规规定
美国	水权是对江河、湖泊、溪流等公共水体的权利，水权只是指水资源使用权，主要包括私人所有的先占权水权、岸边权水权，而非所有权	水资源属于各州所有，其水资源法律以州法律为主： （1）犹他州《水法》规定，犹他州的所有水属于公共财产，通过流量和流速定义许可取水量，水权是基于水量、水源、优先性、用水性质、引水地点等有益使用水的权利。 （2）《阿拉斯加水利用法》规定，水权是指依据该规定使用地表水或地下水的法律权利。 （3）《爱达荷州宪法》和《爱达荷法律汇编》规定，水权是指根据某人的优先日从爱达荷州公共水体中引水并将之投入有益利用的任何权利（usufructuary right）

续表

国家	主要内涵	法律法规规定
英国	水权归国家所有，汲水的水量及其用途都要受到行政管理控制	(1) 1963年前，英国实行河岸权，水权属于沿岸土地所有者所有，包括使用权和所有权（private property right）。 (2) 1963年后，《水资源法》规定，水权属于国家所有，持有经主管部门批准的许可证方可按照许可证上的条款进行取水活动，是一种使用权
法国	水权是对地表水、公共水域、私有水域、混合水道、地下水的使用权利，要服从行政机构的管理	《水法》规定，私有水的使用权依据土地权获得，用水许可权是根据省长、部长或国家立法委员会的命令批准发给的用水优先顺序，是由中央流域委员会磋商，经立法委员会批准后颁布实施；对已有私有水用水权的优先顺序，则按民事法典有关土地所有权的条例进行管理
日本	日本规定水权归国家所有，规定了明确的水权水量，流水的占用以流量表示	(1) 1896年起实施的《河川法》规定，1896年以前既有取水团体按照惯例水权（customary water right），自动拥有水权，之后若要取得水权，必须向政府行政机构（建设省）申请获得许可，称为许可水权（approved water right）。 (2) 1964年修改的《河川法》将申请惯例水权规定为义务
澳大利亚	水权指水资源的使用权或交易权	在澳大利亚的《水权的永久交易规定》中，水权一词被表示为：water rights、water property rights、property rights，是指水资源的使用权或交易权
菲律宾、西班牙、南非、俄罗斯	水权的授权主体是政府，授权内容是取水和用水的特权	在《菲律宾水法》《南非共和国水法》和《西班牙水法》中，水资源归国家所有，专设一章对"水源的使用"或"用水"加以规定。《俄罗斯联邦水法》第42条规定："属于国家所有制范畴的水体，可按照对水体的不同使用目的、水体的生态状况及水源的总量等不同情况，分别赋予一些法人或公民以短期或长期的水资源使用权"

国外学者对水权的内涵和外延也开展了大量的研究，代表性成果如下：①Cheung（1969）将水权定义为包括水资源所有权和使用权在内的多个权利组成的"权利束"；②Mather和Russell（1984）将水权界定为水资源产权；③Laitos（1989）认为在美国西部各州水权所包涵两大关键要素：一是从某一水道引水的权利，二是在水道内外的水库或蓄水池中蓄水的权利，水权不是对水的所有权，而是用水权；④Schleyer（1996）和Brooks等（2008）认为水权是享有或使用水资源的权利；⑤Jungre将水权归为一种区别于传统意义的特殊的私人财产权，水权的使用者并不拥有某条河流或某一含水层等水资源的所有权，仅享有使用该水权的权利——用益权；⑥Hodgson（2006）认为水权为从某一河流、溪涧或含水层等天然水源抽取和使用一定量的水的法律权利。在水权的内涵上，国外学者的研究具有阶段性特征，早期学者认为水权是包括水所有权在内的权利束，近期学者普遍认为水权只是指水使用权，而不包括水所有权或私人财产权。

2. 国内水权的内涵研究进展

国内多侧重于水权的权利构成及其性质界定。从国家的层面来看，按照《中华人民共和国宪法》和《中华人民共和国水法》（以下简称《水法》）规定，"水资源属于国家所有"。国务院代表国家行使水资源所有权，水资源使用权依附于水资源所有权而存在。我国学界关于水权的内涵尚未形成统一的认识，争议的焦点在于水权权属的组成，水权内涵的代表性观点及代表性人物见表1.2。

表1.2 国内学者对水权内涵的辨析

代表性观点	代表性人物及具体内涵解释
水权是由一种权利成分构成的“一权说”	傅春、周玉玺、刘斌等（2000）认为水权是依照法律所享有的水资源使用权
水权是由两种权利成分构成的“二权说”	《水利百科全书》对水权的解释是“部门或个人对于地表水、地下水的所有权、使用权”；关涛（2002）认为水权包括水资源的所有权和使用权
水权是由至少三种权利成分构成的“多权说”	姜文来、冯尚友等（2000）认为水权是水资源的所有权、经营权和使用权的总和，即水权的“三权说”；汪恕诚（2000）认为水权是由水资源所有权、水资源使用权以及附着于所有权的处置权，水资源工程所认为水权包括所有权、使用权以及附着于所有权的处置权和附着于使用权的收益权；张郁、马晓强等（2000）将水权看成所有与水有关的权利的集合

3. *初始水权和初始水权配置内涵的研究进展*

与水权相比，初始水权是一个更为复杂的概念，学术界分歧较大。林有祯（2000）指出，初始水权是由国家初次界定给各行政区的流域、河道断面或水域的水资源开发利用权限，是在综合考虑流域自然地理特点、生态环境条件、行政区划、取用水历史和社会经济发展需求等因素的基础上所划分的权限。张延坤、王教河等（2004）认为初始水权是国家及其授权部门第一次通过法定程序为某一区域（部门、用户）配置的水资源使用权。刘思清（2004）认为初始水权配置是一种将流域的水权在同层次决策实体之间进行配置的方式，各决策实体所分到的水权数量就是初始水权。李海红、赵建世等（2005）指出，初始水权是公众或社会群体对水资源的初始使用权，初始水权配置是关于水资源使用权的初次分配。王浩、党连文等（2008）认为初始水权是国家及其授权部门第一次通过法定程序为某一区域、部门或用户分配的水资源使用权。吴丹、吴凤平等（2009）认为初始水权是指中央政府或流域管理机构通过水量配置和取水许可制度，第一次分配给流域内不同省区或不同用水部门的水资源使用权（水权），即省区或用水部门初次获得的相对于水权转让而言的水权。王宗志、胡四一等（2012）将初始水权的定义分为两个层面：理论层面的定义是法律上第一次界定的水资源产权；应用层面的定义是第一次在法律上清晰界定某主体（地区、部门、用户）关于一定数量水资源的配置权或使用权。尹庆民、刘思思等（2013）认为初始水权配置是对流域内各区域的利益进行重新配置的过程。

综上所述，初始水权配置的对象或载体是以水量为主，是一个法学概念，配置的主体是国家及其授权部门，配置的结果是使各区域（省区、行业、用水户）获得一定的水资源使用权，配置的结果受到国家政治形态、流域水资源禀赋、社会经济条件、取用水历史等因素的影响。

1.3.3 排污权相关内涵的研究进展

目前，排污权交易制度是备受国外关注的环境经济政策之一。严格意义上的排污权交易制度由排放总量控制、初始排污权配置、排污权交易三个部分组成。由于通过初始配置，形成相对排他性、可测量和可交易的排污权份额，故初始排污权配置起着关键的承接功能，是排污权交易机制实施的有效保障。因此，初始排污权配置是排污权交易制度实施的前提和基础。

美国学者 Dales（1968）首先将排污权定义为“权利人在符合法律规定条件下向环境排放污染物的权利，即排污者对环境容量资源的使用权”。排污权（水污染物）是水权的重要组成部分，它是关于水环境容量资源的公共权力，是将环境资源的使用权由公共权力变为私人权利，即将水资源的环境容量配置给各排污主体的过程。从经济学的角度看，排污权是产权概念的延伸，是指排污单位对环境容量资源的使用权，而非环境容量资源的所有权。蒋亚娟（2001）认为排污权是人们享有的环境容量资源的使用权、收益权和请求保护权等权利组合。有些学者从法学的视角进行界定，排污权首先是物权，并具有财产权的属性，同时排污权是他物权，是一种新型的用益物权。初始排污权配置与其他资源的配置一样，属于行政许可的范畴，一般采用无偿配置或公开拍卖的方式，配置对象或载体是污染物，配置主体是相关行政管理部门。

1.4 初始水权配置理论

本部分提出流域初始水权配置系统的构成，梳理了国内外有关流域初始水权配置原则、配置理念、配置机制、配置模型的文献，总结了初始水权配置的发展趋势。

1.4.1 流域初始水权配置系统构成

初始水权配置系统可以看成是政府预留水量子系统、国民经济水权子系统和生态环境水权子系统的复合体，在具体的配置过程中需要遵从相关的配置原则，其具体构成见图1.1。

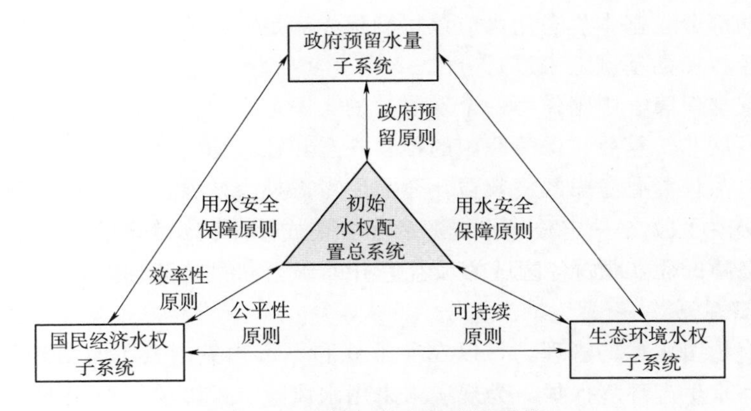

图1.1 流域初始水权配置系统

流域初始水权配置系统由流域级自然水权、省区初始水权和流域级政府预留水量三部分构成，其中，流域级自然水权是指为满足流域公共生态环境合理用水需求的水资源额度或供水额度；省区初始水权是指为满足流域各省区内公共生态环境合理用水需求的水资源额度或供水额度；流域级政府预留水量是指由中央政府或流域机构具体负责管理的政府预留水量。流域初始水权配置是按照一定的规则，实现流域初始水权在流域级自然水权、省区初始水权和流域级政府预留水量之间合理分配的过程。

在流域初始水权的三个组成部分中，流域级自然水权的配置过程因其需求的特殊性一般处于相对独立的阶段，本部分内容不进行专门讨论。本项研究的主要研究范围是省区初始水权的配置和流域级政府预留水量的确定，即在研究合理协调省区初始水权配置量和政府预留水量的分配比例的基础上，探讨流域初始水权如何在各省区有效配置的方法。

1.4.2 流域初始水权配置原则

流域初始水权分配的具体原则包括用水安全保障原则、政府预留原则、可持续原则、公平性原则和效率性原则。初始水权配置原则分别从不同的层面反映了初始水权配置与子系统之间的关系；政府预留水量原则反映了初始水权系统与政府预留水量子系统之间的关系；用水安全保障原则、公平性原则和效率性原则反映了初始水权系统与国民经济水权子系统之间的关系，用水安全保障原则和可持续原则反映了初始水权系统与生态环境水权子系统之间的关系，见图1.1。

1. 用水安全保障原则

用水安全保障原则主要包括基本生活用水保障、基本生态用水保障和粮食安全保障三个方面，关系到人类生存、社会稳定和发展。

(1) 基本生活用水保障。基本生活用水包括城市居民的生活用水、农村居民的生活用水以及牲畜用水。基本生活用水体现了对于人权的保障，每个人的基本生活用水应该平等地进行分配，以确定基本生活用水总量。初始水权配置时需要充分体现以人为本的原则，相对于生产用水应该具有优先权，需要首先满足。

(2) 基本生态用水保障。水资源不仅是国民经济发展的重要资源，也是社会发展的物质基础，而社会经济发展必须保障生态环境安全。生态环境用水主要包括基本生态用水和适宜生态用水两部分，基本生态用水应该得到优先满足，适宜生态水权可以根据生态建设的需求，在综合权衡的基础上来进行分配。

(3) 粮食安全保障。中国作为一个发展中的大国，人口多、粮食消费量大，粮食安全与社会稳定及发展非常重要。保障我国的粮食安全和社会稳定始终是水资源配置中需要优先考虑的目标，不仅需要考虑经济效益，还需要考虑社会效益。稳定的农业灌溉用水是保障粮食安全的必要手段之一。在分配水资源的时候，应该考虑地区的实际情况，充分结合当地粮食安全保障的现实情况，基本粮食生产用水量要得到优先保障。

2. 政府预留原则

通过对政府预留水量的管理，可以在非常规和不可预见因素下有效地保障社会稳定、经济正常发展和水生态环境保护，为规避未来用水风险、保障流域协调发展和国家重大发展战略调整与布局，支持关系国计民生和国家安全的工业发展以及国防建设提供用水安全保障。同时，为了满足将来发展的需要、代际公平以及应对特殊气候变化或其他不可预见的紧急状况，水资源一般不能一次分完，应当留有一定的余地。

3. 可持续原则

水量配置和管理应该以自然生态以及人类社会的可持续发展为前提，保障生态环境用水是可持续发展的核心。流域生态环境需水主要包括基本生态用水和适宜生态用水两个部分：基本生态用水被纳入用水安全保障原则；而适宜生态用水应该根据生态建设的实际要求综合确定。

4. 公平性原则

水量分配公平性原则相对复杂，内涵也比较丰富，目标是在不同区域之间、社会各阶层之间各方利益进行权衡的情况下，对水资源在不同行业之间、不同时段之间和不同地区之间进行合理分配，具体包括占用优先原则、人口优先原则、面积优先原则和水源地优先原则四个子原则。各子原则都体现了不同意义上的公平性，为了能够保障水权配置的相对公平，需要综合考虑各子原则，并充分考虑不同来水的影响，综合分析不同来水量对初始水权配置的影响。公平性原则具体包括以下内容：

（1）占用优先原则。占用优先原则指基于现状用水结构进行总水量配置，是被国外广泛认可并且使用的一项基本水量配置原则。我国水资源短缺，由于制度和历史等原因造成了河岸权制度的实施难度比较大，因此，占用优先原则是我国进行水量配置时应该遵循的一个重要原则。

（2）人口优先原则。人口数量也是公平性原则的重要影响因素。

（3）面积优先原则。我国地域辽阔，水资源时空分布不均，根据地区面积进行水量配置，是公平性原则之一。

（4）水源地优先原则。水源地上游具有天然取水优势，会占用较高比例的水量。水源地优先原则符合流域现状用水秩序，是公平性原则应该考虑的内容。

5. 效率性原则

实现资源高效利用是进行资源配置或资源管理的重要目的之一。因而，在配置水资源使用权的时候，必须考虑配置方案的效率。在经济学的视角下，水资源在各个经济部门之间的配置即各个经济部门对有限的水资源进行使用，同时产生回报，而其有效的资源配置状态是指为了获取最大的经济效益，水资源利用的边际效益在各个用水部门中均相等，也即一般按单方水 GDP 产值进行水量配置，要求将水量全部配置给水资源利用效益最高的地区。通常，公平性原则与效率性原则会发生冲突，在水量配置过程中，公平性原则应该优先于效率性原则。

1.4.3 流域初始水权配置理念

1. 流域初始水权配置的和谐管理理念

关于和谐问题，国外学者的研究是从协同学研究开始的。1976 年，协同学创立者联邦德国斯图加特大学教授、著名物理学家赫尔曼·哈肯发表了其代表作《协同学导论》。彼得·圣吉（1990）在其《第五项修炼》中提出了“建立共同愿景”，即要求不同主体应建立共同的愿望、理想、远景或目标。Peter A. Coming（1998）在总结管理发展趋势的基础上，提出了“协同：一个崭新的管理理念”。Andrew Crouch（1998）在《公司战略再造：从竞争走向和谐》中系统阐述了公司实施和谐管理的必要性，并就公司如何构建和谐管理机制提出了相关方法与建议。Peter White 等（2001）学者从企业和谐管理思想出发，主要研究公司与顾客、供应商、竞争者、互补者之间的竞争与合作，以及建立和谐关系的策略与方法。

在我国，和谐源于古代丰富的管理思想和文化，和谐哲学强调“利”“义”的对立统一。和谐是各子系统内部诸要素自身、各子系统内部诸要素之间以及各子系统在横向空间意义上的协调和均衡。和谐系统分内部和谐、外部和谐、总体和谐。其中，内部和谐又分为构成和谐与组织和谐。构成和谐是指系统要素及其构成的和谐，要求各要素有合理的匹配，具有一定协调性，不追求构成要素完美和最优，而选择合理构成来实现系统功能。组织和谐是指如何通过组织手段达到合理确定系统功能并保证其实现。外部和谐是指系统与环境的和谐。总体和谐是指系统内部与外部社会、经济系统综合的和谐。

2. 流域初始水权配置的协商理念

协商是指在决策之前，对政治、经济、文化和社会生活中的重要问题进行商讨，或者就决策执行过程中的重要问题进行商讨，以取得一致结论的过程。协商民主作为一种新的民主理论范式，主要指在政治共同体中，自由与平等的公民通过公共协商而赋予立法、决策以正当性，同时经由协商民主达到理性立法、参与政治和公民自治的理想。协商民主有利于打破以往公共决策的封闭性与神秘性，实现公民的参与权和知情权，增强决策过程的透明度和公开性。在流域初始水权配置协商的过程中，政府通过政治协商的方式和其他地方政府建立起一种组织成本较低的协商机制，包括建立政府宏观调控、流域民主协商、准市场运作和用水户参与管理的运作模式，确立以联席会议为协商形式的两级协商体制等。通过各方利益相关者的广泛参与，在一定规则下达成用水合约，从而带来流域整体用水效益的提高。

3. 流域初始水权配置的系统理念

系统科学论认为，宇宙万物虽千差万别，但均以系统的形式存在和演变。因此，从系统的角度来看，水权配置既不是一项孤立的技术活动，也不是一项完全的经济活动，而是自然、社会、技术诸多对象与活动的统一体现，是生态环境、社会经济、工程技术、管理与制度相互作用的系统。因此，可以把流域初始水权配置看成一个系统，流域内每个区域可以看做一个子系统，子系统之间有对抗也有合作，他们相互作用、相互影响。每个子系统的目标包括三个子目标，即经济效益目标、社会效益目标和生态环境目标。如何消除子系统之间的对抗，化对抗为合作，使子系统之间协同进化、和谐发展，是流域初始水权配置的总体目标，即怎样协调子系统的子目标与流域的总目标之间的一致性，消除流域初始水权配置中的一些不和谐因素。

系统的整体性原理是系统理论的核心，无论是研究、设计还是解决任何系统客体的问题，从目标选择到确定评价标准和系统决策，都必须从整体着眼，在研究方法上，将整体作为起点，从整体到部分再到整体。因此，根据整体性原理，流域初始水权配置系统可以分为多个层次，最高层是流域管理机构，对于跨省界流域来说接下来是省级水利管理部门，其次是各省地市级行政主管部门，再次是县级行政主管部门，最底层是用水户。在每一层级中又有多个用水行业或用水户，例如，可以将区域作为是由生活、生态环境、农业、工业以及第三产业等用水子系统复合而成的区域子系统，将流域视为由若干个区域系统复合而成的更高层次的大系统。

4. 流域初始水权配置的多目标协同理念

流域初始水权配置是一个多目标决策问题。首先，流域初始水权配置涉及多个决策者

（一般包括流域管理机构、各区域利益代表者、用水户等），每个决策者有不同的偏好。其次，在配置过程中，既要考虑人的生活用水需求，又要考虑生产、生态环境用水需求；既要考虑水资源利用效率，又要考虑配置结果的公平性；既要考虑提高流域现阶段的经济发展水平，又要考虑保持流域的可持续发展能力。最后，流域初始水权配置结果要实现社会、经济、生态环境三个方面的效益最大化。在社会方面，要实现社会和谐，保障人民安居乐业，使缺水率和因缺水导致的冲突事件数量达到最小化。在经济方面，要尽量满足各行业的生产用水需求，实现区域经济的可持续发展，保障经济的稳步增长，提高人民的生活水平。在生态环境方面，要维持基本的生态环境用水，实现生态环境的良性循环，保障良好的人居环境。

流域初始水权配置既要兼顾公平、效率和可持续发展，又要保障各区域的良好发展。协同理论的创始人赫尔曼·哈肯发现，一个由大量子系统所构成的系统，在一定条件下，子系统之间通过非线性的相互作用产生协同现象和相干效应，使系统形成有一定功能的自组织结构，在宏观上便产生了有序的时间结构、空间结构。根据协同理论，由于系统与外界之间存在着物质或能量交换，不论在系统间，还是在系统内部，均存在着协同作用，这种协同作用能使系统在临界点发生质变——从无序变为有序，从混沌中产生某种有序结构。因此，流域可视为由若干个区域子系统组合而成的大系统，流域内各区域的初始水权配置量的变化相互影响，进而促进各用水行业的发展变化。在协同作用下，在某临界点，流域初始水权将实现和谐配置，将使得流域呈现出各区域内部行业协同发展，同时各区域之间也协同发展的良性状态，进而从整体上实现流域内社会、经济、生态环境全面和谐发展的总体目标。

5. 流域初始水权配置的节水理念

现阶段，加快建设资源节约型、环境友好型社会成为我国社会经济发展的关键。建设节水型社会已成为解决我国水资源短缺问题的根本出路，其核心在于解决全社会的节水动力和节水机制的制度建设问题，使得各行各业受到普遍的约束，需要去节水；使得全社会能够获得制度的收益，愿意去节水。

建设节水型社会需要解决两个核心问题：一是如何让用水者自觉减少用水量，以实现用水总量与资源供给量的均衡；二是如何在实现用水总量控制的同时，使有限的水资源能够发挥最优的效率。针对第一个核心问题，政府的强制性管制能在一定程度上解决用水总量的控制，但难以达到使得用水户自觉节约用水；针对第二个核心问题，政府主导的再分配模式虽能缓解部分用水矛盾但成本较高，无法提高水资源配置效率。而通过科学的配置方法，以制度形式确定水权配置结果，并作为水权市场交易制度安排，则能在降低政府管制的同时，激励用水户产生节水动力，并通过在水权市场进行水权交易获得额外的节水收益。事实上，明晰流域初始水权是建立有效水权交易市场的基本前提和基础。因此，根据流域水资源规划，确定流域各区域、各行业的初始水权配置比例，已成为建设节水型社会的重要组成部分和有效实现途径。

1.4.4 流域初始水权配置机制

关于初始水权配置机制，国内学者研究较多。胡鞍钢（2000）认为中国的水资源配置应该采取既不同于“指令配置”又不同于“完全市场”的“准市场”。这种思路的实施可以由“政治民主协商制度”和“利益补偿机制”等来保障，以协调地方利益分配，达到同时兼顾优化流域水资源配置的效率目标和缩小地区差距、保障农民利益的公平目标。雷玉桃（2006）提出，初始水权配置机制是水权在同级决策实体之间的配置方式，我国目前的配置机制可以归纳为行政配置机制、用水户参与配置机制和市场配置机制三种。

1. 行政配置机制

行政配置机制是指由政府负责和管理水资源的开发和建设，提供水利建设经费，统筹向用水户分配水权，并可收回水权再重新分配，同时禁止水权的移转与交易，以维护政府行政调控的延续性。

行政配置机制的优点主要表现为：有利于国家宏观目标和整体发展规划的实现；有利于满足公共用水需求、维护公平原则；在制度安排上易于执行。

行政配置机制的缺点主要表现为：缺乏流转机制，难以满足新增用水户提出的水权需求；水资源商品价值难以体现，节水和改善用水效率的动力不足；缺乏用水户的参与，违背行政管制维护社会公益的目标，容易造成资源配置的扭曲。

2. 用水户参与配置机制

用水户参与配置机制是指流域范围内由具有共同利益的用水户自行组成并参与决策的组织，通过内部民主协商的形式管理和分配水权。用水户参与配置机制涉及的组织包括水利灌溉组织、流域用水组织以及用水者协会等非盈利性经济组织。

用水户参与配置机制的优点主要表现为：有利于提高水权分配的弹性，兼顾公平与效率；降低了监督成本，提高了管理效率，增强了制度的可接受度。

用水户参与配置机制的缺点主要表现为：虽然在微观上建立许多不同的、适用于各流域的分配与管理制度，但是在宏观上难以形成一个透明化的制度，不利于监督管理；上述组织与协会是一个“用脚投票”的俱乐部，一些少数或弱势团体的利益容易被忽略；协会之间、部门之间以及各行业之间的水权分配矛盾较难统一协调；农业用水在我国始终占最大比例，而由于我国农村分布广博而分散，相应的协会与组织基础非常薄弱，大范围采取这种分配模式制度推行成本较高。

3. 市场配置机制

市场配置机制是指资源管理者利用市场在相互竞争的下级决策实体之间配置水权，如利用拍卖、租赁、股份合作、投资分摊等方式，特征是利用价格机制反映并满足竞争性决策实体的需求。市场配置机制可划分为两个层次：第一层次通过市场公开拍卖方式完成初始水权配置；第二层次是通过水权交易方式实现水权再分配和调整。李长杰（2006）等将拍卖方式引入初始水权配置，建立了初始水权拍卖模型。刘一（2006）提出区域内水权初始分配机制，即免费分配机制（或分配费用相对较低）和水权拍卖。

市场配置机制的优点主要表现为：充分发掘流域水资源的经济价值，提高水资源的利用和配置效率；拍卖所得可大幅提升和实现所有权收益，以保障水利工程开发的投入以及维护支出。

市场配置机制的缺点主要表现为：竞争优胜者往往是水资源边际效益较高的行业或用户，而一些边际效益较低的传统农业、生活用水、公共用水等重要用水却得不到满足，效率虽有提升却有失公平，会影响经济发展和社会安全；流域水资源市场是一种“准市场”，单一采取拍卖的方式配置初始水权，容易导致部分参与者垄断的现象，使水权分配走向无效率的反面。

1.4.5　流域初始水权配置模型

1. 国外流域初始水权配置模型

以水资源系统分析为手段、水资源合理配置为目的的各类研究工作，首先源于 20 世纪 40 年代 Masse 提出的水库优化调度问题。20 世纪 50 年代以后，随着系统分析理论和优化技术的引入以及 60 年代计算机技术的发展，水资源系统模拟模型技术得以迅速开发和应用，线性规划、动态规划、多模型、多目标规划、群决策和大系统理论被广泛应用于水资源配置。

（1）线性规划、动态规划方法。Norman J. Dudley（1997）将作物生成模型和具有二维状态变量的随机动态规划相结合，对季节性灌溉用水分配进行了研究。D. H. Marks（1971）提出水资源系统线性决策规则后，采用数学模型方法描述水资源系统问题更为普遍。J. L. Cohon 和 D. H. Marks（1974）对水资源多目标问题进行了研究。Y. Y. Haimes（1975）应用多层次管理技术对地表水库、地下含水层的联合调度进行了研究，使模拟模型技术向前迈进了一步。J. M. Shafer 和 J. W. Labadie（1978）提出了流域管理模型。加拿大内陆水中心（Canada Center of Inland Water）利用线性规划网络流算法解决了渥太华（Ottawa）流域及五大湖（Great Lakes）系统的水资源规划和调度问题。Person 等（1982）用多个水库的控制曲线，以最大产值、输送能力和预测的需求值作为约束条件，用二次规划的方法对英国 Nawwa 区域的用水分配问题进行了研究。D. P. Sheer（1983）经过长时间的努力，利用优化和模拟相结合的技术在华盛顿特区建立了城市配水系统。N. Burus 是较早地系统研究水资源分配理论和方法，阐述了 20 世纪六七十年代发展起来的水资源系统工程学内容，论述了水资源开发利用的合理方法，围绕水资源系统的设计和应用这个核心问题，着重介绍了运筹学数学方法和计算机技术在水资源工程中的应用。Afzeal、Javaid（1992）等针对 Pakistan 的某处灌溉系统建立线性规划模型，对不同水质的水的使用策略进行优化。

（2）多模型方法。Wong Hugh S（1997）等提出支持地表水、地下水联合运用的多目标、多阶段优化管理的原理与方法，在需水预测中要求地下水、当地地表水、外调水等多种水源联合运用，并考虑地下水恶化的防治措施。J. A. Dracup 和 A. D. Fudmar（1975）用系统方法对南斯拉夫 Moraua 流域的水资源规划管理进行了研究。Wang M（1998）研究遗传算法和模拟退火算法在地下水资源优化管理中的应用，考虑到地下水最优开采率随水流而变化的特性，建立了地下水多阶段模拟优化模型。通过遗传算法（Genetic Algorithm，GA）和模拟退火（Simulate Anneal，SA）的求解结果与线性规划、非线性规划、动态规划结果的比较，来评价 GA 和 SA 的优点和缺点。三个实例研究中，GA 和 SA 优于或接近于各种规划方法的优化解。Minsker（2000）等应用遗传算法建立了不确定条件下的水资源配置多目标分析模型。Jorge Bielsa 和 Rosa Duarte（2001）通过考虑环境、体制和实际的优先用水权，制定一个约束最大化程序，建立灌溉用水电联合收入函数，以解决灌溉和水力发电两个相互竞争的用户之间的水资源分配问题。该解决方案为用户与用户之间潜在的交易提供了指南。Yang（2001）为石羊河流域开发了多目标水资源配置模型，此模型以各种约束条件下不同时空尺度下的供水、地下水水质、生态环境和经济为目标，利用灰色模拟技术对地下水模型进行参数拟定，利用响应矩阵方法把地下水模拟模型和多目标优化模型进行耦合。Rosegrant 等（1996）为评价改善水资源配置和利用的效益，把经济模型与水文模型进行耦合，并把模型应用于智利的 Maipo 流域。Mckinny 和 Cai（2002）利用面向对象技术把水资源管理模型与 GIS 有机结合模拟流域水资源分配。

（3）多目标方法。Wang Lizhong（2003）等提出基于均衡水权的合作式水资源配置模型。流域初始水权配置过程必须坚持公平、高效和可持续发展的原则，并按现有的水权体系或协议将初始水权分配给利益相关者和使用者。该研究分析了三种流域初始水权配置模型，即优先占用权配置模型、河岸水权配置模型以及字典式极小极大需求短缺比率模型。优先占用权配置模型建立在占用水权理论基础上，遵循“时先权先”原则，要求水资源首先分配给优先级高的用水户。河岸水权配置模型为了保证流域内合理用水，不妨碍下游用水，要求必须实行最低用水保障，将最低用水需求设为最高优先级，将最高用水需求设为次高级。字典式极小极大需求短缺比率模型建立一种公平的水资源分配制度，实现公平用水需求。在流域初始水权配置的基础上，通过水权转让实现水资源和净收益的再分配，以增进整个流域利益相关者的公平合作并实现水资源的高效利用。Wang Yupeng、Ker Kong 等（2006）提出建立两阶段动态博弈模型合理分配水资源，以期能够达到最大化水资源总价值的目标，实现流域经济社会的可持续发展。

（4）协作、博弈方法。Keith W. Hipel 等（2007）强调水资源配置中的协作配置方法，认为在流域初始水权配置的基础上，通过水权转让实现水资源和净收益的再分配，才能增进整个流域利益相关者的公平合作并实现水资源的高效利用。之后，提出基于均衡水权的合作式水资源配置模型，并提炼为三种方法，即优先占用权配置模型、河岸水权配置模型以及字典式极小需求短缺比率模型。Keith W. Hipel（2007）等又进一步基于保障荒地流域水资源配置过程中兼顾公平和效率的思想，运用优先权的最高多阶段网络流域（PMMNF）方法和词典编纂的最小缺水率方法，将上面三种方法改进为流域初始水权配置两阶段协作配置模型（CWAM），以提高用水者的理解和合作，以使水资源短缺的潜在危害减到最少。Kerachian、Bazargan - Lari 等（2009，2010）研究了基于水质的地表水和地下水的综合配置问题，提出了解决该问题的两种冲突博弈模型，并将模型应用于德黑兰省的水资源分配，以便保持水资源的采补平衡。

2. 国内流域初始水权配置模型

我国在水资源科学分配方面的研究始于 20 世纪 60 年代，最初的研究以水库优化调度为先导。20 世纪 80 年代初，由华士乾教授为首的研究小组对北京地区的水资源利用系统工程方法进行了研究，并在国家“七五”攻关项目中加以改进和应用。该项研究考虑了水量的区域分配、水资源利用效率、水利工程建设次序以及水资源开发利用对国民经济发展的作用，成为水资源系统中水量合理分配的雏形。“都柏林会议”和“世界环发大会”以后，以流域为基本单元进行水资源管理成为潮流，国内很多学者对流域初始水权配置模型及其解法进行了研究。

目前，流域初始水权配置主要采用系统分析方法，具体方法主要有多目标方法、交互式判别方法、层次分析法、大系统分析求解法和遗传算法等。

（1）多目标方法。唐德善（1994）应用多目标规划理论，建立了黄河流域水资源多目标分析模型，提出了大系统递阶动态规划的求解方法，克服了多维动态规划可能遇到的“维数障碍”。崔振才等（2000）在陈守煜多阶段、多目标系统模糊优化理论与模型的基础上提出模糊优化多维动态规划模型，并应用在海河流域沧州地区。王来生等（2001）将求解多目标最优化问题的约束法和线性加权法相结合，给出了一种求解水资源优化管理模型的综合解法。方创琳等（2001）依据可持续发展的基本原理，以柴达木盆地为例，设计了水资源优化配置的总体思路，对水资源优化配置的多目标进行竞争辨识，采用以投入产出模型、AHP法定性为主的决策方法和以系统动力学模型、生产函数模型等定量为主的决策方法，生成水资源优化配置基准方案，进而采用多目标决策方案优选的密切值模型，获得了柴达木盆地宏观经济发展与水资源优化配置的最佳方案。

彭少明等（2007）在流域水资源与经济协调发展基础理论的指导下，建立了黄河流域水资源利用的多目标规划模型，通过对多目标规划的水资源配置规则进行研究，探讨了流域水资源优化配置的新方法。袁伟等（2007）针对黑河流域水资源调配评价指标繁多，不少单项因子不相容的问题采用多目标投影决策分析方法，按照社会→经济→生态环境→资源→效率合理性指标进行评价得出熵权；再利用层次分析法确定各分区的权利得出综合评价值，对黑河流域五种可能的水资源配置方案进行分析，选出最佳配置方案，然后从水资源的可持续利用和区域的协调发展两方面对最佳方案进行检验。马国军等（2008）运用多目标、多阶段分析法，建立了石羊河流域水资源优化配置模型，针对水资源配置常遇到的许多不确定性或模糊性问题，建立多层次、多用户的面向对象的交互式模拟与优化耦合模型。

（2）交互式判别方法。王大正等（2002）利用交互式递阶层次分解法构建了流域需水预测系统，实现了需水预测的多目标、多层次结构体系，为流域不同区域的需水预测提供了有力的工具。吴凤平、葛敏等（2005）提出了一种能充分吸收不同地区不同部门对水权初始分配“认识”的交互式水权初始分配方法。吴凤平、陈艳萍等（2010）提出了基于和谐性判别的“两层次三阶段流域初始水权和谐配置方法”，其目的是力争使水权配置方案接近于经过多轮协商后的配置结果，有利于提高水权配置方案的和谐性。

（3）层次分析法。裴源生等（2003）对黄河置换水量的分配构建了水量分配的指标体系，并根据水权分配指标体系，应用层次分析和模糊决策理论相结合的模式进行了水权的分配。吴凤平等（2005）建立了多层次半结构性多目标模糊优选模型对流域初始水权第一层次进行配置。尹云松等（2005）从非效率性指标和效率性指标两个方面重新构建了流域初始水权分配的评价指标体系，并建立了流域初始水权分配的AHP层次分析模型。张红亚等（2006）建立水量分配指标体系，构建水权分配的层次结构图，应用模糊综合决策和层次分析法，进行多方案多层次的模糊优选，建立初始水权分配模型。柯劲松等（2006）采用模糊决策、层次分析法对河流区域间水权初始分配进行研究。李刚军等（2007）根据水权初始分配有效性、公平性与可持续性的原则，建立了水权初始分配指标体系，并构造了层次结构模型，将模糊层次分析法引入初始水权分配领域。陈燕飞等（2006）根据前人的经验知识量化原理和实际情况确定定性指标、定量指标的相对优属度，利用层次分析法确定各指标的目标权重，采用多目标半结构性模糊优选模型研究流域水权初始分配。

（4）大系统分析求解法。畅建霞等（2001）认为流域水资源最优调配是一个复杂的大系统优化问题，其应用系统科学的原理和方法，针对叶尔羌河流域建立了模拟优化模型，基于人机对话算法对叶尔羌河流域水资源最优调配进行了实例计算。陈晓宏等（2002）以防洪、供水、航运、压咸等为约束，采用大系统分解协调原理，运用逐步宽容约束法（STEM法）及递阶分析法，建立了东江流域供水行业多层次优化的水资源优化配置模型。韩宇平等（2003）以多目标、多层次大系统理论为基础，以区域可持续发展思想为指导，以促进流域不同区域经济、社会与生态环境的协调发展为目标，进行流域水资源在各子区、各部门之间的优化配置，探讨了规划水平年最佳综合用水效益下的水资源优化配置方案。王劲峰等（2001）以时空运筹模型为核心建立了决策判断过程透明并且分层交互的决策系统，用户可使用此系统找到研究区域社会经济发展与水资源协调的方案。王丽萍等（2007）基于可持续发展理论，针对水资源持续利用的特点，基于公平、优先、高效和综合效益最大化原则，建立了水资源多目标优化配置模型，并采用大系统分解协调理论和多目标决策原理对模型进行求解。

（5）遗传算法。贺北方等（2002）基于可持续发展理论，以社会、经济、环境的综合效益最大化为目标，建立区域水资源优化配置模型，利用大系统分解协调技术进行了模型求解。沈军等（2002）应用遗传算法思想，将水资源优化配置问题模拟为生物进化问题进行研究。刘红玲等（2007）提出水资源优化配置是一个复杂系统，所涉及的影响因素多，解空间较大，解空间中参变量与目标值之间的关系又非常复杂，遗传算法是一种较为有效的优化算化，并将遗传算法用于济南市水资源优化配置中。牛文娟等（2007）应用复杂适应系统理论的基本思想研究水资源优化配置问题，在建立的水资源多Agent系统概念的基础上，建立了基于遗传算法的水资源优化配置的三层演化模型，并以南水北调东线水资源优化配置为例进行了仿真验证。刘妍等（2008）提出初始水权分配是一个以集中机制为主、市场机制为辅的协商过程，即一主和多从的主从对策问题，建立了以管理部门为主者、用户为从者且相互独立的初始水权分配的主从博弈模型，并应用遗传算法对该模型进行了仿真计算。

（6）其他方法。王道席等（2001）通过同倍比配水，按权重配水和用户参与配水等多种方法，综合解决黄河下游水资源空间配置问题。贺骥等（2005）提出我国流域管理应确立以联席会议为协商形式的两级协商体制，为构建流域民主协商设计了制度框架。刘文强等（2001）根据水权分配和水权交易等概念，建立了塔里木河流域水资源分配模型，为塔里木河水资源优化配置提供了新思路。苏青等（2003）分析了河流取水权的特点，提出了区域水权的概念，在考虑了现状用水量、理论用水量、投资贡献、水量贡献、政策倾斜、上游优先、水源依赖程度、地区重要性及其他修正等水权分配主要因素的基础上，采取了客观指标或专家咨询等方法，建立了比例型水权分配模型。

王志璋、谢新民等（2006）从政府预留水量的需要和可能两方面着手，基于“自下而上”的预留需求和“自上而下”的预留可能，提出了流域初始水权政府预留水量分配的双侧耦合分析方法。马颖等（2007）探讨了应用GEM（群组特征根法）-MAUT（多属性效用理论）模型对水资源配置方案的相对有效性进行评价。王慧敏、唐润（2009）把综合集成研讨厅理论引入流域初始水权分配中，将多利益主体定性的、不全面的感性认识加以综合集成，在初始水权分配中，体现多利益主体的合理要求和意愿。

1.4.6 流域初始水权配置理论述评

诸多学者虽然基于不同视角开展研究，但在追求流域初始水权配置方法以提高水权配置结果的科学性和有效性方面不谋而合。从水权配置方法的发展趋势看，已逐步实现从基于比较单一配置原则的配置方法→基于较为综合配置原则的配置方法→基于配置原则与配置模型相结合的配置方法→在配置模型中嵌入协商、交互、平衡、研讨等机制的配置方法等方向发展。这些研究成果为开展本项研究奠定了良好的基础。

（1）流域初始水权配置原则方面。现有的流域初始水权配置方法都注重确定水权配置原则及配置模型的构建。现有水权配置原则主要包括公平效率原则、可持续发展原则、保证粮食安全原则和尊重现状原则等。因此，如何结合经济社会发展现状，提出符合流域初始水权耦合配置的基本原则是研究的重点。

（2）流域初始水权配置理念方面。流域初始水权配置理念的产生是为了更好地配置初始水权，实现人水和谐。其配置理念包括和谐管理理念、协商理念、系统理念、多目标协同理念和节水理念。由此可知，初始水权配置重视从系统、多目标协同、节水等角度出发，通过协商的方式，实现和谐管理。

（3）流域初始水权配置机制方面。行政配置机制较偏向由政府主导的方式，用水者参与配置机制着重于用水户对用水信息的掌握，市场配置机制将水资源视为具有市场经济价值的商品，通过市场机制配置水权。如果政府采取严格的管制方式进行水权配置，水权配置容易产生“政府失灵”问题；如果采取完全放任的市场配置机制，则又容易走向“市场失灵”的另一个极端；如果采取民主自治的用水户参与配置机制，在我国民主政治建设还不够完善的背景下，容易使水权弱势群体的利益得不到保障。因此，在实践中，许多国家采取两种或两种以上的混合配置机制，以在公平与效率之间寻求平衡，避免市场失灵与政府失灵。因此，水权配置方法既需要克服行政配置机制和用水户参与配置机制的缺点，又需要综合两者的优点，即在政府宏观调控下，充分考虑各水权利益主体的诉求，激励用水主体贯彻初始配置方案，使得水权初始配置结果得到各水权主体最广泛的接受，实现人水和谐。

（4）流域初始水权配置模型方面。水权配置模型经历了从简单到复杂的变迁过程，从简单的线性规划、目标规划到非线性规划、二次规划；从单纯计算机技术方法到数学模型与地理信息系统、水文模型和经济模型的耦合；从确定的多目标决策到随机、灰色等不确定方法的应用；从大系统分解协调的算法到遗传算法、模拟退火算法等。因此，初始水权配置模型如何综合各种影响因素，实现水权配置效率的优化成为本书研究的重点和难点。

综上所述，在现有流域初始水权配置方法的研究中，虽有部分成果引入了类似于耦合的配置思想，但一方面尚缺乏对总量、水质、效率等核心要素的综合考虑，另一方面尚缺乏对初始水权配置过程中动态性、非线性等变化特征的客观揭示。因此，在基于流域初始水权配置的客观要求和配置机理的逻辑框架下，面向最严格水资源管理制度的约束，探讨实现省区初始水权配置子系统内部协调耦合和流域级政府预留水量配置子系统内部协调耦合，以及两个子系统彼此之间相互协调耦合的配置模型显得十分必要，这将是提高流域初始水权配置方法适应性的重要途径。在水权管理中，初始水权的配置是水权转让的基础和前提，探讨流域初始水权的科学配置方法将对实现水资源的有效配置，建立和完善水市场具有重要的支撑作用。

1.5 典型流域初始水权配置实践

本书梳理了国内外典型流域的初始水权配置情况，对美国的Tennessee（田纳西）流域、澳大利亚的Murray Darling（墨累-达令）流域、智利的Maipo（米埔）流域，以及我国的黄河流域、太湖流域、大凌河流域、黑河流域等，提出了流域初始水权配置实践过程中采用的配置机制及各配置主体关注的焦点等。

1.5.1 国外流域情况

1. 美国的Tennessee流域

Tennessee流域位于美国东南部，是美国第五大河。流域面积10.6万km^2，干流全长约为1050km，落差约为130m，中上游有五条主要支流，流域多年降雨量为1320mm，降雨年内分布比较均匀；多年平均流量为1850m^3/s，相应年径流量约为584亿m^3。

Tennessee流域管理局（简称TVA）是Tennessee流域综合管理的机构，下设综合管理部、电力部、自然资源部及销售经营部四个职能部门，负责Tennessee流域的治理规划、开发及流域水资源的统一管理，包括制定水资源综合利用规划、工程建设和经营管理，同时，对影响Tennessee流域干支流的项目拥有审批权。TVA与其他机构合作管理河道，审批沿岸的任何开发活动。TVA管理是一种新的独特的管理模式，具有多个方面的管理特色：

（1）TVA法是TVA模式得以成功的根本保证。TVA管理上最大的特色是立法管理，将流域开发治理相关的主要内容以法律的形式固定下来，再进行治理，并根据实际情况不断修改完善。

（2）逐步形成流域水资源的统一管理。TVA被授权依法对Tennessee流域自然资源进行统一开发和管理，为流域水资源统一管理提供了有利条件。成立时，TVA以航运和防洪为主，结合开发水电。20世纪60年代后，TVA在进行综合开发的同时，加强了对流域内自然资源的管理和保护。现在，Tennessee流域已经在航运、防洪、发电、水质、娱乐和土地利用六个方面实现了统一开发和管理。

（3）构建经营上的良性运行机制。TVA作为具有联邦政府机构权力的经营实体，其经营上的良性循环主要依靠三方面的措施来实现。其中，面向国内和国际市场发行债券，筹措资金是创新举措。TVA对债券的成功运作，使电力生产经营逐渐成为TVA的经济支柱，为流域综合管理提供了有力资金保障。

2. 澳大利亚的Murray Darling流域

Murray Darling（墨累-达令）流域是澳大利亚最大的流域，面积约为106万km^2，总长为 3750km。流域年平均降水量为 425mm，降雨量偏少；流域丰水年最大径流量达 400 亿 m^3，枯水年最小径流量为 25 亿 m^3，多年平均径流量约为 227 亿 m^3，年均用水量为 114.3 亿 m^3。

Murray Darling 流域的管理机构由三个层次组成，即流域部长级理事会，这是流域管理的最高决策机构，从总体上负责并且制定有关流域共同利益的重大政策；流域委员会，这是部长级理事会的执行机构，依照部长理事会的指示承担任务、采取措施，并对流域水资源管理一体化进行指导；社区咨询委员会，负责反映各种不同的意见，为部长理事会决策提供咨询和评议。

Murray Darling 流域管理是一种多级式的管理模式，具有以下方面的管理特色：

（1）联邦-州联合协议的方式。采用联邦-州的联合协议的方式，避免了“政出多门”的现象。各州与联邦联合管理 Murray Darling 流域，通过协议，制定稳定的制度并构建独立的实施机构。尤其在水资源保护领域，各州污染控制机构较为弱小，企业倾向于调解而非强制遵守，此时，采用联邦-州联合协定的方式成为实现有力控制的最佳选择。

（2）流域综合管理的思想。Murray Darling 流域内的人、机构和政府所采取的行动都对下游社区负责，流域的任何特殊资源任何部分的管理，不与其他部分分离。流域委员会的有效性主要在于参与政府的合作和支持，是以整个流域的总体利益为基础的。流域内的联邦、州和社区共同享有技术和资源，全流域采取一种整体的流域规划和管理方法。州的行动计划为区域或流域水平的联合社区和政府决策提供了框架。

（3）社区积极参与的意识。Murray Darling 流域要求社区必须商议与参与所有长远决策的整个过程，要求政府和社区一起长期承担义务。流域委员会通过通信、咨询和教育活动等综合项目支持社区与政府建立伙伴关系，鼓励社区参与决定有关流域的未来。

3. 智利的 Maipo 流域

Maipo 流域是流经圣地亚哥和瓦尔帕莱索地区的主要河流，其源头位于安第斯山脉迈坡火山的西侧，其最著名的支流为 Mappocho（马波丘）河。该河流全长为 250km，流域面积为 15304km^2，为流域内提供了主要的灌溉和引用水源。

早在西班牙殖民时代，智利就有私人开发水源、私人分享河流和渠道水量的传统。1981 年，智利水法宣布水资源是公共资源，但政府可以颁授水使用权给用水户，水权可以单独进行买卖、抵押和转让。水法的出台为水权配置提供了法律的保障，用水户一旦被授予水权，水权就受民法和私法保护与管理，而不受制于公共或行政管理。用水户没有义务必须用水，不用水也不会受到处罚并不会有吊销水权的危险。Maipo 流域水资源管理较为成功，其具有以下特色：

（1）国家董事会。根据水法，智利成立了国家水董事会（DGA），DGA 的主要职责是为水权制度建设服务，负责审批授予水权。如果有用户提出水权申请，在有水可以授予并法律许可的情况下，DGA 就会免费授予申请者水权，申请新水权者也不需要向 DGA 详细说明用途和提出问题，如果有水，DGA 没有权利否定申请者的申请，也不能在不同的用途之间决定优先权。如果水资源不够分配，DGA 就必须进行拍卖，把水权售给出价最高者。

（2）水权分配原则。智利在实施初始水权分配时，特别强调分配的公平性，在尊重历史用水的基础上，集中实施了水权的重新分配，由国家公共部门对初始水权的分配情况进行登记，并充分发挥用水户协会的作用。

(3) 用水户协会。在智利，强大的用水户协会在水资源分配中发挥了重要作用，用水户协会负责管理水利设施，监督水资源的分配，并对一定条件下的水权转让进行审批，为水权转让相关利益各方提供了协商的平台，化解各类水事冲突。

1.5.2　国内流域情况

1. 黄河流域

黄河流域是我国最为典型的流域。黄河流域幅员辽阔，面积占全国国土面积的8%，而年径流量只占全国的2%，水资源较为贫乏。随着人口的增长和社会经济的发展，黄河流域用水需求不断增加，水资源在时间、空间上的短缺日益加剧，供需矛盾日益尖锐。

1987年，我国在黄河水资源紧缺、供需矛盾突出的情况下提出了《黄河可供水量分配方案》，从宏观层次上界定了沿黄各省（自治区）的初始用水权利，开创了我国流域初始水权分配的先河；1994年，黄河水利委员会在国务院颁布的《取水许可制度实施办法》的基础上制定了《黄河取水许可实施细则》，规定了干支流之间、省际之间、工程项目之间的用水许可审批方式，进一步从微观层次上细化了初始水权的分配；1998年，水利部和国家计划委员会联合发布了《黄河可供水量年度分配及干流水量调度方案》；1999年，黄河水利委员会依据《黄河水量调度管理办法》，对流域水资源进行统一调度。这一系列方案的实施是我国在流域初始水权分配方面的首次实践。在具体的水权分配方式上，主要观点大体可以归纳为以下两类：

(1) 第一类是将黄河水资源划分为生态用水、基本需求用水、多样化用水和机动用水，对不同的用水需求采用不同的水权分配模式。具体来说：一是对生态用水采用预留水量的分配方式；二是对基本需求用水采取按人口分配模式；三是对多样化用水采取混合分配模式；四是对机动用水采用市场分配模式。

(2) 第二类是建议从省际总量分配、总量控制和取水许可制度结合、分水方案的进一步完善三个方面考虑黄河水权的分配。具体来说：一是黄河水利委员会依据国务院批准的《黄河可供水量分配方案》，按照丰增枯减的原则，编制流域年度分配方案报水利部审批；二是分水指标和取水口的取水指标应有机结合，流域调度部门应严格控制各取水口的取水量；三是进一步完善分水方案，研究动态分水方案，研究南水北调通水后分水方案的调整问题。

在黄河水权分配具体模型方面，裴源生等(2003)研究了黄河置换水量的水权分配方法，依据有效性、公平性和可持续性的原则，构建了一套水权分配指标体系，并建立层次分析和模糊决策相结合的水权分配模型，获得了较合理的结果。佟金萍等(2007)以黄河流域为实例，依据现状原则、公平原则、效率原则和可持续原则，建立了流域初始水权分配的系统模型。

2. 太湖流域

太湖流域地处长江三角洲南翼，北抵长江，南濒钱塘江，东临东海，西以天目山、茅山等山区分水岭为界。太湖流域包括江苏省、浙江省、上海市和安徽省三省一市，流域面积共 36895km²。该流域人均、亩均水资源仅为全国的 1/5 和 1/2，流域内的苏州、无锡、常州、杭州、嘉兴和湖州以及上海，都处于对水资源的渴求状态，“蓝藻病”久治不愈，资源型缺水和水质型缺水的双重矛盾并存，流域的水资源和水环境承载力表现出严重不足及不协调。《2003—2012 年太湖流域及东南诸河水资源公报》《2000—2012 年中国水资源公报》《太湖流域综合规划（2012—2030）》《太湖流域水量分配方案研究技术报告》《太湖流域初始水权分配方法探索》等文件表明太湖流域水权分配的研究较为丰富。太湖流域因为各省市经济发展水平、流域面积占比等因素，其水量分配遵从以下原则：

（1）生活、生态用水优先原则。水资源是人类生存必不可少的物质基础，水权分配中需遵循基本生活用水优先原则，坚持以人为本，保障人的基本生活用水。随着太湖流域城市化进程的不断加快，大量人口由农村向城市迁移，人民群众生活水平的提高对供水总量和质量提出了更高的要求。故流域内各区域、农村居民与城镇居民的生活用水定额应趋于相同，并随着生活水平的提高呈增加趋势。因此，居民生活用水定额标准遵循就高不就低的原则。经济社会发展必须建立在水资源可持续利用的基础之上，太湖流域水资源短缺及由此引起的生态问题已成为可持续发展的最大制约因素。因此，太湖流域水权分配中生态用水优先权仅次于生活用水，保障河道内生态用水，以避免挤占河道内用水引发的一系列的诸如水利工程失效、减效，河网生态环境恶化等问题，从而改善流域生态环境，促进流域可持续发展。

（2）公平原则。现代产权经济学认为，资源的初始权利分配将影响社会福利的公平性。遵循公平原则，确保水资源分配在不同区域不同用水户之间的公平性，从而满足不同区域对水资源及其效益的合理分配利用。在我国，水资源属国家所有，即人人都是水资源的主人，人人都有使用水的权利（尤其是在基本生活用水方面，原则上应人人均等），充分考虑区域人口因素，使不同人群都享有生存和发展的平等用水权。基于主要控制因素中的贡献因素，太湖流域的初始水权分配还必须考虑到区域产水量、排洪量的贡献。产水量反映了不同区域水资源禀赋的天然差异，这种具有差异性的水资源禀赋是各区域经济和社会发展的重要资源和重要动力。浙江省多年平均径流量占流域多年平均径流量的 45.4%，江苏省占 41.2%，上海市占 12.6%，水权分配时应考虑各区域对流域产水贡献的大小，产水贡献最大的浙江应分配较多的水权。根据太湖流域洪水排放出路可知，扣除各区域自己产生的洪水量，洪水期上海承担的排洪义务最大，其次是江苏，浙江最少。将排洪贡献和水权分配结合起来，贯彻权、责、义统一原则的具体要求，排洪贡献最大的上海应分配较多的水权。体现公平原则的指标主要有人口数量、产水量和区域洪水排放量占比。

（3）现状原则。流域初始水权分配是流域各区域利益的重新分配过程，是一项社会敏感性极高的工作，尤其会对水权利益既得者产生极大的影响甚至引发冲突。现状用水是历史上各种复杂用水因素长期相互作用形成的结果，在一定程度上反映了流域内不同区域的经济发展水平和需水规模。现状原则要求从用水实际出发，避免各区域因水资源量发生太大变动而对当前生产格局产生较大影响，同时也可以降低分配工作的实施难度，使得分配方案较易执行，减少分配过程中的协商成本。基于主要控制因素中自然与历史因素的分析，在 2005—2009 年，江苏省用水量占总水量的比例为 49.39%～51.40%；浙江省用水量占总水量的比例为 14.94%～18.08%；上海市用水量占总水量的比例为 30.83%～

33.60%，各省区用水量占总水量的比例相对较平稳。在太湖流域初始水权分配的过程中，应该尊重各区域当前的取用水历史和现状，必须在现状基础上循序渐进合理调整，从而保持社会的和谐性和水资源利用的连续性。体现现状原则的指标主要有各区域的现状用水量和人均用水量。

（4）效率原则。太湖流域水资源缺乏与浪费现象并存，政策部门多次强调要提高水资源在时间和空间上的调控能力，全面推进节水型社会建设，提高水资源利用效率。强调效率原则可以促进流域节水，从而合理遏制流域用水过快增长，缓解水资源供需矛盾，并可以有效减少污水排放量，减轻水环境污染负荷，缓解水质性缺水问题。因此，提高水资源的利用效率是流域初始水权分配的重要目标之一。效率原则主要考虑各区域经济发展水平和水资源利用效率。经济发展水平可以反映各区域在全流域中的地位，经济越发达，区域的重要性越高。人均 GDP 可反映各区域的经济发展水平。初始水权分配中反映用水效率的指标通常有万元 GDP 耗水量、工业用水重复率、农业灌溉水有效利用系数等，本书考虑到万元 GDP 耗水量的计算已经涵盖了工业用水重复率、农业灌溉水有效利用系数，都选择略显重复。另外，已有关于工业用水重复率、农业灌溉水有效利用系数的数据缺乏真实性，课题组受时间限制也难以实际统计。针对太湖流域在用水效率上存在的问题，选取万元 GDP 耗水量这一指标反映各区域的水资源利用效率。

（5）可持续原则。可持续原则是为了使水资源能永续地利用下去，即保持代际间水资源分配的公平性原则，实现近期与远期之间、当代与后代之间对水资源具有相同的使用权。该原则要求当代人对水资源的取用量不超过区域水资源的承载能力，并且污染物的排放不超过区域水环境容量，以保证水质达到一定标准。只有贯彻和实施水资源可持续利用原则，才能有效保护流域生态环境，保护水资源的再生能力，提高水资源的重复利用率。可持续原则主要考虑未来需水的变化趋势及对水质的考量。经济增长率、人口增长率可反映各区域未来需水的变化趋势。另外，太湖流域不合理的经济发展方式造成流域水污染严重。基于主要控制因素中水质因素的分析，太湖流域废污水排放量大，城镇污水集中处理率低，河网水体呈交叉污染、重复污染，湖泊富营养化严重，流域水质型缺水问题异常严峻。因此，在对太湖流域初始水权进行分配时，必须强化污染防治，将水量和水质统一纳入水权的规范之中，以水资源承载力和水环境承载力作为水权分配的约束条件。选取废污水处理率作为指标之一，可促进区域的自我调节，从而实现用水的良性循环。体现可持续原则的指标主要有经济增长率、人口增长率和废污水处理率。

3. 大凌河流域

大凌河是东北沿渤海西部诸河中较大的一条独流入海河流。大凌河流域水资源短缺，来水年内和年际差异大，地下水超采严重，用水矛盾比较突出。为规范用水秩序，推进水权制度建设，保障经济社会可持续发展，大凌河流域被水利部作为推广水权制度建设的试点流域。2004 年 10 月 9 日，水利部召开部长办公会议，决定将大凌河流域初始水权分配作为水利部初始水权分配工作的试点。在 2004—2008 年期间，根据《水法》和《水量分配暂行办法》的规定，按照水利部的统一部署，水利部松辽水利委员会（简称松辽委）和辽宁省水利厅先后开展大凌河流域初始水权分配试点工作，并取得了重要成果。松辽委编制的《大凌河流域省（自治区）际水量分配方案》是一个较为完整的流域初始水权分配方案。

（1）水权配置原则。在征求大凌河流域辽宁省、河北省、内蒙古自治区各水行政主管部门的意见后，松辽委根据大凌河流域的具体情况，在编制水权配置方案时，主要考虑以下配置原则：

1）水资源统一配置原则。大凌河流域地跨辽宁、河北和内蒙古三省（自治区），在进行省（自治区）际初始水权配置时，松辽委始终坚持水资源流域统一配置的原则。依据松辽流域水资源综合规划、水资源调查评价、水资源开发利用情况调查评价、发展指标预测和需水量预测等工作成果，从流域整体情况出发，统筹兼顾生活、生产和生态用水，综合协调地表水、地下水、上下游、左右岸、干支流、开发利用和节约保护之间的关系，在三省（自治区）间公平地配置初始水权，促进水资源的可持续利用。

2）公平、公正、公开原则。在初始水权配置过程中尊重各方的意见，以符合各省（自治区）用水户的根本利益为出发点和落脚点，通过充分的民主协商，形成各方认可的初始水权配置方案，保证水权配置的公平性。

3）水资源现状利用和发展需水统筹考虑原则。大凌河流域省（自治区）际初始水权配置将现状用水和发展需水统筹考虑，首先以松辽流域水资源综合规划、水资源开发利用情况调查评价成果为基础，通过用水合理性分析，明晰各省（自治区）现状初始水权，然后根据松辽流域水资源综合规划水权配置方案，确定各省（自治区）的发展需水限额。

4）政府宏观调控、民主协商原则。大凌河流域初始水权配置实践以公共管理、行政授权为主，民主协商机制为辅，水权交易为补充的框架。配置过程坚持民主决策、科学决策，通过自下而上、自上而下的协商→反馈→再协商→再反馈→再平衡的方式，充分发扬了民主，吸收了不同利益主体的合理诉求，切实保障了各方利益。在充分发扬民主基础上，局部利益服从整体利益。

5）以供定需为主原则。流域社会经济发展和产业布局根据水资源条件，以水定发展。尊重社会发展、资源形成规律，相同产业发展水源地需求优先满足。

6）总量控制与定额管理相结合原则。松辽委对各行政区域制定生活、生产、生态用水定额，根据流域和行政区域的水资源量和可利用量，制定水资源宏观控制指标，由上至下逐级进行各地区、各行业间的水权配置。

7）分级确认原则。根据《取水许可和水资源费征收管理条例》，按照分级管理的原则，对初始水权进行重新确认，换发取水许可证。

8）遵从生活、生态、生产用水的序位规则。大凌河流域在水权配置实践中，按照生活需水，最小生态环境需水，第二、第三产业需水，农业灌溉需水的序位规则配置水权。

（2）协商调整事项。2006年4月，松辽委编制完大凌河流域省（自治区）际水量分配方案征求意见稿后，多次征求各省（自治区）的意见，若各省（自治区）所提意见合理，则对相关内容进行协商调整；若所提意见不合理，无科学依据，则按照原来方案强制执行。协商调整主要有以下事项：

1）经济社会发展指标问题。河北省建议修改该省的流域城镇人口和牲畜数量，内蒙古自治区建议修改规划年的社会经济发展指标、需水定额和需水量，松辽委调查研究后修改了相关数据。

2）现状用水问题。现状用水是历史上各种复杂用水因素联合作用形成的结果，一定程度上反映了各种力量的均衡，尊重现状原则是指水量分配时要充分、认真地考虑现状水平年的实际情况，对过高的用水定额和用水量适当核减，对因某些特殊原因造成的过低的用水定额和用水量适当调高。葫芦岛市对《辽宁省大凌河流域水量分配方案（征求意见稿）》中确认的该市现状用水量有异议，认为该征求意见稿中的现状用水量偏低，松辽委核实后，增加了葫芦岛市现状用水量。

3）用水定额确认问题。在制定未来发展用水时，城镇及农村生活用水定额应遵循就高不就低的原则，在《辽宁省大凌河流域水量分配方案（征求意见稿）》制订过程中，朝阳市城市化发展速度加快，未来预期达到辽宁省城市化的平均水平，朝阳市提出减少农业用水量增加城市用水量的建议，松辽委批准了该市的要求。

4）水源地需求优先满足问题。在征求意见的过程中，河北省建议初始水权配置应体现地域优先原则，水源地和上游地区具有使用水资源的优先权。根据大凌河省际水量配置"以供定需"原则，松辽委接受了这一意见。以供定需原则要求流域社会经济发展和产业布局考虑水资源条件，以水定发展。尊重社会发展、资源形成规律，相同产业发展水资源生成地需求优先满足。

在通过多次协商调整，各省（自治区）充分理解并普遍接受配置方案后，国务院授权水利部发文批复大凌河流域初始水权分配方案，各省（自治区）必须遵照执行水利部批复的方案。

4. 黑河流域

黑河是我国西部地区较大的一条内陆河，发源于青海省祁连山区，流经青海省、甘肃省和内蒙古自治区，流域总面积为14.3万km^2。黑河干流以莺落峡、正义峡为界，分为上、中、下游。上游位于青海省祁连山区，是黑河干流的径流产流区；中游位于甘肃省走廊平原区，土壤肥沃，光热资源充足，是依赖灌溉的农牧业经济区。其中，甘肃省张掖地区地处古丝绸之路和今日欧亚大陆桥之要地，农牧业开发历史悠久，享有"金张掖"之美誉；下游额济纳旗有我国重要的国防科研基地——酒泉卫星发射中心和长达507km的边境线。黑河下游沿岸和居延三角洲地带的额济纳绿洲，地处我国西部戈壁沙漠和巴丹吉林沙漠的中部，是阻挡风沙侵袭、保护生态的天然屏障。

黑河流域生态环境成为流域经济发展、民族团结和国防稳固的关键。长期以来，黑河流域由于人口增长、经济发展、农牧业开垦面积不断扩大，经营方式粗放，中游地区用水数量持续增加，致使进入下游水量急剧减少，导致森林消亡、草场退化、沙漠化扩展，成为中国北方地区沙尘暴的主要沙源地之一。为了保护黑河流域生态环境，国家加大了治理力度，实施流域水资源统一管理。黑河流域水权配置实践充分考虑自身的特殊情况，坚持以下主要原则：

（1）经济社会可持续发展原则。黑河流域第一层次水权配置是将上游山区下泄的水量在中游和下游之间进行配置。中游地区主要是农业灌溉用水，下游主要是生态用水和酒泉卫星发射中心国防用水。黑河流域下游干涸的居延海和频繁出现的沙尘暴成为黑河下游生态环境恶化的重要标志，北方其他河流的干旱断流、河流干涸带来的周边生态恶化问题影响了社会经济的发展，因此，经济社会可持续发展原则被列为黑河流域初始水权配置时要考虑的最重要原则之一。

（2）提高水资源综合利用效率和调整农业结构原则。黑河流域初始水权配置是在现状用水的基础上，采取多种节水措施充分压缩中游的水量，保障下游用水安全。考虑到中游用水大户主要是农业，灌溉方式和灌溉技术一直沿用历史传统的低效率模式，为提高水资源综合利用效率，流域管理机构要求各个灌区一方面将初始水权明晰到用水户，积极开发利用节水技术并制定节水目标；另一方面，调整农作物种植布局，减少高耗水的作物种植，增加退耕还林还草、饲草料基地建设、胡杨林栽培等，从而起到涵养水源，增加生态环境初始水权。

（3）分步实施、逐步到位的原则。由于黑河现状用水历史久远，调整难度较大，农业节水技术从投入到利用需要时间，因此，黑河流域初始水权方案在具体实施时，未采取一步到位的方法，而是根据各区域具体情况，采取分步实施、逐步到位的原则，2000—2003年，每年逐渐降低中游水权，最后一年实现配置方案的要求。水权配置方案的执行主要在于和中游各农业经济区的协调。黑河水权配置方案提出，在来水偏枯的情况下，各地之间允许有±10％的偏差，若超出这个量，地方水行政主管部门强制进行调整。黑河流域水权配置方案最终获得了下游额济纳旗用水户的认同。

1.5.3 典型流域水权配置实践评析

国内外典型流域在初始水权配置实践中都经历了酝酿、产生、批准和实施四个阶段，对缓解各流域水资源需求紧张，保障经济、社会、生态环境可持续发展起到了非常重要的作用，有力地促进了各国水权制度建设的进一步发展。

国内外实践经验表明，完善水资源立法，成立流域管理局、用水户协会等机构，引入民主协商机制，建立良性经营运行机制，增强社区积极参与意识，坚持政府宏观调控原则、总量控制与定额管理相结合原则、经济社会可持续发展原则、提高水资源综合利用效率和调整农业结构原则，进行流域水资源的统一管理，分步实施、逐步到位是流域水权配置管理较好的方式。

国内外流域初始水权配置实践虽然不能成为其他流域初始水权配置的直接依据，但由于流域水资源供求紧张、生态环境恶化、用水冲突不断、开发不当和浪费严重等共性特征，对其他流域初始水权配置实践而言，具有重要参考价值。

第2章　最严格水资源管理制度下流域初始水权配置机理分析

本章梳理了我国水资源及水权管理的相关法律法规，回顾了新中国成立以来不同阶段的管理模式，并分析了最严格水资源管理制度对水权管理的制约与影响，构建了基于耦合视角的流域初始水权配置框架。

2.1　相关法律法规和规范性文件梳理

我国有关水权管理制度包括《水法》《水权制度建设框架》《水量分配暂行办法》《关于实行最严格水资源管理制度的意见》《水权交易管理暂行办法》等。

2.1.1　《水法》

自1988年《水法》制定以来，分别于2002年、2009年、2016年进行了修改和修订。《水法》规定水资源（包括地表水和地下水）属于国家所有，水资源的所有权由国务院代表国家行使；开发、利用、节约、保护水资源和防治水害，应当全面规划、统筹兼顾、标本兼治、综合利用、讲求效益，发挥水资源的多种功能，协调好生活、生产经营和生态环境用水；国家对水资源依法实行取水许可制度和有偿使用制度；国家厉行节约用水，大力推行节约用水措施，推广节约用水新技术、新工艺，发展节水型工业、农业和服务业，建立节水型社会；国家对水资源实行流域管理与行政区域管理相结合的管理体制；国务院发展计划主管部门和国务院水行政主管部门负责全国水资源的宏观调配。

《水法》关于水资源配置和节约使用规定：水中长期供求规划应当依据水的供求现状、国民经济和社会发展规划、流域规划、区域规划，按照水资源供需协调、综合平衡、保护生态、厉行节约、合理开源的原则制定；调蓄径流和分配水量应当依据流域规划和水中长期供求规划，以流域为单元制定水量分配方案（跨省、自治区、直辖市的水量分配方案和旱情紧急情况下的水量调度预案由流域管理机构商有关省、自治区、直辖市人民政府制订，报国务院或者其授权的部门批准后执行；在不同行政区域之间的边界河流上建设水资源开发、利用项目，应当符合该流域经批准的水量分配方案，由有关县级以上地方人民政府报共同的上一级人民政府水行政主管部门或者有关流域管理机构批准）；县级以上地方人民政府水行政主管部门或者流域管理机构应当根据批准的水量分配方案和年度预测来水量，制订年度水量分配方案和调度计划，实施水量统一调度；国家对用水实行总量控制和定额管理相结合的制度（县级以上地方人民政府发展计划主管部门会同同级水行政主管部门，根据用水定额、经济技术条件以及水量分配方案确定的可供本行政区域使用的水量，制订年度用水计划，对本行政区域内的年度用水实行总量控制）。

2.1.2　《水权制度建设框架》

为厘清水权制度的基本内容，提高对水权制度的认识，推进水权制度建设，2005 年，水利部印发《水权制度建设框架》（以下简称《框架》），明确水权制度建设的指导思想和基本原则、水权制度建设框架及水权流转制度；要求各级水利部门要充分认识开展水权制度建设的重要性，结合实际，有重点、有步骤、有计划地开展相关制度建设，逐步建立符合我国国情的水权制度体系。《框架》提出水资源可持续利用是我国经济社会发展的战略问题；加强水资源管理，推进水资源的合理开发，提高水资源的利用效率和效益，实现水资源的可持续利用，支撑经济社会的可持续发展是当代水利工作的重要任务；实现水资源的可持续利用，关键要抓好水资源的配置、节约和保护；在市场经济条件下，建立行政管理与市场机制相结合的水权制度，是优化水资源配置，加强节约和保护的重要措施。

《框架》提出水权制度建设的指导思想和基本原则是：根据水资源的特点和市场经济的要求，优化水资源配置、提高水资源的利用效率和效益、保护用水者权益，建立健全我国的水权制度体系；在建立健全水权制度的过程中，必须坚持有利于水资源可持续利用的原则，必须贯彻水资源统一管理、监督的原则，必须坚持水资源优化配置的原则，必须清晰界定政府的权力和责任以及用水户的权利和义务，并做到统一（即权、责、义统一的原则），公平和效率既是出发点，也是归属（即公平与效率的原则）。

《框架》明确水权制度是界定、配置、调整、保护和行使水权，明确政府之间、政府和用水户之间以及用水户之间的权、责、利关系的规则，是从法制、体制、机制等方面对水权进行规范和保障的一系列制度的总称。水权制度体系由水资源所有权制度、水资源使用权制度、水权流转制度三部分内容组成。

（1）水资源所有权制度。水资源属于国家所有，水资源的所有权由国务院代表国家行使。国务院是水资源所有权的代表，代表国家对水资源行使占有、使用、收益和处分的权利。地方各级人民政府水行政主管部门依法负责本行政区域内水资源的统一管理和监督，并服从国家对水资源的统一规划、统一管理和统一调配的宏观管理。国家对水资源进行区域分配，是在国家宏观管理的前提下依法赋予地方各级人民政府水行政主管部门对特定额度水资源和水域进行配置、管理和保护的行政权力和行政责任，而不是国家对水资源所有权的分割。水资源所有权制度建设必须坚持国家对水资源实行宏观调控的原则，突出国家的管理职责。

（2）水资源使用权制度。根据《水法》的有关规定，建立水权分配机制、对各类水使用权分配的规范以及水量分配方案；根据《水法》对用水实行总量控制和定额管理相结合的制度，确定各类用水户的合理用水量，为分配水权奠定基础；水权分配首先要遵循优先原则，保障人的基本生活用水，优先权的确定要根据社会、经济发展和水情变化而有所变化，同时在不同地区要根据当地特殊需要，确定优先次序。建立水资源的宏观控制指标和微观定额体系。根据全国、各流域和各行政区域的水资源量和可利用量确定控制指标，通过定额核定区域用水总量，在综合平衡的基础上，制定水资源宏观控制指标，对各省级区域进行水量分配；根据水权理论和经济发展制定分行业、分地区的万元国内生产总值用水定额指标体系，以逐步接近国际平均水平为总目标，加强管理，完善法制，建设节水防污型社会。通过建立微观定额体系，制定出各行政区域的行业生产用水和生活用水定额，并以各行各业的用水定额为主要依据核算用水总量，在充分考虑区域水资源量以及区域经济发展和生态环境情况的基础上，科学地进行水量分配。

(3) 水权流转制度。即水资源使用权流转制度，目前主要为取水权的流转。水权流转不是目的，而是利用市场机制对水资源进行优化配置的经济手段，由于与市场行为有关，它的实施必须有配套的政策、法规予以保障。水权流转制度包括水权转让资格审定、水权转让的程序及审批、水权转让的公告制度、水权转让的利益补偿机制以及水市场的监管制度等。影响范围和影响程度较小的商品水交易更多地由市场主体自主安排，政府进行市场秩序的监管。

2.1.3 《水量分配暂行办法》

根据《水法》，为实施水量分配，促进水资源优化配置，合理开发、利用和节约、保护水资源，2007年水利部公布《水量分配暂行办法》(以下简称《分配办法》)。《分配办法》指出水量分配是对水资源可利用总量或者可分配的水量向行政区域进行逐级分配，确定行政区域生活、生产可消耗的水量份额或者取用水水量份额（以下简称水量份额）。水资源可利用总量包括地表水资源可利用量和地下水资源可开采量，扣除两者的重复量。地表水资源可利用量是指在保护生态与环境和水资源可持续利用的前提下，通过经济合理、技术可行的措施，在当地地表水资源中可供河道外消耗利用的最大水量；地下水资源可开采量是指在可预见的时期内，通过经济合理、技术可行的措施，在不引起生态与环境恶化的条件下，以凿井的方式从地下含水层中获取的可持续利用的水量。可分配的水量是指在水资源开发利用程度已经很高或者水资源丰富的流域和行政区域，或者水流条件复杂的河网地区，以及其他不适合以水资源可利用总量进行水量分配的流域和行政区域，按照方便管理、利于操作和水资源节约与保护、供需协调的原则，统筹考虑生活、生产和生态与环境用水，确定的用于分配的水量。

《分配办法》明确指出：水量分配应当遵循公平和公正的原则，充分考虑流域与行政区域水资源条件、供用水历史和现状、未来发展的供水能力和用水需求、节水型社会建设的要求，妥善处理上下游、左右岸的用水关系，协调地表水与地下水、河道内与河道外用水，统筹安排生活、生产、生态与环境用水；水量分配应当以水资源综合规划为基础；省(自治区、直辖市）人民政府公布的行业用水定额是本行政区域实施水量分配的重要依据；为满足未来发展用水需求和国家重大发展战略用水需求，根据流域或者行政区域的水资源条件，水量分配方案制定的机关可以与有关行政区域人民政府协商预留一定的水量份额；水量分配应当建立科学论证、民主协商和行政决策相结合的分配机制；流域管理机构或者县级以上地方人民政府水行政主管部门应当根据批准的水量分配方案和年度预测来水量以及用水需求，结合水利工程运行情况，制定年度水量分配方案和调度计划，确定用水时段和用水量，实施年度总量控制和水量统一调度；为预防省际水事纠纷的发生，在省际边界河流、湖泊和跨省（自治区、直辖市）河段的取用水量，由流域管理机构会同有关省（自治区、直辖市）人民政府水行政主管部门根据批准的水量分配方案和省际边界河流（河段、湖泊）水利规划确定，并落实调度计划、计量设施以及监控措施；流域管理机构和各

级水行政主管部门应当加强水资源管理监控信息系统建设，提高水量、水质监控信息采集、传输的时效性，保障水量分配方案的有效实施；已经实施或者批准的跨流域调水工程调入的水量，按照规划或者有关协议实施分配。

2.1.4　《关于实行最严格水资源管理制度的意见》

2011 年，中央 1 号文件和中央水利工作会议明确要求实行最严格水资源管理制度，确立水资源开发利用控制、用水效率控制和水功能区限制纳污“三条红线”，从制度上推动经济社会发展与水资源水环境承载能力相适应。2012 年，国务院发布《关于实行最严格水资源管理制度的意见》（以下简称《意见》），要求以水资源配置、节约和保护为重点，强化用水需求和用水过程管理，通过健全制度、落实责任、提高能力、强化监管，严格控制用水总量，全面提高用水效率，严格控制入河湖排污总量，加快节水型社会建设，促进水资源可持续利用和经济发展方式转变，推动经济社会发展与水资源水环境承载能力相协调，保障经济社会长期平稳较快发展。2013 年，国务院发布《实行最严格水资源管理制度考核办法》（以下简称《考核办法》），以推进实行最严格水资源管理制度，确保实现水资源开发利用和节约保护的主要目标。2016 年，水利部和国家发展和改革委员会发布《“十三五”水资源消耗总量和强度双控行动方案》（以下简称《双控行动方案》），要求全面实施最严格水资源管理制度考核，逐级建立用水总量和强度控制目标责任制，完善考核评价体系，突出双控要求。

《意见》的主要目标：确立水资源开发利用控制红线，到 2030 年全国用水总量控制在 7000 亿 m^3 以内；确立用水效率控制红线，到 2030 年用水效率达到或接近世界先进水平，万元工业增加值用水量（以 2000 年不变价计，下同）降低到 $40m^3$ 以下，农田灌溉水有效利用系数提高到 0.6 以上；确立水功能区限制纳污红线，到 2030 年主要污染物入河湖总量控制在水功能区纳污能力范围之内，水功能区水质达标率提高到 95%以上。《意见》提出：加强水资源开发利用控制红线管理，严格实行用水总量控制，包括严格规划管理和水资源论证，严格控制流域和区域取用水总量，严格实施取水许可，严格水资源有偿使用，严格地下水管理和保护，强化水资源统一调度；加强用水效率控制红线管理，全面推进节水型社会建设，包括全面加强节约用水管理，把节约用水贯穿于经济社会发展和群众生活生产全过程；强化用水定额管理，加快推进节水技术改造；加强水功能区限制纳污红线管理，严格控制入河湖排污总量，包括严格水功能区监督管理；加强饮用水水源地保护，推进水生态系统保护与修复。

《考核办法》明确考核内容为最严格水资源管理制度目标完成、制度建设和措施落实情况；考核工作与国民经济和社会发展五年规划相对应，每五年为一个考核期，采用年度考核和期末考核相结合的方式进行；考核结果作为对各省（自治区、直辖市）人民政府主要负责人和领导班子综合考核评价的重要依据。

《双控行动方案》提出：到 2020 年，水资源消耗总量和强度双控管理制度基本完善，双控措施有效落实，双控目标全面完成，初步实现城镇发展规模、人口规模、产业结构和布局等经济社会发展要素与水资源协调发展；各流域、各区域用水总量得到有效控制，地下水开发利用得到有效管控，严重超采区超采量得到有效退减，全国年用水总量控制在

6700亿m^3以内；强化水资源承载能力刚性约束，全面推进各行业节水，加快地下水超采区综合治理，加快地下水超采区综合治理，加快理顺价格税费等九大重点任务；积极推进水资源税费改革；在内蒙古、江西、河南、湖北、广东、甘肃、宁夏七个省区开展水权试点工作。

2.1.5 《水权交易管理暂行办法》

为贯彻落实党中央、国务院关于建立完善水权制度、推行水权交易、培育水权交易市场的决策部署，鼓励开展多种形式的水权交易，促进水资源的节约、保护和优化配置，2016年，水利部根据有关法律法规和政策文件，制定了《水权交易管理暂行办法》（以下简称《管理办法》)。《管理办法》明确水权包括水资源的所有权和使用权；水权交易是指在合理界定和分配水资源使用权的基础上，通过市场机制实现水资源使用权在地区间、流域间、流域上下游、行业间、用水户间流转的行为；按照确权类型、交易主体和范围划分，水权交易形式主要为区域水权交易、取水权交易和灌溉用水户水权交易；水权交易应当积极稳妥、因地制宜、公正有序，实行政府调控与市场调节相结合，符合最严格水资源管理制度要求，有利于水资源高效利用与节约保护，不得影响公共利益或者利害关系人合法权益；水权交易一般应当通过水权交易平台进行，也可以在转让方与受让方之间直接进行。

《管理办法》指出：区域水权交易在县级以上地方人民政府或者其授权的部门、单位之间进行；应当通过水权交易平台公告其转让、受让意向，寻求确定交易对象，明确可交易水量、交易期限、交易价格等事项；交易各方一般应当以水权交易平台或者其他具备相应能力的机构评估价为基准价格，进行协商定价或者竞价，也可以直接协商定价；在交易期限内，区域水权交易转让方转让水量占用本行政区域用水总量控制指标和江河水量分配指标，受让方实收水量不占用本行政区域用水总量控制指标和江河水量分配指标。

取水权交易在取水权人之间进行，或者在取水权人与符合申请领取取水许可证条件的单位或者个人之间进行；取水权交易转让方应当向其原取水审批机关提出申请；原取水审批机关应当及时对转让方提出的转让申请报告进行审查；转让申请经原取水审批机关批准后，转让方可以与受让方通过水权交易平台或者直接签订取水权交易协议，交易量较大的应当通过水权交易平台签订协议；县级以上地方人民政府或者其授权的部门、单位可以通过政府投资节水形式回购取水权，也可以回购取水单位和个人投资节约的取水权（回购的取水权应当优先保证生活用水和生态用水，尚有余量的，可以通过市场竞争方式进行配置)。

灌溉用水户水权交易在灌区内部用水户或者用水组织之间进行；县级以上地方人民政府或者其授权的水行政主管部门通过水权证等形式将用水权益明确到灌溉用水户或者用水组织之后，可以开展交易；灌溉用水户水权交易期限不超过一年的，不需审批，由转让方与受让方平等协商，自主开展；交易期限超过一年的，事前报灌区管理单位或者县级以上地方人民政府水行政主管部门备案；县级以上地方人民政府或其授权的水行政主管部门、灌区管理单位可以回购灌溉用水户或者用水组织水权（回购的水权可以用于灌区水权的重新配置，也可以用于水权交易)。

2.2　我国水资源管理体制改革的历史演变

水资源管理是水行政主管部门运用法律、行政、经济、技术等手段对水资源的分配、开发、利用、调度和保护进行管理，以求可持续地满足社会经济发展和改善环境对水的需求的各种活动的总称。我国的水资源管理体制自春秋战国到新中国成立以后，主要经历了传统管理、非正式管理、分散管理、部门集中管理、综合管理和严格管理六个发展阶段。

1. 传统管理阶段（1949年以前）

我国农业人工灌溉大体始于春秋后期，兴于战国后期，鼎盛于西汉武帝之时，之后的唐、宋、元、明、清，直到民国时期，历代王朝都重视水利建设，修建了大量的水利工程。为管理好灌溉工程，提高用水效率，减少用水纠纷，杜绝诉讼，历代王朝都建立了从中央到地方的层级水事管理体制，制定并逐步形成了完善的水事管理制度。如汉承秦制，中央设都水长、丞，并在太长、少府等官职、部门下设都水官，沿河郡县官员都有防守河堤的职责；唐、宋、元时期，国家在水行政管理上具有绝对权威，无论分水设施的安装，还是渠系、灌区内分水制度的制定，都以官府为主；明清时期，水事管理虽然主要依靠“乡约村规”为主体的非正式制度，但国家设有专门的水事管理机构且具有水行政方面的权威；民国时期，水事管理主要以地方管理为主，但在国民政府制定的《水法》中提出了政府统一领导下的流域管理与地方管理相结合、专业管理与群众管理相结合的水资源管理模式，出现了流域管理的雏形。

2. 非正式管理阶段（1949—1977年）

中华人民共和国成立初期，中国涉水事务的管理非常混乱。水利部只主管以防洪和跨流域调水为主的水利建设，而水力发电、城市供水和内河航运分别由当时的燃料工业部（电力部）、建设部和交通部负责管理。其中最典型的水利事业——农田水利，在很长时期里也归农业部管理。水利部内部的职能设置多以工程管理为核心，很少有水资源管理的职能。新中国成立之初，中央政府就明确了水资源公有的基本原则，但在相当长的时期内，没有独立的取水、用水、排水管理，只要水利工程或其他需要取水的工程项目获得批准并建成投产，就可以自由取水、用水、排水，水资源管理一方面从属于水利工程安排，另一方面沿袭历史传统习俗等非正式制度安排，呈现出只管工程不管资源的非正式管理状态。

3. 分散管理阶段（1978—1987年）

随着用水的逐年增加，用水矛盾的逐渐凸现，水资源管理产生了现实要求。水利部作为水行政主管机构缺乏水资源管理的职能和依据，各省（自治区、直辖市）间的用水矛盾只有国务院才能直接出面协调解决，水资源管理体制开始走向以行政命令为主的正式管理阶段。1984年，国务院决定水利电力部为全国水资源综合管理部门，管理全国所有的水资源产权，负责归口管理全国水资源的统一规划、立法、科研和水资源的调配等工作，并负责协调各用水部门的矛盾、处理水事纠纷等。但涉水事务的管理职能仍然分散在水利电力部、地质矿产部、农牧渔业部、城乡建设环境保护部、交通部等多个部门，各省（自治区、直辖市）也都设有相应的机构，基本上属于分散型管理体制。

4. 部门集中管理阶段（1988—1998年）

20世纪80年代，随着经济和城市建设的快速发展，行业的用水量不断增大，水源地相对集中地大量建设、开发，局部水资源供需矛盾已有所表现，中国北方水资源供需关系出现紧张情况。1988年，全国人大常委会通过的《中华人民共和国水法》（简称老《水法》），标志着中国的水资源管理体制进入了一个崭新的状态。老《水法》明确指出国家对水资源实行统一管理与分级、分部门管理相结合的制度，指定由国务院水行政主管部门负责全国水资源的统一管理工作。国务院其他有关部门按照国务院规定的职责分工，协同国务院水行政主管部门，负责有关的水资源管理工作。1998年，国务院批准撤销地质矿产部，相应的地下水行政管理职能和建设部的城市防洪、城市地下水管理职能统一划归水利部，国家防汛抗旱总指挥部办公室也设在了水利部，至此水资源管理体制开始向部门集中管理的方向发展。

5. 综合管理阶段（2002—2010年）

进入21世纪以后，随着社会经济的发展，水资源短缺对社会经济的约束效应越来越凸显，人们对水资源管理的重要性越来越关注。2002年，经过修订的《中华人民共和国水法》（以下简称新《水法》）颁布实施，新《水法》根据水资源的自身特点和我国的实际情况，按照资源管理与开发利用管理相分离的原则，确立了流域管理与行政区域管理相结合的水资源管理体制，注重水资源合理配置，并首次在法律中确立流域管理机构的法律地位和管理职责，开辟了中国水资源管理的新道路。

6. 严格管理阶段（2011年以来）

2011年，中央1号文件首次聚焦水利建设，提出了不断创新完善水资源管理体制的意见。文件明确提出，我国将实行最严格水资源管理制度，建立用水总量控制制度、用水效率控制制度、水功能区限制纳污制度和水资源管理责任和考核制度“四项制度”，相应地划定水资源开发利用控制红线、用水效率控制红线和水功能区限制纳污红线“三条红线”，把严格水资源管理作为加快经济发展方式转变的战略举措。这标志着我国的水资源管理进入了一个新的阶段。2012年1月，国务院发布了《关于实行最严格水资源管理制度的意见》，对实行最严格水资源管理制度作出全面部署和具体安排，对于解决我国复杂的水资源水环境问题，实现经济社会的可持续发展具有深远意义和重要影响。2013年，国务院发布《实行最严格水资源管理制度考核办法》，规范了最严格水资源管理制度的考核方式。2016年，水利部和国家发改委联合发布《“十三五”水资源消耗总量和强度双控行动方案》，要求全面实施最严格水资源管理制度考核，逐级建立用水总量和强度控制目标责任制，完善考核评价体系，突出双控要求。从目前的发展来看，推行水务一体化管理，建立权威高效严格的水资源管理体制是发展趋势。

2.3 最严格水资源管理制度对水权管理的约束分析

最严格水资源管理制度从行政管理角度对初始水权配置进行规范和约束，是水权制度建设的约束条件和运行环境。一方面体现国家的治水思想，以水资源配置、节约和保护为重点，强化用水需求和用水过程管理，通过健全制度、落实责任、提高能力、强化监管，严格控制用水总量，全面提高用水效率，严格控制入河湖排污总量，加快节水型社会建设，促进水资源可持续利用和经济发展方式的转变，推动经济社会发展与水资源水环境承

载能力相协调，保障经济社会长期平稳较快发展。另一方面表明国家治水的原则，坚持以人为本，着力解决人民群众最关心、最直接、最现实的水资源问题，保障饮水安全、供水安全和生态安全；坚持人水和谐，尊重自然规律和经济社会发展规律，处理好水资源开发与保护关系，以水定需、量水而行、因水制宜；坚持统筹兼顾，协调好生活、生产和生态用水，协调好上下游、左右岸、干支流、地表水和地下水关系；坚持改革创新，完善水资源管理体制和机制，改进管理方式和方法；坚持因地制宜，实行分类指导，注重制度实施的可行性和有效性。

最严格水资源管理制度通过统一规划和水资源论证，建立用水总量控制红线，目的是严格控制用水总量过快增长，防治水资源过度开发，使水资源开发利用控制在水资源承载范围之内。最严格水资源管理制度明确严格实行用水总量控制，促进水资源优化配置；建立用水效率控制红线，全面推进节水型社会建设；建立水功能区限制纳污红线，严格控制入河湖排污总量；实施水资源开发、利用、保护、监管四项制度，促进流域社会经济发展、流域初始水权配置和流域水环境承载能力相协调，推动流域社会经济长期平稳较快发展。最严格水资源管理制度对流域水权配置管理的制约关系主要表现在基于用水总量的控制、用水质量的控制、用水效率的控制、应急用水的控制等方面。

在明确最严格水资源管理制度对流域水权配置管理的制约关系的基础之上，本书进一步探究了省区初始水权配置子系统和流域级政府预留水量配置子系统内部及子系统之间的耦合关系。

2.3.1　基于用水总量的控制

近年来，我国流域的现状用水总量比改革开放初期增加了约 1500 亿 m^3，全国现状合理用水需求缺口超过 500 亿 m^3，同时，水资源时空分布不均的特点进一步加剧了水资源短缺。不少流域水资源开发利用过度，已超过其水资源承载能力。随着人口增长、灌溉扩张、工业发展和生态系统等方面用水需求的增长，在不突破流域水资源发展承载能力的前提下，流域水权配置需要同时满足流域社会经济发展公平、合理、高效和可持续等多重目标的需求，以实现人与水的和谐相处。

用水总量控制红线要充分考虑水资源承载能力，对取水的流域、区域等进行宏观总量控制，强化流域初始水权分配中用水总量控制管理的约束力。用水总量控制是指在进行流域初始水权配置时，充分考虑流域的水资源承载能力、流域用水现状和流域未来发展需水，确保用水总量不能超过流域的可分配水资源量。如果流域的用水总量超过流域的可分配水资源量，将会进一步加剧水资源的供需矛盾，造成水资源的过度开发和水污染加剧，甚至会引发水资源冲突。

流域初始水权配置是指按照一定的规则，以中央政府或流域管理机构为主导，根据水资源开发利用总量控制总体规划及其相关规划，结合流域各省区资源禀赋和社会经济发展差异等情况，依靠法律等手段，将流域可分配水资源量（用水总量）在流域各省区间初步实现合理配置的过程，是流域初始水权配置最重要和最难协调的部分。用水总量控制通过构建覆盖流域和省、市、县三级行政区域的取用水总量控制指标体系，制定主要江河流域水量分配方案，严格控制流域与区域取用水总量；严格规划管理和水资源论证，流域经济社会发展建设在国民经济和社会发展规划、城市总体规划的编制和重大建设项目的布局中，应当与流域水资源条件相适应，以实现人水和谐发展；严格实施取水许可，对取用水总量已达到或超过控制指标的地区，暂停审批建设项目新增取水，对取用水总量接近控制指标的地区，限制审批新增取水；严格地下水管理和保护，实行地下水取水总量控制和水位控制，以防地下水超采；强化水资源统一调度，协调好生活用水、生产用水和生态用水。

2.3.2 基于用水质量的控制

《中华人民共和国水污染防治法》（以下简称《水污染防治法》）第9条规定，“排放水污染物不得超过国家或者地方规定的重点水污染物总量控制指标”。因此，在流域各省区初始排污权的配置过程中，应加强水污染物分类控制，科学核定水域的纳污能力，实行纳污红线控制。

流域各省区应该在综合考虑流域社会经济状况及环境质量目标的基础上，根据各省区的污染物排放状况、经济社会发展水平、技术可行性等影响因素，坚持用水质量控制原则，以达标定需，限制排污量增长；以经济效益定标杆，提高污水处理效率；防治流域内各省区污水的不达标排放，提高流域水质，改善流域水生态环境。用水质量控制要求严格水功能区监督管理，从严核定水域纳污容量；强化入河湖排污口监督管理，严格控制入河湖排污总量；加快污染严重的江河湖泊水环境治理，改善重点流域水环境质量；严格饮用水水源地保护，确保供水安全；维持河流的合理流量和地下水的合理水位，确保基本生态用水需求。

2.3.3 基于用水效率的控制

我国相关规划文件明确提出，要通过用水效率控制红线管理全面推进节水型社会建设，到2030年用水效率管理目标达到或接近世界先进水平，同时，确定了2020年用水效率管理目标。用水效率控制红线充分考虑了水资源利用效益，规范了取水流域、区域的水资源利用标准，强化了流域初始水权配置中用水效率控制管理的约束力。用水效率控制红线明确有利于缓解流域各省区水资源供需矛盾，保障突发事件的需水要求，以及为重大发展等事件做应急水量储备；同时，可以合理遏制用水过度增长、提高水资源利用效率，减轻流域水环境污染负荷。

用水效率控制红线是节水性协调控制红线，需全面体现节水过程，是对用水量的宏观总量控制和微观定额管理，因为它既可对各省区用水量进行宏观总量控制，也可对行业、企业、用水户的用水量进行微观定额管理，即可直接影响水量，又可间接影响水质，因为用水效率的提高意味着水资源重复利用率的改善和水污染物排放量的减少，有利于改善水环境。因此，流域各省区初始水权配置必须充分考虑用水效率红线控制约束，全面推进节水型社会建设。

用水效率控制的高低将决定用水部门初始水权分配的效率，在流域各省区初始水权的配置过程中，需嵌入用水效率控制约束，将各省区工业、农业和生活的综合用水效率水平作为影响水量配置的重要因素，督促一些高耗水企业或者用水效率低下企业进行节水技术

改造，激励用水效率高的低耗水企业进一步发展。用水效率控制需要全面加强节约用水管理，把节约用水贯穿于经济社会发展和群众生产生活全过程；严格用水定额管理，制定实施节水强制性标准；大力发展农业节水灌溉，不断提高农业节水水平；强化工业企业和城市生活节水技术改造，淘汰落后工艺、设备和产品；大力推进污水处理回用，积极发展海水淡化和综合利用，充分利用雨水和微咸水。

2.3.4　基于应急用水的控制

应急用水控制考虑的是国家发展用水、应急用水的需求，是流域初始水权配置前政府预留的水量，强化了流域初始水权配置中应急用水控制管理的约束力。政府预留水量可以用来满足干旱灾害或者突发水污染等公共安全事件的供水危机下的应急用水需求，以及未来国家重大发展战略调整的新增用水需求。应急用水控制是国家社会经济发展以及国家安全极其重要的保障手段，同时也是流域生态环境和社会经济能够可持续发展的物质基础。

应急用水控制具有应急性、预期性和战略性。当出现国家发展战略调整、重新布局以及国防建设等新增用水需求时，可以根据实际用水需求，协调调用规避风险发展预留水量、流域协调发展预留水量和国家重大发展战略预留水量，实现三者之间的动态适应和效益最大化。因此，流域各省区应该在流域初始水权分配过程中，遵从应急用水控制的约束，预留应急用水水量，以满足突发事件、社会发展、国防等方面的应急供水需求。

应急用水控制是为保障国家用水安全，表现形式为政府预留水量，与国家最严格水资源管理制度并行不悖，主要体现在以下三个方面：

（1）用水总量控制红线需全面考虑水资源的经济发展承载能力，是对流域各省区采取的用水总量宏观控制措施。这是主要的控制因素，强化用水总量控制管理的约束力。流域各省区根据水资源禀赋条件、历年国民经济用水和生态环境用水情况以及对可能出现的紧急情况的预测，按照用水总量控制的动态比例确定预留水量，因此，用水总量控制对预留水量的大小具有直接决定作用。

（2）用水效率控制需全面体现节水理念和节水方式。用水效率综合反映一个国家或者地区的经济发展阶段、产业结构、水资源条件、水资源管理水平等状况，用水效率的提高将有利于提高水资源效益，使区域水资源的供需矛盾得到缓解，更多的水资源可以用于应急用水。

（3）水功能区限制纳污量的确定体现了对改善水质的要求。水质的改善意味着排污量的减少，反映用水效率的提高，带来用水量的减少，会降低预留水量用于发展用水需求的可能性。同时，水质改善表明受污染水量的减少，间接增加了可用于国民经济和生态环境的水量，也会带来预留水量用于发展用水需求的可能性，都将增加用于应急用水的水量。

2.3.5　系统耦合关系分析

流域初始水权由流域级自然水权、省区初始水权和流域级政府预留水量三部分构成，其中，与流域初始水权相关的概念及其解析见表 2.1。在流域初始水权三个组成部分的配置中，流域级自然水权的配置过程因其需求的特殊性一般处于相对独立的阶段，本书不进行讨论。本书的主要研究范围是省区初始水权的配置和流域级政府预留水量的确定，即在研究合理协调省区初始水权配置量和政府预留水量的分配比例的基础上，探讨流域初始水权如何在各省区有效配置并确定政府预留水量的方法。

表 2.1　　与流域初始水权相关的概念及其解析

概　念	解　析
流域级自然水权	为满足流域公共生态环境合理用水需求的水资源额度或供水额度
省区初始水权	为满足流域内各省区合理用水需求的水资源额度或供水额度
流域级政府预留水量	为了应对流域未来自然和社会经济发展过程中的不可预见因素和各种紧急情况，由中央政府或流域机构具体负责管理的预留水量
流域初始水权配置	按照一定的规则，实现流域初始水权在流域级自然水权、省区初始水权和流域级政府预留水量之间合理分配的过程

采用耦合视角研究流域初始水权配置理论和方法，主要基于以下考虑：

(1) 耦合在最严格水资源管理制度的执行过程中具有客观存在性。由于水资源在数量和质量上具有天然双重耦合性，因此，用水总量控制制度和水功能区限制纳污制度在省区初始水权配置过程中必须统筹协调，对水量配置形成叠加耦合制约，同时也要考虑用水效率对水量和水质的影响。

(2) 流域级政府预留水量的供给与需求具有相互适应、相互配合的耦合关系。

(3) 政府预留水量的确定与省区初始水权配置量具有依存关系，因此，耦合在省区初始水权配置和流域级政府预留水量确定过程中具有客观存在性。

综合以上分析，本书提出基于耦合视角的流域初始水权配置的概念，即在最严格水资源管理制度的约束下，针对流域初始水权配置系统中的内在耦合关系，通过省区初始水权配置子系统量质耦合、流域级政府预留水量配给子系统供需耦合以及两个子系统循环耦合，探讨不同要素之间彼此适应的初始水权配置方法。基于耦合视角的流域初始水权配置系统中的耦合关系见图 2.1。

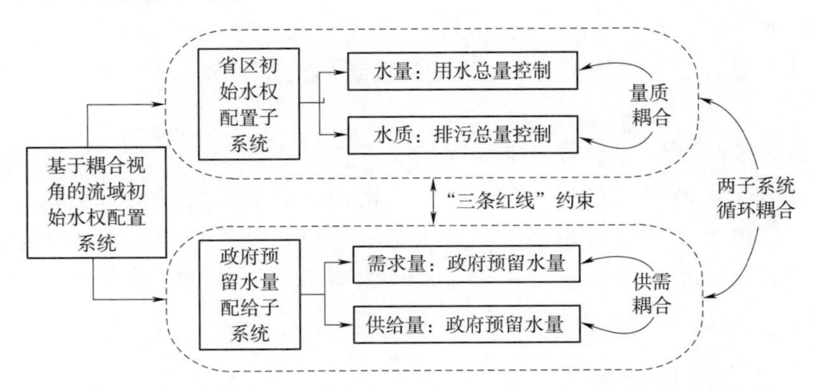

图 2.1　基于耦合视角的流域初始水权配置系统中的耦合关系

2.4　最严格水资源管理制度下流域初始水权配置的核心问题

面向实行最严格水资源管理制度的要求，协调人水矛盾、人人矛盾的关键是准确处理好用水总量控制、用水质量控制、用水效率控制等，省区初始水权配置必须适应这一要求。省区初始水权配置量和流域级政府预留水量是流域初始水权可分配量的重要组成部分。因此，最严格水资源管理制度下的初始水权配置必须统筹解决三个核心问题，即如何基于“三条红线”开展省区初始水权的配置问题，如何在供需耦合视角下基于用水安全开展流域级政府预留水量的配置问题，省区初始水权与流域级政府预留水量如何协调配置的问题。

1. 省区初始水权配置

如何基于三条红线开展省区初始水权配置，是实施初始水权配置的首要任务。省区初始水权配置必须遵守用水总量控制红线，基于主要江河水量分配方案，建立取用水总量控制指标体系，协调好省区生活、生产、生态环境用水等；必须遵守用水效率控制红线，遏制用水浪费，基于省区用水效率指标，加强用水定额和计划管理；必须遵守水功能区限制纳污红线，控制入河排污总量，并建立水生态补偿机制等。

2. 流域级政府预留水量配置

随着我国城镇化、工业化和产业化的快速发展，社会经济发展过程中的不可预见因素难以避免，致使各种紧急情况下的水资源非常规需求不断出现。因此，在开展流域初始水权配置时，需要配置适当的政府预留水量，作为应对紧急情况下水资源需求和经济社会发展的储备。本书针对流域级政府预留水量配给需求，结合流域水资源分布特点、经济发展水平、水资源规划等主客观情况，从需求视角构建了政府预留水量规模优化配置模型，采用遗传算法，求解获得满意度最大的初始水权优化配置方案，进而得到最优的政府预留水量需水规模。在获得政府预留水量需水规模的基础上，从供给视角构建了政府预留水量结构优化配置模型，判断是否存在因水资源短缺而导致发展预留水量和应急预留水量不能满足四类用水事件的用水需求，实现供需耦合视角下政府预留水量的结构优化配置。

3. 流域初始水权协调配置

由于流域水资源总量是一定的，所以在省区初始水权配置与流域级政府预留水量配给的过程中，两者存在事实上的此消彼长的相互依存关系，为揭示两者之间的这种依存关系，本章将省区初始水权配置子系统与流域级政府预留水量配给子系统结合起来进行研究，采用循环耦合方法，通过多轮判别和运算保证两个子系统的配置结果不断进化和相互适应，实现两个子系统之间的协调发展，建立基于耦合协调性判别准则的循环耦合模型，即通过“初始方案→耦合协调性判别→方案进化调整→改进方案”循环耦合的步骤，确定流域初始水权配置的推荐方案。

2.5　基于耦合视角的流域初始水权配置框架

在最严格水资源管理制度的约束下，本书界定了耦合视角下的流域初始水权配置对象及其主体；分析了省区初始水权配置子系统量质耦合、流域级政府预留水量配给子系统供需耦合以及两个子系统循环耦合，提出了耦合视角下的流域初始水权配置技术框架。

2.5.1　基于耦合视角的流域初始水权配置框架总体设计

本书研究工作共分为三个阶段，本书采取的是“基于耦合配置模型获得不同省区初始水权与流域级政府预留水量→采用耦合协调度判别准则对方案进行判别→调整配置方案并重新计算和判别→获得流域初始水权推荐方案”的研究思路。具体技术路线见图2.2。

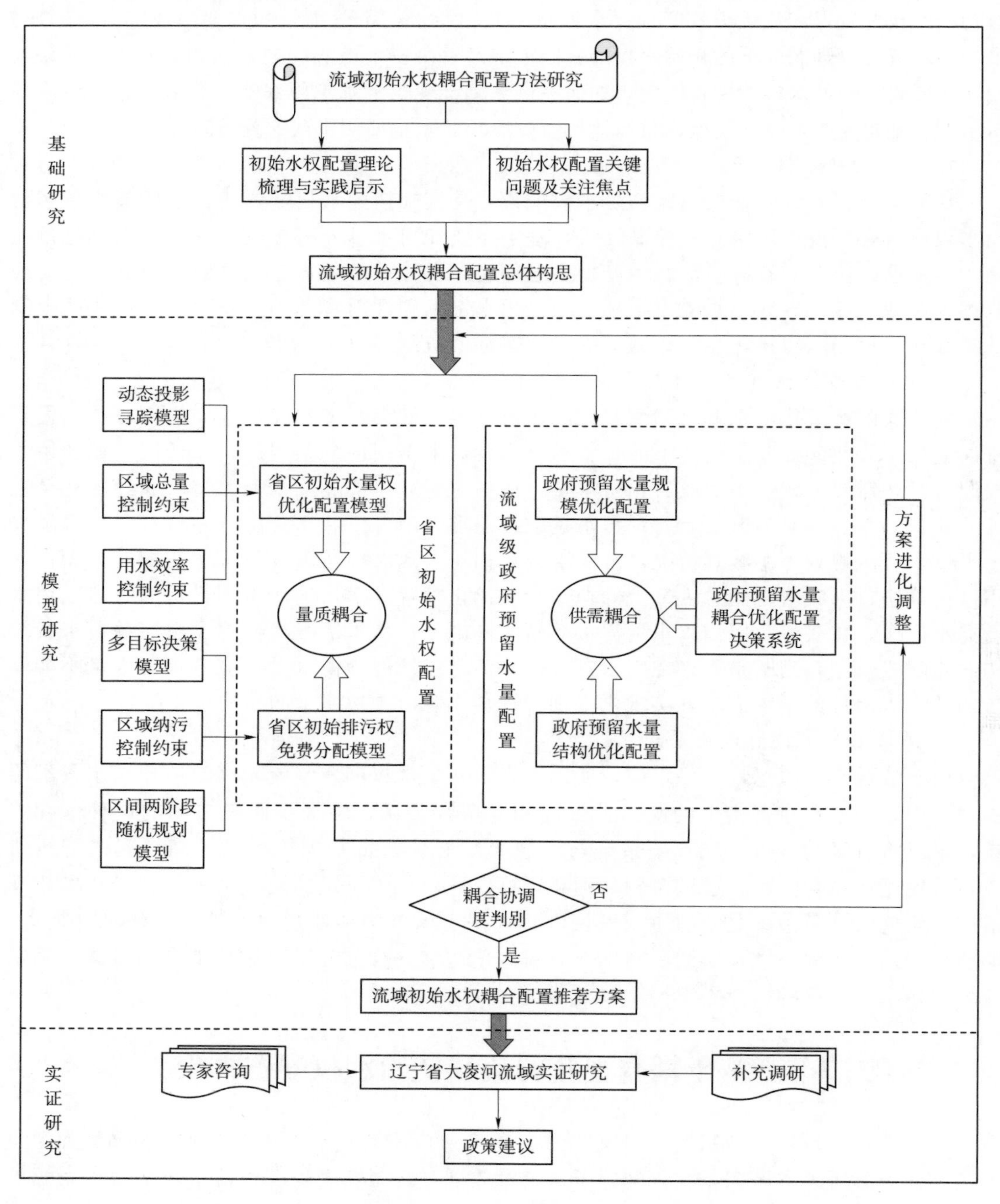

图2.2　技术路线图

2.5.2 基于耦合视角的流域初始水权配置技术框架

基于耦合视角的流域初始水权配置的研究框架及工作原理如下：

(1) 基于量质耦合的省区初始水权配置框架。针对省区初始水权配置子系统，基于奖优罚劣原则的省区初始水权的量质耦合配置，获得由水量水质耦合控制的流域内不同省区(流域单元)初始水权量。

(2) 基于供需耦合的流域级政府预留水量配给框架。针对政府预留水量配给子系统，基于水资源的开发、配置、利用必须保证水资源在水量和水质上均能满足人类生存、国民经济发展以及生态环境维护的用水需求的理念，研究如何获得规模适度、结构合理的政府预留水量配置问题。

(3) 基于循环耦合的流域初始水权配置框架。为保障两个子系统的协调发展，建立基于耦合协调性判别准则的循环耦合模型，通过"初始方案→耦合协调性判别→方案进化调整→改进方案"的循环耦合步骤，获得流域初始水权配置的推荐方案。

1. 基于量质耦合的省区初始水权配置技术框架

针对省区初始水权配置子系统，遵循省区初始水权配置的原则，确定基于量质耦合的省区初始水权配置研究框架。

(1) 基于用水总量控制要求，构建反映省区用水特征的指标体系，嵌入用水效率制约，构建基于用水总量控制的省区初始水权配置模型，计算获得流域内各省区的初始水权量(获得仅由水量进行控制的配置结果)。

(2) 基于排污总量控制要求，采用经济效益、社会效益和生态环境效益三个优化目标，建立基于排污总量控制的初始排污权配置模型，计算获得流域内各省区的初始排污权量。

(3) 对排污量超出水功能区初始排污权量的地区，以减少其水权配置量进行惩罚，对排污量低于初始排污权量的地区，以增加其水权配置量进行奖赏，即构建基于奖优罚劣原则的水量水质耦合配置模型，获得由水量水质耦合控制的配置方案，实现基于用水总量控制和排污总量控制的省区初始水权配置。基于量质耦合的省区初始水权配置技术框架的工作原理见图2.3。

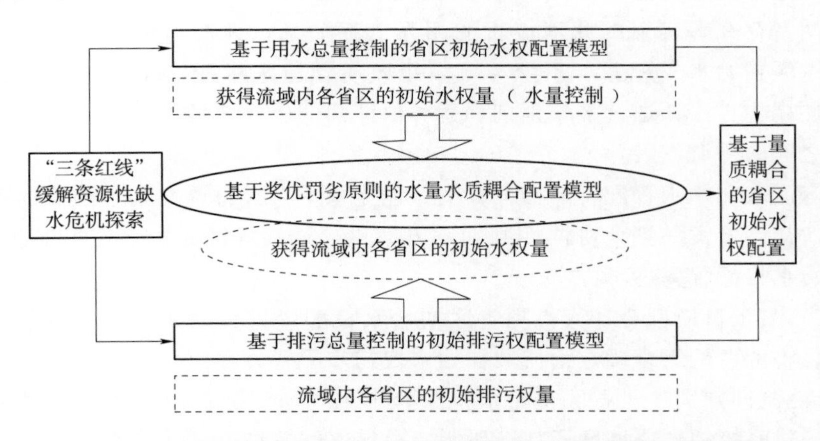

图2.3 基于量质耦合的省区初始水权配置技术框架的工作原理

2. 基于供需耦合的流域级政府预留水量配给技术框架

随着我国城镇化、工业化和产业化的快速发展，社会经济发展过程中的不可预见因素难以避免，致使各种紧急情况下的水资源非常规需求不断出现。因此，在开展流域初始水权配置时，需要配置适当的政府预留水量，作为应对紧急情况下水资源需求和经济社会发展的储备。针对流域级政府预留水量配给子系统，结合流域水资源分布特点、经济发展水平、水资源规划等主客观情况，兼顾"供给—可能"和"需求—需要"两个方面，基于用水安全确定流域级政府预留水量。

（1）确定流域级政府预留水量最优需水规模。基于政府预留水量与流域初始水权配置的相互关系，通过对初始水权优化配置影响因素的分析，以满意度函数的形式定量描述配置原则，采用遗传算法，求解获得满意度最大的初始水权优化配置方案，进而得到最优的政府预留水量需求规模。

（2）确定流域级政府预留水量的供给量。依据有关行政区域人民政府协商的结果，确定流域级政府预留水量的供给量；确定政府预留水量供给结构，基于政府预留水量结构优化配置原则，构建区间两阶段随机规划模型：第一阶段以研究区域已获得的政府预留水量需求总量上限为约束，基于估算出的四类用水事件的需水量区间，建立相应的收益函数；第二阶段判断是否存在因水资源短缺而导致发展预留水量和应急预留水量不能满足四类用水事件的用水需求，并通过缺水量建立缺水惩罚函数，调整用水事件的配水量，以最终实现结构优化配置。

（3）开发政府预留水量耦合优化配置系统。基于数据库软件、C＃程序语言和Matlab软件，从政府预留水量耦合优化配置过程中自动化数据分析、计算和输出功能出发，系统分析配置系统的数据需求。根据数据需求的类型，设计系统结构、数据库等子系统的数据结构等要素。深入分析数据流和界面设计，并进行系统开发，从而完成流域政府预留水量耦合优化配置过程的自动化数据分析、计算和输出系统，计算获得流域级政府预留水量的配给量。

3. 基于循环耦合的流域初始水权配置技术框架

由于流域水资源总量是一定的，所以在省区初始水权配置与流域级政府预留水量配给的过程中，两者存在事实上的此消彼长的相互依存关系，为揭示两者之间的这种依存关系，笔者将省区初始水权配置子系统与流域级政府预留水量配给子系统结合起来进行研究，采用循环耦合方法，通过多轮判别和运算保证两个子系统的配置结果不断进化，实现两个子系统之间的协调发展。

（1）确定流域初始水权配置的推荐方案。建立基于耦合协调性判别准则的循环耦合模型，即通过"初始方案→耦合协调性判别→方案进化调整→改进方案"循环耦合的步骤，确定流域初始水权配置的推荐方案。

1）计算。基于量质耦合计算得到省区初始水权配置方案，基于供需耦合计算得到政府预留水量，将两者的组合确定为流域初始水权初步配置方案。

2）耦合协调性判别。对省区初始水权配置子系统与流域级政府预留水量配给子系统进行耦合，构建系统耦合协调度函数，研制使得最终配置结果既能满足各区域社会经济发展要求，又能满足社会发展中的不可预见因素和各种紧急情况对水资源的非常规需求的耦

合协调性判别准则，对初步配置方案进行耦合协调性判别。

3）方案进化调整。分析导致耦合协调性判别准则不能满足的原因，通过逆向追踪探寻需要调整水权量的区域以及政府预留水量，基于“三条红线”约束进行集成分析，调整水权配置量，获得新的水权配置方案；重新对方案进行协调度判别、调整，直至调整后的配置方案通过协调度判别。

4）推荐方案。将通过判别的流域初始水权配置方案，包括省区初始水权量和流域级政府预留水量作为推荐方案。

基于循环耦合的流域初始水权配置技术框架见图 2.4。

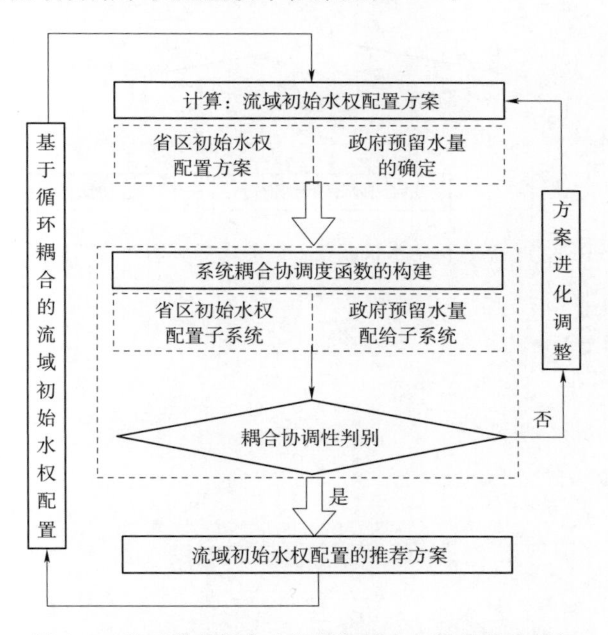

图 2.4　基于循环耦合的流域初始水权配置技术框架

（2）耦合协调性判别准则的设计。构建基于耦合协调性判别准则的循环耦合模型的核心环节是对耦合协调性判别准则的设计，即程序结束判别准则的设计。针对流域初始水权的初步配置方案，从程度性和效应性两个维度设计耦合协调性判别指标，构建流域初始水权配置方案的二维协调性判别准则，对流域初始水权初步配置方案进行判别。总体设计思路如下：

1）耦合协调性判别维度设计。为全面衡量流域初始水权配置方案体现的应对供水危机的程度，科学度量流域初始水权配置方案促进区域协同有序发展的效应，从程度性和效应性两个维度设计耦合协调性判别指标。

2）耦合协调性判别准则设计。为衡量“区域对”（任意两个区域）的初始水权比较值与其判别指标比较值之间的匹配程度，基于格序理论的模糊多目标评价模型构建程度性判别准则，对方案进行程度性判别；为度量“区域对”的流域初始水权配置方案在提高各区域之间协同有序发展态势的效应，基于协调度理论的灰理想关联决策模型构建效应性判别准则，对方案进行效应性判别；若配置方案均通过程度性和效应性判别，则认为该方案通过了耦合协调性判别，否则认为该方案未通过耦合协调性判别。流域初始水权配置方案的耦合协调性判别流程见图 2.5。

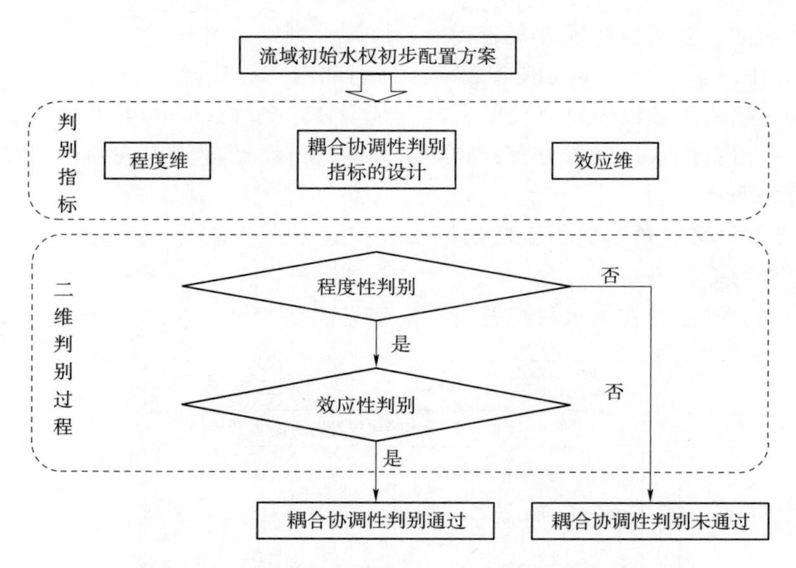

图 2.5 流域初始水权配置方案的耦合协调性判别流程

第 2 部分　省区初始水权配置研究

第 3 章　省区初始水权量质耦合配置研究的基础分析

明晰省区初始水权是保障各省区合理用水需求、实现各省区之间协同有序发展的重要手段，是落实最严格水资源管理制度的重要途径。本章首先解析最严格水资源管理制度与省区初始水权配置的关系，阐释省区初始水权量质耦合配置的内涵，辨析和界定耦合配置过程中涉及的概念；然后围绕“配置什么”“如何配置”两个层面，确定省区初始水权量质耦合配置对象及主体，提出量质耦合配置的指导思想与基本原则，分析省区初始水权量质耦合配置模式，梳理归纳支撑配置模型构建的理论支撑技术的要点及其对本书的借鉴意义。

3.1　最严格水资源管理制度对省区初始水权配置的影响分析

为解决我国日益复杂的水问题，实现水资源的高效配置和有序开发利用，我国实行以“三条红线”为主要内容的最严格水资源管理制度。省区初始水权配置的理论与实践必须适应这一制度的要求，形成具有灵活性和可操作性的省区初始水权有效配置方案。

为了明晰最严格水资源管理制度对省区初始水权配置的影响，首先需明确最严格水资源管理制度的内涵。结合已有的最严格水资源管理制度概念辨析的相关研究成果，本书认为，最严格水资源管理制度是以深入推进水资源配置、节约和保护为重点工作，明确水资源开发利用控制红线，加强统一规划管理和水资源论证，严格实行用水总量控制；明确建立用水效率控制红线，强化节约用水管理和用水定额管理，全面推进节水型社会建设；建立水功能区限制纳污红线，严核水域纳污能力，严格控制入河湖排污总量；通过开发、利用、保护、监管四项制度，压缩现有的水资源水环境荷载，实现经济社会发展与水资源水环境承载能力相协调，保障经济社会长期平稳较快发展。

“三条红线”是最严格水资源管理制度的主要内容，故最严格水资源管理制度对省区初始水权配置的影响主要体现为“三条红线”对省区初始水权配置的影响。“三条红线”是基于水量和水质两个维度对水资源进行宏观总量控制和微观定额管理，通过四项制度予以保障落实，推进经济社会发展与水资源水环境承载力相适应。“三条红线”对省区初始水权配置的要求与制约主要表现在以下三个方面：

（1）用水总量控制红线需全面考虑水资源承载能力，是对取水的各省区采取的宏观总量控制措施。它位于“三条红线”之首，是最基本的控制红线，也是主要的控制因素，其主要考虑的是水量问题，目标是以流域生态环境保护为前提，强化用水总量控制管理的约束力，优化省区初始水量权的配置结果。

(2) 用水效率控制红线是节水性协调控制红线，需全面体现节水过程，是对用水量的宏观总量控制和微观定额管理，因为它既可对各省区用水量进行宏观总量控制，也可对行业、企业、用水户的用水量进行微观定额管理，既可直接影响水量，又可间接影响水质，因为用水效率的提高意味着水资源重复利用率的改善和水污染物排放量的减少，有利于改善水环境。因此，省区初始水权配置必须充分考虑用水效率红线控制约束，全面推进节水型社会建设。

(3) 水功能区限制纳污红线的确定需充分考虑水域纳污能力，是对入河湖排污总量的宏观总量控制和微观定额管理，主要用于改善水质和维护河湖生态健康。因此，在省区初始排污权的配置过程中，应加强水污染物分类控制，科学核定水域的纳污能力，实行纳污红线控制。“三条红线”对省区初始水权量质耦合配置的作用见图 3.1。

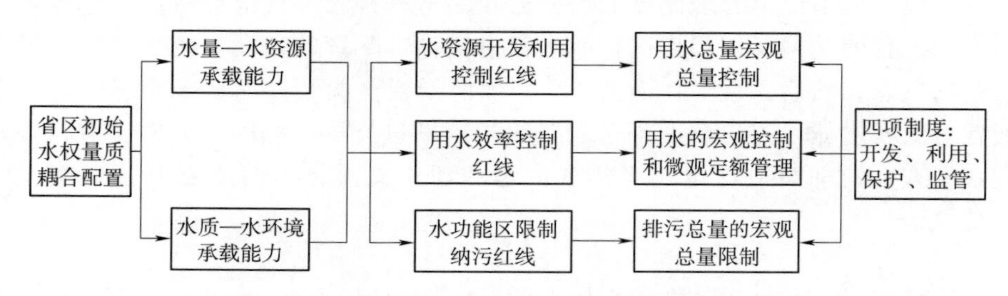

图 3.1　“三条红线”对省区初始水权量质耦合配置的作用

3.2　相关概念及配置对象

3.2.1　相关概念的解析及界定

1. 省区初始水权量质耦合配置相关概念界定及解析

省区初始水权配置有广义和狭义之分。广义的省区初始水权配置包括省区初始水量权配置和省区初始排污权配置，是流域各省用水利益的重新配置过程，尤其会对水权既得利益者产生极大的影响，是流域初始水权配置的主要内容和关键环节，也是最难协调的部分。狭义的省区初始水权配置仅仅包括省区初始水量权的配置。本书所研究的省区初始水权配置是广义上的概念。为了表述的方便，下面对已有的省区初始水权量质耦合配置的相关概念加以归纳、梳理和解析。

(1) 与省区初始水量权相关的概念界定及解析。

1) 产权。水权的概念是产权概念的延伸，讨论水权有必要先界定产权。产权是指由财产所有权引起的一系列经济和非经济权利的总和，本质是对财产的责、权、利关系，包括行动团体对资源的使用权、转让权和收入的享用权，具有收益性、排他性、有限性、可分割性和可交易性特征。

2) 水权及初始水权。本书所研究的水权仅指水资源和水环境容量资源的使用权。水资源的使用权是指行政区域或用水户在法律规定的范围内依法对国家所有的水资源进行使用、收益的权利；水环境容量资源使用权是指行政区域或排污单位依法享有的对水环境容量资源使用和收益的权利。从水权的内容看，包括生活用水水权、生产用水水权和生态环境用水水权。本书所研究的初始水权是指中央政府及其授权管理部门第一次通过法定程序为某一地区、部门或用水户配置的水资源使用权和水环境容量资源使用权。

3）省区初始水量权。省区初始水权是狭义上的概念，是流域内各省区的初始水量权，为满足流域内各省区合理用水需求的水资源额度或供水额度，其值是流域初始水权与流域级自然水权、流域级政府预留水量之差。

4）省区初始水量权配置。省区初始水量权配置是指按照一定的规则，以中央政府或流域管理机构为主导，根据水资源总体规划及其相关规划，结合各省区资源禀赋和社会经济发展差异等情况，依靠法律手段，将流域可分配水资源量（用水总量）在各省区初步实现合理配置的过程，是流域初始水权配置最重要和最难协调的部分。流域可分配水资源量是指流域水资源总量与流域级自然水权量、流域级政府预留水量之差。其中，流域水资源总量是指由当地降水形成的地表、地下产水总量，对于外来水较多流域应包括区外来水量，如太湖流域等。为防止由于水资源紧缺而导致的生态环境用水被严重挤占，河道内生态环境用水量应放到全流域的角度予以优先考虑，预先扣除流域自然水权量。流域级政府预留水量并不是从河道抽取的储存起来的水量，而是指“暂存”于河道的“缓冲水量”，流域级政府预留水量可由流域水权分配协商委员会协商确定，故又称为“流域级政府预留水量的供给量”。初始水量权配置中各种配置要素之间的关系见图3.2。

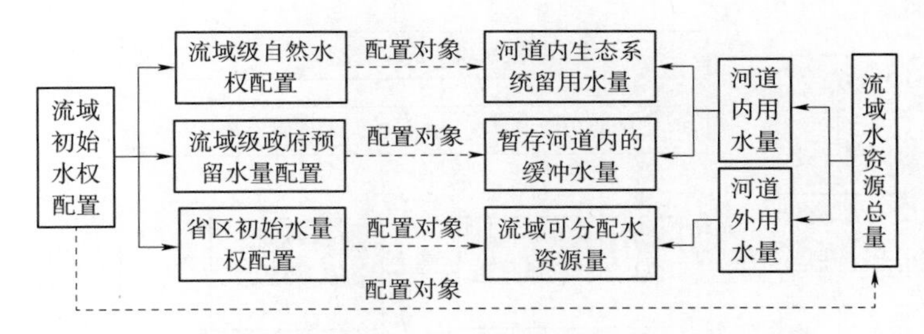

图3.2 初始水量权配置中各种配置要素之间的关系

（2）与排污权相关的概念。

1）排污权与初始排污权。排污权是指排放者在中央政府或环境主管部门的监管下，并在确保该权利行使时不损害其他公众或社会群体环境权益的前提下，各省区或排污部门依法享有的水环境容量资源的使用和收益的权利。其中，权利的客体是水环境资源容量。本书所研究的初始排污权是指中央政府或环境主管部门通过法定程序第一次为某一省区配置的水环境容量资源使用权。

2）省区初始排污权。省区初始排污权是指流域内各省区依法享有的对所属流域水环境容量资源的一种使用权，即各省区合法享有的向流域排放核定污染物的权利，具有本底消纳性、强反馈性、影响多向性等自然属性，以及经济性、伦理性、共有资源属性、“公地悲剧”性等社会属性。流域水环境资源容量又称流域纳污能力，是指在设计水文条件下（一般把 90%保证率最枯月平均流量或近 10 年最枯月平均流量作为设计流量），一定时期内，满足水域水质目标要求时，该水域所能容纳的某种水污染物的最大数量。

3）省区初始排污权配置。省区初始排污权配置是指政府及其授权环境主管部门在综合考虑流域社会经济状况及环境质量目标的基础上，核定入河湖限制排污总量目标，根据各省区的污染物排放状况、经济社会发展水平、技术可行性等影响因素，确定各省区合法的水污染物排放权利。

2. 省区初始水权量质耦合配置的内涵

省区初始水权配置在目标上企求达到一种理想的状态，在过程中则需要嵌入各种约束关系以提高配置方案的科学性和实用性。耦合过程是一个适应性学习的过程，通过耦合，使初始水权配置的利益相关者得以相互配合、互相适应，配置的载体形成循环叠加制约，从而减少配置结果与有效状态的偏离度，提高水资源利用效率水平，实现水量和水质的统一配置，提高省区初始水权配置结果的科学性和可持续性。基于上述分析，本书提出省区初始水权量质耦合配置的概念：在最严格水资源管理制度的约束下，以“三条红线”为控制基准，以协调上下游、左右岸、不同省区的正当用水权益，推动经济社会发展与水资源水环境承载力相协调为目的，针对省区初始水权配置过程中存在的耦合关系，嵌入用水效率控制约束，将省区初始水权量质耦合配置分为逐步寻优的三阶段，即省区初始水量权配置→省区初始排污权配置→省区初始水权量质耦合配置，将水质影响耦合叠加到水量配置，获得省区初始水权量质耦合配置方案。省区初始水权配置过程中的耦合关系见图 3.3。

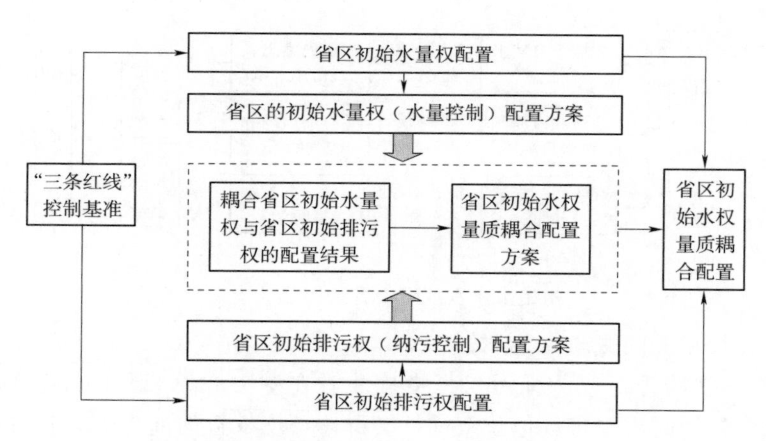

图 3.3　省区初始水权配置过程中的耦合关系

3.2.2　省区初始水权耦合配置对象及主体的确定

1. 配置对象的确定

省区初始水权耦合配置对象包括流域可分配水资源量（水量）和污染物入河湖限制排污总量（水质）。

（1）省区初始水量权的配置对象为流域可分配水资源量。

（2）省区初始排污权的配置对象为污染物入河湖限制排污总量，其中水污染物的控制指标类别一般为COD、NH_3－N、TP和TN等水污染物，具体需根据流域的水质现状和水环境功能区的水质目标要求而定。污染物入河湖限制排污总量是根据流域的环境特点和自净能力，按照流域综合规划、流域水污染综合治理及减排的规定，将污染物入河湖总量控制在纳污能力的承载范围之内，其值是通过计算该流域的纳污能力来确定的。

（3）省区初始水权量质耦合配置是对省区初始水量权和初始排污权配置结果的耦合，将水质的影响耦合叠加到水量的配置，实质上仍是对水量权的配置。

2. 配置主体的确定

耦合配置主体需与配置对象相对应，省区初始水权量质耦合配置的配置主体是作为配置主导者的中央政府或流域管理机构，以及参与协商的省级政府及其授权管理部门或机构。省区初始水权量质耦合配置的配置对象、主体的界定及相互关系见图3.4，确定量质耦合配置主体的主要依据如下：

（1）省区初始水量权配置主体。参考初始水量权配置实践以及《水法》《取水许可和水资源费征收管理条例》（以下简称《条例》）等法律法规文件，确定初始水量权的配置主体包括作为配置主导者的中央政府或流域管理机构，以及作为受益者的流域内各省级政府（各省、自治区、直辖市人民政府）。其中，中央政府或流域管理机构持有宏观配置权，各省级政府持有提取权和供水范围内配置权。流域管理机构负责组织、制定以及实施各省级政府的水权配置方案，同时，根据《水法》第45条规定，“流域管理机构需要与各省级政府协商制定各省区的水权配置量”，其中，水权是指水量权。《水法》有利于保障各省区表达意见权利。

（2）省区初始排污权配置主体。参考初始排污权试点配置实践以及《水法》《水污染防治法》等法律法规文件，得知省区初始排污权的配置主要有以下两种情形：

1）初始配置权由各省、自治区、直辖市等环境主管部门独立承担。

2）各省、自治区、直辖市等环境主管部门主导，其他行政主体参与民主协商，但参与主体各异。如发改、法制、财政、经贸、物价、公共资源交易管理委员会等不同行政部门参与。本书认为省区初始排污权的配置主体是后者。

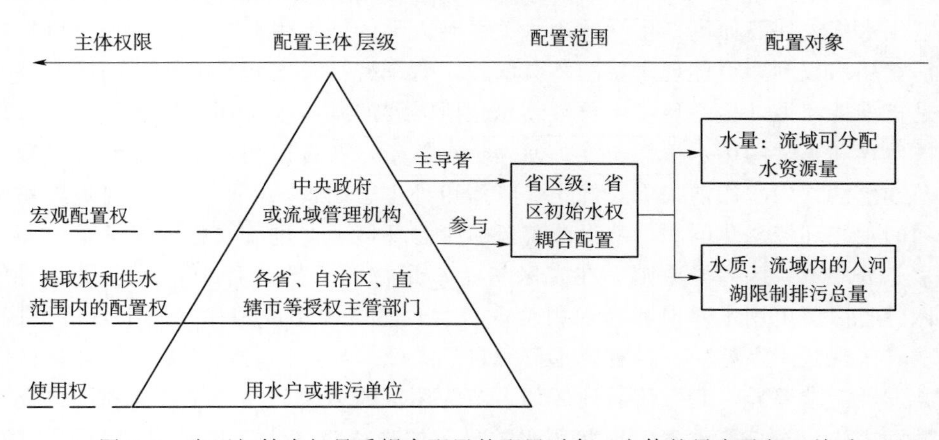

图3.4　省区初始水权量质耦合配置的配置对象、主体的界定及相互关系

3.3　配置的指导思想及基本原则

3.3.1　配置的指导思想

省区初始水权量质耦合配置的指导思想是：以“三条红线”为控制基准，以流域社会经济发展综合规划、水资源综合规划和水资源保护规划为基础，以建设资源节约型、环境友好型社会为要求，以构建水资源优化配置、全面节约、有效保护和综合利用体系为主线，坚持以人为本，树立水资源可持续利用的科学发展观，优先保障生活与生态用水，贯彻兼顾公平与效率的配置思想，将流域内的可分配水资源量和入河湖限制排污总量配置到各个省区，将水质影响耦合叠加到水量配置的省区初始水权量质耦合配置，全面提高水资源和水环境承载能力，为建立水权交易市场、发挥市场在资源配置中的决定性作用奠定基础，为经济社会的可持续发展提供水资源支撑服务。

3.3.2　配置的基本原则

通过系统归纳初始水量权与初始排污权配置原则的相关研究成果，根据省区初始水权量质耦合配置的指导思想，分别确定省区初始水量权配置与省区初始排污权配置的基本原则，并在此基础上提出省区初始水权量质耦合配置的基本原则。

1. *省区初始水量权配置原则*

（1）用水总量控制原则。我国一系列法律法规和政策性文件如《水法》《条例》《决定》和《意见》等，都建立了用水总量控制制度，故遵循用水总量控制原则符合我国的基本国情和水情。总量控制是指在进行省区初始水量权配置时，要充分考虑流域的水资源承载能力、省区用水现状和省区未来发展需水，用水总量超过流域的可分配水资源量。如果各省区的用水总量超过流域的可分配水资源量，将会进一步加剧水资源的供需矛盾，造成水资源的过度开发和水污染加剧，甚至会引发水资源冲突。

（2）生活饮用水、生态用水优先保障原则。在省区初始水量权配置过程中，需遵循生活、生态用水优先保障原则。生活饮用水关系到人类的基本生存权，保障人人可平等享有基本生活饮用水权利，可体现水权的社会属性，对维持社会安定具有重要的现实意义。生态用水是指维持河道外生态环境不再继续恶化所需要的基本生态环境用水量，用以保障河道外植被生存和正常的用水消耗，维护河湖生态健康。在省区初始水量权配置过程，在满足人的基本生活饮用水的前提下，优先保障河道外生态用水，以避免挤占河道外用水引发的一系列的生态环境恶化问题，从而改善流域生态环境，促进流域可持续发展。

（3）充分尊重省区差异原则。在省区初始水量权的配置过程中，从公平性的角度出发，考虑各省区历史用水习惯和客观用水现状、自然资源形成规律、用水价值形成规律，充分尊重省区现状用水差异，各省区水资源自然禀赋差异，同时，还要兼顾各省区的未来经济社会发展需求差异，刺激落后地区加大节约用水的力度，并对先进的省区也提出相应的补偿鼓励措施。充分尊重省区现状用水差异，体现尊重各省区用水习惯和现状的思想；充分尊重各省区的水资源自然禀赋差异，更符合自然规律，具有公平合理的特征；充分尊

重各省区的未来经济社会发展需求差异，可体现各省区经济发展需水及用水节水结构的变化趋势。

（4）用水效率控制约束原则。通过提高用水效率，可以合理地遏制用水过度增长、缓解水资源供需矛盾和减轻水环境污染负荷。我国相关规划文件明确提出要通过用水效率控制红线管理，全面推进节水型社会建设，到 2030 年用水效率管理目标是达到或接近世界先进水平。在省区初始水量权的配置过程中，需嵌入用水效率控制约束，将各省区工业、农业和生活的综合用水效率水平作为影响水量配置的重要因素，督促一些高耗水企业或者用水效率低下企业进行节水技术改造，激励用水效率高的低耗水企业进一步发展。

2. 省区初始排污权配置原则

（1）纳污总量控制原则。从水环境普查结果看，我国水体污染严重，具有明显的流域性、区域性特征，每个流域或省区都确定了具有地域、自然或经济特点的水污染物控制指标，如太湖流域的控制指标是 COD、NH_3-N 和 TP；松花江流域的控制指标是 COD、NH_3-N。我国《水污染防治法》第 9 条规定，“排放水污染物不得超过国家或者地方规定的重点水污染物总量控制指标”。因此，在省区初始排污权的配置过程中，需加强水污染物分类控制，科学核定水域的纳污能力，严格控制污染物入河湖总量，实施在消化掉增量的基础上再削减存量的措施。同时，遵循纳污总量控制原则，也是配置结果体现生态环境效益的前提。

（2）统筹经济—社会—生态环境效益原则。在省区初始排污权的配置过程中，高效和公平是初始排污权配置公认的两大原则，中央政府或流域环境主管部门需综合考虑配置结果所带来的经济—社会—生态环境效益。社会效益体现在流域内各省区能够获得公平排污权，配置的结果有助于提高各省区防污及减排的积极性，促进各省区的协调发展。在公平性的基础上，使得配置结果体现控制区域总的经济效益最优化，有利于促进省区进行产业结构调整，有助于省区经济的高效持续发展，体现高效性原则。同时，省区初始排污权的配置结果必须有助于减轻入河湖排污量对生态系统的压力作用，改善水质，满足环境的生态功能。

（3）体现社会经济发展连续性原则。省区初始排污权配置应保持相对的稳定性，考虑政策的连续性和可接受性，尊重各省区的历史排污习惯和现状排污情况，给经济发展以足够的环境空间，以保证各省区社会经济发展具有连续性。其目的是使各省区配置到的排污权与各省区历年配置到的平均排污权相比，变化幅度控制在一定的范围内，范围的确定须视各个省区的经济发展趋势、水量大小、河流的自净能力等实际情况而定。

3. 省区初始水权量质耦合配置原则

省区初始水权量质耦合配置是指以中央政府或流域管理机构为主，省区人民政府参与的民主协商形式为辅，耦合省区初始水量权和省区初始排污权的配置结果，基于“奖优罚劣”的原则，将水质的影响耦合叠加到水量配置。因此，省区初始水权量质耦合配置原则主要包括以下两项：

（1）政府主导、民主协商原则。在省区初始水权量质耦合配置的过程中，应坚持中央政府或流域管理机构在配置中处于主导地位。从政治的角度讲，中央政府或流域管理机构在维护各省区公共用水利益、公共用水意志和公共用水权力方面具有强制性，可保障配置结果的公平性和可操作性；从经济学的角度讲，水资源开发、利用、节约和保护都具有很强的外部性，水量权和排污权配置易由此导致市场失灵，因此，省区初始水权量质耦合配置离不开中央政府或流域管理机构的调控和监督；从法律的角度讲，中央政府或流域管理机构是水资源所有权的代表，水权配置是水资源所有权和使用权的分离过程，必须以中央政府或流域管理机构为主导。同时，耦合配置必须体现省区人民政府民主参与协商的原则，以反映各省区的用水意愿和主张，实现民主参与，提高各省区人民对配置结果的满意度。

（2）"奖优罚劣"原则。从流域水循环的角度看，初始水量权配置是水资源的取、用、耗、排过程的统一。省区初始水权量质耦合配置应坚持权利与义务相结合的原则，在配置过程中统一考虑取、用、耗、排对水量配置的影响。各省区在享受中央政府或流域管理机构配置的初始水量权和排污权的同时，要履行保护水环境甚至减排水污染物的义务，将水资源利用的外部性内化到水量的配置上，对超标排污"劣省区"采取水量折减的惩罚手段，对未超标排污的"优省区"施予水量奖励安排，实现基于用水总量控制和入河湖排污总量控制的初始水权配置，量质耦合获得流域内不同省区的初始水权配置方案。

3.4　配置模型构建的理论支撑

在解决"为什么配置""配置什么"的问题之后，构建"怎么配置"的配置模型是省区初始水权量质耦合配置理论框架的核心，也是本章研究的重要内容。结合省区初始水权量质耦合配置的逐步寻优过程，分以下三个部分阐述量质耦合配置模型构建的难点及其理论支撑：①省区初始水量权配置模型构建的理论支撑；②省区初始排污权配置模型构建的理论支撑；③省区初始水权量质耦合配置模型构建的理论支撑。

3.4.1　省区初始水量权配置模型构建的理论支撑

1. *省区初始水量权配置模型构建的难点及解决思路*

在系统评述国内外初始水量权配置相关研究进展的基础上，结合省区初始水量权配置原则和模式的选择性分析结论，发现省区初始水量权配置中存在的主要问题或难点为：①如何设计配置指标体系；②如何进行多指标降维处理。为此，本书从用水效率和用水总量两个维度出发，设计两个配置模型予以解决。

（1）用水效率多情景约束下省区初始水量权差别化配置。

1）利用情景分析理论，刻画用水效率控制情景，在识别影响用水效率控制约束强弱的关键情景指标的基础上，设计省区初始水量权差别化配置指标体系。

2）结合区间数理论，描述不确定性问题，并利用动态投影寻踪技术，进行多指标降维处理，构建动态区间投影寻踪配置模型，并采用遗传算法技术求解，获得不同用水效率控制约束情景下各省区的初始水量权。

省区初始水量权配置模型构建的难点及解决途径见图 3.5。

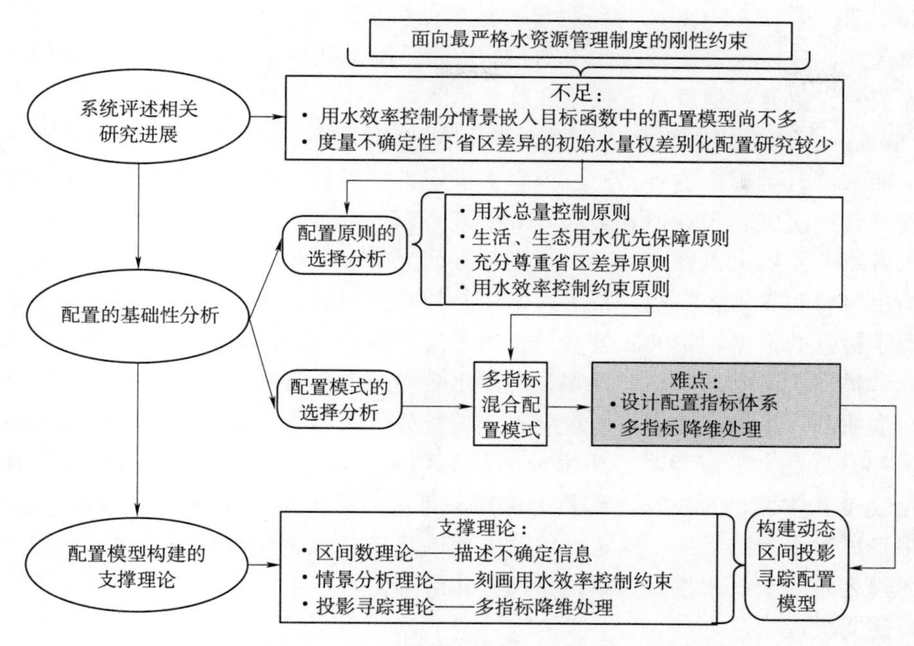

图 3.5　省区初始水量权配置模型构建的难点及解决途径

（2）多因素制约下省区初始水量权优化配置。

1）结合最严格水资源管理制度要求等，分别对用水总量控制、用水效率控制、水功能区限制纳污控制和区域协调共享等多重影响因素进行分析。

2）设计了影响省区初始水权配置的指标体系，并基于自适应混沌优化算法的动态投影寻踪技术，构建了基于总量控制的省区初始水量权配置模型。

2. 省区初始水量权配置模型构建的理论支撑及其借鉴意义

（1）情景分析理论。

1）情景分析理论要点。1967 年，Kahn 和 Wiener 在《The Year 2000：A Framework for Speculation on the Next 33 Years》一书中首次提出“情景（Scenario）”的概念，可具体描述为：未来是多样多变的，几种可能的潜在的结果都可能在未来出现；通向这种或那种可能结果的途径并不是唯一的，描述对可能出现的未来结果以及实现这种未来结果途径的事实构成一个“情景”，其内涵是对未来情形以及使事态由初始状态发展向未来状态的一系列事实的描述。赵思健和黄崇福等（2012）认为情景分析是沟通过去、现在以及将来的一种对未来可能结果进行全面系统分析的技术，它承认未来的发展具有多样性，有多种可能的发展途径，由此产生的结果也将会是多维的。上述定义的形式虽不一样，其本质却是一样的，即情景分析法是集定量与定性于一体的，用于描述和分析未来发展可能结果的分析方法。该理论的要点是描绘不确定的未来发展结果，有效识别、描述、应对未来发展过程和结果的不确定性。其中，驱动力分析（Dynamic Analysis）是识别不确定性的重要方法，也是情景分析客观开展的前提和基础。该理论的功能是能够为决策者提供思想上的模拟与演练，使决策者和管理者对未来可能发生的结果事先做好准备，以采取积极有效的干预行动，保证事件按预期或希望的方向发展。在系统梳理 Gilbert、Fink、Schoemaker

和 Stanford Research Institute 等所提出的情景分析步骤的基础上，提出情景分析法的基本操作步骤为：①确定情景主题；②识别影响因素；③分析驱动力量；④识别关键不确定因素；⑤发展和设置合理情景；⑥描绘和分析情景。

2）情景分析理论的借鉴意义。规划年用水效率控制约束情形的描述也具有不确定性的特点，而情景分析理论主要是通过识别不确定影响因素、识别关键驱动力量和描绘未来的可能性，帮助决策者和管理者采取有效措施来积极应对未来。利用情景分析理论描述规划年用水效率控制约束事件，可从以下三个方面为管理者和决策者提供有益借鉴：①情景分析可为决策者和管理者描述未来不同的用水效率控制约束强度，以此提高决策者和管理者对不确定信息的发掘，帮助决策者和管理者克服内在的感知迟钝；②情景分析可为决策者和管理者描述未来的发展趋势，并分析用水效率约束选择的结果，由此可人为地缩短反馈延迟，加快配置主体组织学习的进度；③情景分析法能有效地处理中央政府或流域管理机构与各种参与民主协商者对于用水效率控制约束主观意识高度一致与高度分歧两种情况，避免决策群体思想的分歧，有利于提高决策的效率。鉴于情景分析法在识别、描述、应对未来发展过程和结果的不确定性因素方面的优势，有必要对其进行深入研究，寻求适宜于描述规划年用水效率控制约束情景的具体应用。

（2）区间数理论。

1）区间数理论要点。Moore（1965）首次用区间数来解决计算机计算时因数值舍去而引起的误差分析，指出单个数值难以全面表述变量所蕴含的信息，如难以用单个值表示一天的气象信息，而区间数可更好地表示变量的不精确性或不确定性，并于1966在《Interval Analysis》一书中提出区间数的概念。《Interval Analysis》与 Nieke（1975）出版的《Interval Mathematics：Proceedings of the International Symposium，Karlsruhe，West Germany》一起奠定了区间数的理论基础。在国内，张兴芳、徐泽水、胡启洲等分别对区间数理论的运算法则、性质、应用范围等进行了完善和发展。针对现实世界的复杂性、不确定性，以及人类思维和认知的有限性，表示事物特征的数据往往不是一个确定值，而是一个区间范围，以区间数来表示。因此，区间数理论的理论要点就是用极值统计理论，以区间数描述不确定现象或事物的本质和特征，以便更好地综合所获得的信息。

2）区间数理论的借鉴意义。区间数理论作为一种研究不确定问题的实用性和交叉性相结合的研究方法，对本书研究的借鉴意义体现在以下两个方面：①从客观上讲，由于描述用水效率控制约束情景的指标属性值是关于规划年的预测值，未来的不确定性以及控制指标预测的复杂性导致决策指标的属性值难以用一个确定数表示，因此，本书引入区间数来减少由于测量、计算所带来的数据误差、及信息不完全对计算结果带来的影响；②从主观上讲，以区间数的形式给出配置结果可为水量权配置决策提供更为准确的决策空间，同时，省区初始排污权配置过程涉及水生态条件、气候条件、区域政策等因素具有技术复杂性和政治敏锐性，其中包含很多不确定因素，为了表示这种不确定性，也可结合区间数理论开展研究。

（3）投影寻踪技术。

1）投影寻踪技术要点。Friedman 和 Tukey（1974）在论文《A Projection Pursuit Algorithm for Exploratory Data Analysis》中提出一种直接由样本数据驱动的探索性数据

分析方法，可将高维数据投影到一维或二维子空间上，被命名为"投影寻踪（Projection Pursuit，PP）"。投影寻踪技术（简称 PP 技术）要点包括两方面：①投影（Projection），是指将高维空间的数据投影到低维空间（1～3 维）；②寻踪（Pursuit），利用投影在低维空间中的投影数据的几何分布形态，寻找决策者感兴趣的数据内在结构和相应的投影方向，达到研究和分析高维数据的目的。投影寻踪的目的是通过高维数据在低维空间中的直观表现揭示决策者感兴趣的分布结构。寻踪方法主要包括人工寻踪和自动寻踪，自动寻踪因其良好性态而应用较广。Friedman 和 Tukey 指出，投影寻踪方法能否成功取决于用于描述感兴趣结构的投影指标（Projection Index）的选择。常用的投影指标包括两类：一是密度型投影指标，包括 Friedman－Tukey 投影指标、Shannon 一阶熵投影指标、Friedman 投影指标等；二是非密度型投影指标，包括 Jones 距投影指标和线性判别（Linear Discriminent Analysis）分析投影指标。

2）投影寻踪技术（PP 技术）的借鉴意义。省区初始水量权配置需要综合考虑资源、经济、社会、生态环境等各方面的因素，是一个多原则量化的多指标（高维）混合配置过程。PP 技术是处理多维变量的一种有效统计方法，与其他传统方法相比，具有以下可借鉴的优势：①PP 技术能成功地克服"维数祸根"所带来的困难，而省区初始水量权的配置是一个多原则量化的多指标高维数据处理问题，可利用 PP 技术予以解决；②PP 技术在数据处理上对数据结构或特征无任何条件限制，具有直接审视数据的优点，可以干扰和冲淡与数据结构无关的指标对配置结果的影响。同时，PP 技术与 AHP 方法、多层次半结构性多目标模糊优选法、接近理想解的排序方法（简称 TOPSIS 法）等方法相比，它可以克服已有方法中确定时间与指标权重的困难。

（4）遗传算法技术。

1）遗传算法技术要点。GA 技术是由美国的 Holland 教授及其学生，受到生物模拟技术的启发而创造的一种基于生物遗传和进化机制的启发式全局搜索和概率优化方法，具有高效、并行、鲁棒性等特点，且对目标函数具有无可微性要求，遗传算法可以处理复杂的目标函数和约束条件。GA 遗传算法技术（简称 GA 技术）是人类自然演化过程的、模拟自然界生物进化过程与机制的，用于求解极值问题的一类自组织、自适应人工智能技术。Goldberg（1989）提出的标准遗传算法（Simple Genetic Algorithms，SGA）具有其特点和优点，且操作过程简单，至今仍是国内外 GA 技术应用的基础。

2）遗传算法技术的借鉴意义。与传统的优化算法相比，采用随机优化技术的 GA 技术能够以较大的概率求得全局最优解，在处理具有非线性、多目标、复杂不可微的目标函数和约束条件的优化问题时优势独特。而利用 GA 技术构建的目标函数具有非线性、非正态特征，且约束条件复杂，本书以 GA 技术为基础，利用对其改进的智能优化技术，实现省区初始水量权配置模型的优化计算。

（5）混沌优化算法。

1）混沌优化算法理论要点。混沌（Chaos）是非线性系统所独有且广泛存在的一种非周期的运动形式，表现出介于规则和随机之间的一种行为，其现象几乎覆盖了自然科学和社会科学的每一个分支。其具有精致的内在结构，能把系统的运动吸引并束缚在特定的范围内，按其"自身规律"不重复地遍历所有状态。因此，利用混沌变量进行优化搜索能跳出局部最优的羁绊，取得满意的结果。黄显峰等将混沌优化算法（Chaos Optimiiaztonl Agoirhtm，COA）应用于水资源优化配置中将水资源配置的多目标属性与混沌遍历性耦合起来，利用载波方法将混沌序列放大到优化变量的取值范围进行迭代寻优，避免了搜索过程陷入局部极小点，从而寻得水资源优化配置模型的最优解，具有原理简单、搜索效率高等优点。

2）混沌优化算法的借鉴意义。相对传统初始水权配置模型，基于自适应混沌优化算法的动态投影寻踪技术不仅可反映数据动态性，还能克服传统方法需要确定时间与指标权重的困难。基于用水总量控制下的省区初始水权分配是具有时间、分配指标和分配方案的三维动态多指标决策问题。本书将采用基于自适应混沌优化算法的动态投影寻踪（DPP）配置技术，获得仅由水量进行控制的各省区初始水量权。

（6）多目标决策理论。

1）多目标决策理论要点。最早提出多目标问题的是法国经济学家帕累托（VPaerot，1896），他从政治经济学的角度，把很多本质上不可比的目标转换为单一的目标去寻优，并提出帕累托最优的概念。1944 年，Neumaee 和 Morgenstem 从对策论角度提出了彼此矛盾情况下的多目标决策问题，后来诸多学者在这个领域深耕，多目标决策的理论和方法逐步发展壮大起来。

2）多目标决策理论的借鉴意义。水资源持续利用的根本目标是同时满足经济效益、社会效益和生态环境效益，因此流域内水权的初始配置本身就是一个多目标决策问题——在多个目标间互相矛盾、相互竞争的情况下对有限方案进行排序与优选。流域内初始水权配置系统的层次性、联系性、多维性和内在矛盾性等复杂性质决定了采用多目标决策方法来寻求满意解的可行性。

3.4.2　省区初始排污权配置模型构建的理论支撑

1. 省区初始排污权配置模型构建的难点及解决思路

在系统评述国内外初始排污权配置相关研究进展的基础上，结合省区初始排污权配置原则和模式的选择性分析结论，发现省区初始排污权配置与省区初始水量权配置相比，虽然都是对资源的配置，但也存在不同之处，如省区初始水量权配置仅是对单一资源——水量权的配置，通过设计影响水量权配置的指标体系，并构建一个融合多指标的混合配置模型即可；而省区初始排污权的配置对象是多种污染物入河湖限制排污总量，污染物的多样性，使得设计一套共用的配置指标体系，实现多种污染物入河湖限制排污总量在省区间进行有效配置变得不切实际。多种污染物入河湖限制排污总量被产权界定后产生的多重复杂属性，导致省区初始排污权配置问题具有复杂性特征。同时，排污权权益配置和减排负担配置是省区初始排污权配置的两个方面，具有多阶段性；且决策者很难对规划年减排责任做出精确的判断，包含很多的不确定性。因此，省区初始排污权配置模型构建的难点是如何处理配置过程中存在的复杂性、多阶段性和不确定性。

本书在全面考虑省区初始排污权配置的基础性分析结论的基础上，引入两阶段随机规划理论以及多目标规划决策理论，构建了基于 ITSP 法的省区初始排污权配置模型和基于多目标的省区初始排污权配置模型。

（1）基于 ITSP 法的省区初始排污权配置模型。利用 ITSP（区间两阶段随机规划）方法在有效地处理多阶段、多种需求水平和多种选择条件下以概率形式表示不确定性的优势，以经济效益最优为目标，以配置结果能够体现社会效益、生态环境效益和社会经济发展连续性为约束条件，构建基于纳污控制的省区初始排污权 ITSP 配置模型，分类确定不同减排情形下的省区初始排污权配置方案。

（2）基于多目标的省区初始排污权配置模型。基于纳污总量控制要求，以经济、社会和生态环境作为优化目标，分别设定了流域总体经济效益最大、省区内排污权公平性和协调性最佳、流域内生态环境损伤最小为三个目标函数，以各省区排污总量之和不能超过流域排污总量等为约束条件，构建了基于自适应混沌优化算法的多目标省区初始排污权配置模型。

2. 省区初始排污权配置模型构建的理论支撑及其借鉴意义

（1）两阶段随机规划理论。

1）两阶段随机规划理论要点。两阶段随机规划理论（Two - stage Stochastic Programming，TSP）是一种处理模型右侧决策参数具有已知概率分布函数（Probability Distribution Functions，PDFs）的不确定性问题的有效方法，它能够对期望的情景进行有效分析。Birge 和 Louveaux（1988，1997）指出 TSP 过程包括两个阶段：第一个阶段决策是在随机事件发生之前；第二阶段的决策是在随机事件发生之后，面对随机事件所引起的问题进行追索补偿，进而减少不可行事件对决策结果的影响（Minimize Penalties）。近年来，TSP 理论已经被广泛地应用于水资源管理的过程中，Ferrero 和 Riviera 等（1998）利用 TSP 模型解决复合系统的长期水火电调度问题。Huang 和 Loucks（2000）利用 TSP 模型解决不确定条件下的水资源管理问题，并指出 TSP 理论要求的所有不确定参数表示为概率分布的条件是苛刻的。事实上，在许多实际问题中，表示信息质量的参数往往是不服从概率分布的，这是 TSP 模型的极大的挑战。同时，这也是区间两阶段随机规划（Inexact Two - stage Stochastic Programming，ITSP）理论提出的客观要求。

2）两阶段随机规划理论的借鉴意义。TSP 理论能够有效地处理目标函数和约束条件中存在的多重不确定性问题。省区初始排污权配置过程涉及水生态条件、气候条件、区域政策等因素，具有技术复杂性和政治敏锐性，其中包含很多不确定因素。同时，由于流域主要控制污染物指标的多样性和关联性，省区初始排污权的配置并非与水量权——单一资源的配置一样，不能采用一套指标体系的混合配置配置模式，仅核定规划年 t 水污染物 d 的流域入河湖限制排污总量（WP_{dt}）。就具有较多的不确定性，以追求排污权经济效益最大化的目标函数、体现社会效益、生态环境效益和社会经济发展连续性的约束条件都存在不确定问题。因此，本书可以引入 TSP 理论作为构建省区初始排污权配置模型的理论基础。

（2）区间两阶段随机规划理论。

1）区间两阶段随机规划理论要点。为了更好地量化不以概率分布形式表现的不确定性信息以及由此引起的经济惩罚，Huang 和 Loucks（2000）提出 ITSP 理论，其理论要点是将区间参数规划（Interval - parameter Programming，IPP）和 TSP 两种方法整合在同一个优化体系中，不仅可以处理以概率分布和区间形式表示的不确定性信息，还可以分析违反不同水资源管理政策所受到的不同级别的经济处罚情景。面对规划年一系列如来水量

(Annual Inflow, AI)、流域历年入河湖污染物排放量(Water Pollutant Emissions into the Lakes, WPEL)、减排政策情景(Policy Scenarios)、技术革新等不确定条件的改变，ITSP可为决策者提供一个有效的决策区间，帮助决策者识别、应对复杂水环境管理系统中的不确定变化，并制定有效的初始排污权配置方案。

2)区间两阶段随机规划理论的借鉴意义。ITSP理论对于解决省区初始排污权配置问题具有较强的实用性。省区初始排污权配置既是一种利益或权益可能性配置过程，也是一种负担(减排责任)配置过程，利益和负担配置构成初始排污权配置的两个方面。规划年t省区i对污染物d的期望减排量是一个期望值EW_{idt}，其数值因受到来水量水平、流域历年入河湖污染物排放量、相关政策实施等因素的影响，而具有技术复杂性和政治敏锐性，包含很多不确定因素，难以用一个确定值表示。因此，可表示为一个区间、随机期望变量，这也是ITSP理论处理不确定问题的优势所在。

3.4.3 省区初始水权量质耦合配置模型构建的理论支撑

1. 省区初始水权量质耦合配置模型的难点及解决思路

在系统评述国内外初始水权量质耦合配置相关研究进展的基础上，结合省区初始水权量质耦合配置原则和模式的选择性分析结论，发现省区初始水权量质耦合配置中存在的主要问题或难点为：①如何原则量化构建配置模型；②如何将水质影响耦合叠加到水量配置。对此，本书拟从GSR理论以及激励视阈出发，采取基于GSR理论的政府主导民主协商角度以及基于激励视阈的政府主导角度，通过建立两种量质耦合配置模型予以解决。

(1)基于GSR理论的省区初始水权量质耦合配置。

1)根据政府主导、民主协商原则，以中央政府或流域管理机构为主导，省区人民政府参与的民主协商形式为辅，耦合省区初始水量权和省区初始排污权的配置结果。

2)根据政府主导及民主参与原则和“奖优罚劣”原则，结合政府强互惠理论，发挥中央政府或流域管理机构在省区初始水权量质耦合配置系统中的强互惠优势，并借鉴“对超标排污区域进行水量折减”的初始二维水权配置理论的配置理念，设计省区初始水权量质耦合配置的强互惠制度：针对超标排污省区设计水量折减惩罚手段；针对未超标排污的省区设计水量奖励安排或强互惠措施，从而将水质影响耦合叠加到水量配置，获得省区初始水权量质耦合配置方案。

(2)激励视阈下省区初始水权量质耦合配置。

对省区获得的水量权和排污权进行量质耦合分析，建立激励视阈下的省区初始水权量质耦合配置模型：

1)构建激励函数，对实际排污量超出初始排污权量的省区实施负向激励以减少其水权配置量。

2)对实际排污量低于初始排污权量的省区实施正向激励以增加其水权配置量，从而通过基于用水总量和入河湖排污总量的耦合控制，获得流域内不同省区的初始水权量。

2. 省区初始水权量质耦合配置模型构建的理论支撑及其借鉴意义

(1)政府强互惠理论。

1)政府强互惠理论要点。20世纪80年代，Santa Fe Institute的经济学家们将愿意出

面惩罚不合作个体，以保证社群有效治理的群体成员称为“强互惠者”（Strong Reciprocator）。强互惠者强调合作的对等性，积极惩罚不合作个体，哪怕自己付出高昂的代价。Santa Fe Institute 的经济学家 Gintis 于 2000 年在期刊“Journal of Theoretical Biology”上发表的论文《Strong Reciprocity and Human Sociality》中正式提出“强互惠”的概念，并指出强互惠者积极惩罚卸责者所表现的强硬作风使合作得以维系。Santa Fe Institute 的经济学家们认为一个群体中只要存在一小部分的强互惠主义者，就足以保持群体内大部分是利己的和小部分是利他的两种策略的演化均衡稳定（Evolutionary Stable Equilibrium）。在 Santa Fe Institute 的经济学家们研究的基础上，王覃刚（2007）将自愿者性质的强互惠扩展到职业化层面，称经过强互惠锻炼的固定身份的职业化强互惠为“政府强互惠”（Governmental Strong Reciprocator，GSR），提出在 GSR 理论要点是政府型强互惠者可通过制度的理性设计，利用合法性权力对卸责者给予有效的强制惩罚，以维持合作秩序和体现群体对共享意义的诉求。王慧敏和于荣等（2014）首次将强互惠理论应用在水资源管理中，设计基于强互惠理论的漳河流域跨界水资源冲突水量协调方案。

2）政府强互惠理论的借鉴意义。在省区初始水权量质耦合配置过程中，流域内各个省区 Agent 对共享意义（Comsign）具有利益诉求（Inti）。其中，共享意义代表流域可配置水资源量，利益诉求代表各省区的用水需求。同时，各个省区也在向所属水域排放水污染物，甚至会排放超过其所应获得的排污权的水污染物，这时就需要有一个强制机构根据某种规则对其进行惩罚，而经过强互惠锻炼的政府 Agent（中央政府及其授权管理机构）就可以通过制度或规则的理性设计，对“超标排污”的省区给予“水量折减”的强制惩罚。在实施利他惩罚时体现的是代理人的身份，表达了政府 Agent 对违背规则的行为的纠正和对合作秩序的维持，体现对真正共享意义的合理性诉求。政府 Agent 的信息获取及执行能力优势可充分展现其强互惠特性。正因为强互惠者的固定存在，那些被共同认知到的对于系统有共享意义的合作规范才能被政策化，才能实现水资源的高效配置。

（2）初始二维水权分配理论。

1）初始二维水权分配理论要点。Bennett 提出将水质影响集成到水量分配的研究中。2001 年，钱正英指出国内的水资源管理和治理工作重视“量”而忽视“质”，致使水污染现象严重。王宗志、胡四一、王银堂等从水资源量与质统一的基本属性、水资源短缺与水环境恶化并存现状等角度，论证了统筹考虑水量和水质的必要性，并提出“二维水权”的概念，通过建立“超标排污惩罚函数”及其“水量分配折减系数”，把流域内区域的超标排污量反映到水量配置的折减上，实现水量与水质的统一配置，构建流域初始二维水权配置理论体系，这也是初始二维水权分配理论的理论要点。赵宇哲、武春友、吴丹等从不同的视角对该理论进行了完善和发展。

2）初始二维水权分配理论的借鉴意义。本章研究的是最严格水资源管理制度约束下的省区初始水权量质耦合配置方法，“三条红线”的控制已分步内化到水量权和排污权的配置过程中。水量和水质是水权的两个基本属性，在省区初始水权的量质耦合配置过程，如何实现水量、水质的统一配置，将水质的影响耦合叠加到水量的配置，是省区初始水权量质耦合配置的核心内容。可借鉴初始二维水权分配理论的“对超标排污区域进行水量折减”的初始二维水权配置思想，实现水量和水质的耦合统一配置。

第4章　省区初始水量权优化配置模型

4.1　用水效率多情景约束下省区初始水量权差别化配置

4.1.1　多情景约束下省区初始水量权差别化配置思路

面向最严格水资源管理制度的硬性约束，针对国内外研究发展动态评述所梳理出的省区初始水量权配置中存在的问题和不足，根据省区初始水量权的配置原则，结合关于配置模式选择的分析结论，本书设计以下两个关键步骤予以解决：

（1）设计省区初始水量权差别化配置指标体系。首先，根据用水总量控制原则和充分尊重省区差异原则，基于生活饮用水和生态用水已优先确定而不参与多指标综合配置的事实，在综合考虑省区现状用水差异、资源禀赋差异和未来发展需求差异三个影响因素的基础上，设计表征差别化配置影响因素的指标体系；其次，利用情景分析理论和区间数理论，识别影响用水效率控制约束强弱的关键情景指标，以区间数描述不确定信息，分类设置用水效率控制约束强弱变化的情景；最后，结合以上指标分析，构建省区初始水量权差别化配置指标体系框架。

（2）配置模型构建及求解。首先，为实现用水总量控制下省区初始水量权的差别化配置，结合区间数理论和PP技术，构建动态区间投影寻踪配置模型；其次，采用自适应混沌优化算法对模型求解，计算获得不同用水效率控制约束情景下各省区的初始水量权的配置区间量。

用水效率多情景约束下省区初始水量权差别化配置思路框架见图4.1。

4.1.2　用水效率多情景约束下省区初始水量权差别化配置指标体系

1. 省区初始水量权差别化配置影响因素及表征指标

差别化配置是相对于绝对平等配置而言的，是在充分承认省区差异基础上的差额分配，而不是等比例分配或等量分配。用水总量控制下省区初始水量权差别化配置的内涵为：基于用水总量（配置对象为流域可分配水资源量）控制的要求，以协调上下游、左右岸、不同省区的正当用水权益，推动经济社会发展与水资源水环境承载力相协调为目的，以优先确定生活饮用水和生态用水、用水总量控制、充分尊重省区差异为省区初始水量权配置原则，从公平性的角度出发，尊重各省区历史用水习惯和客观用水现状、自然资源形成规律、用水价值形成规律，综合考虑省区现状用水差异、资源禀赋差异和未来发展需求差异三个影响因素，由中央政府或流域管理机构（配置主体）确定某一时期流域内各省区初始水量权的过程。

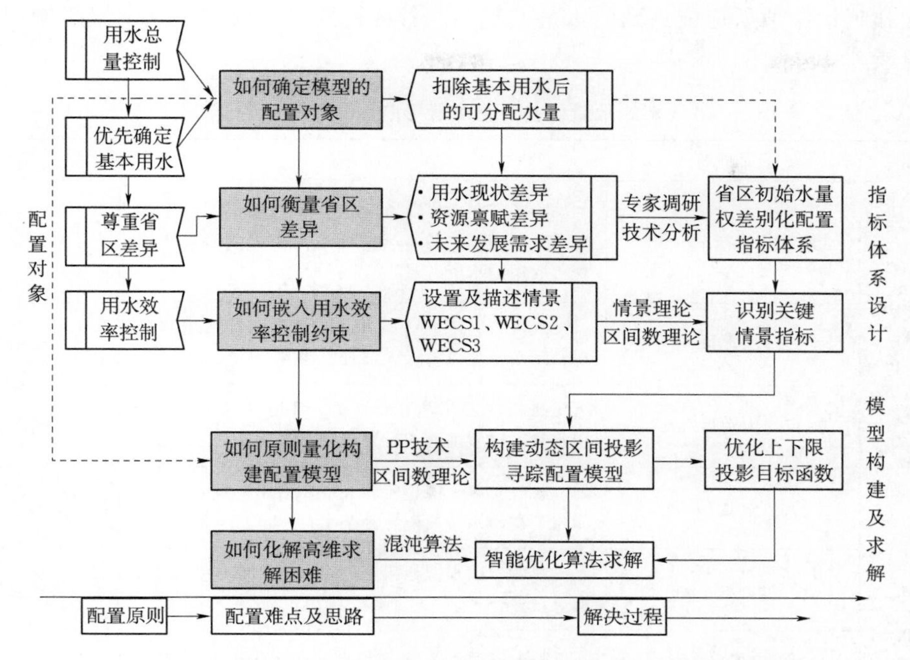

图4.1 用水效率多情景约束下省区初始水量权差别化配置思路框架

结合以上内涵，基于生活饮用水和生态用水已优先确定而不参与多指标综合配置的事实，运用文献阅读法、频度分析法、成果借鉴法、理论分析法、专家咨询法等方法，系统梳理相关研究成果，在考虑数据代表性、可得性、实用性和独立性的基础上，初步设计表征配置影响因素的指标体系。设定专家共识度水平为0.9，运用动态权重的群组交互式决策方法，促使配置主体在群决策过程中，快速达成相对一致的共识，设计基于流域综合满意度最大的表征配置影响因素的指标体系。

(1) 省区现状用水差异。考虑各省区历史用水习惯和客观用水现状差异，可以避免各地因水量发生太大变动而对当前用水格局产生较大的影响，提高配置方案的可接受度。本书选择现状用水量、人均用水量和单位面积用水量指标表征现状用水的省区异质性。这三个指标能有效地反映各省区的现状用水情况，直接影响水量在省区间的差别化配置结果。

(2) 省区资源禀赋差异。充分考虑省区所辖人口、面积、水资源量等资源禀赋差异是尊重省区水资源承载力的表现，更符合自然规律，具有公平合理的特征。本书选择人口数量、区域面积、多年平均径流量和多年平均供水量作为反映省区资源禀赋差异的表征指标，可保障初始水量权配置的社会公平性和自然公平性。

(3) 省区未来发展需求差异。省区初始水量权配置须体现各省区经济发展需水及用水节水结构的变化趋势，以便提高利益相关者的满意度，促进规划年各省区经济的发展。本书选择人均需水量（不含火核电）和万元GDP需水量作为表征省区未来发展需求差异的指标。

基于上述分析，构建省区初始水量权差别化配置指标体系，并根据各指标内涵解析，确定各指标属性。其中，指标属性为成本型，表示指标值越大所应配置到的水量权越少；指标属性为效益型，表示指标值越大所应配置到的水量权越多；指标属性为适中型，表示指标值越接近适中值所应配置到的水量权越多。省区初始水量权差别化配置影响因素及表征指标见表4.1。

表4.1　省区初始水量权差别化配置影响因素及表征指标

影响因素	表征指标	指标解释	属性
省区现状用水差异	现状用水量/亿 m^3	反映各省区现状用水差异，指为了满足当前的生活生产用水，各省区在流域水资源供给能力之内所取用的水资源量	效益型
	人均用水量/m^3	反映各省区现状人均用水差异，可用各省区的现状用水量除以省区人口计算得到	适中型
	亩均用水量/m^3	反映各省区亩均用水差异，可用各省区的现状用水量除以省区面积计算得到	适中型
省区资源禀赋差异	人口数量/万人	反映各省区水源地所辖人口具有平等的用水权，体现了初始水量权配置的公平性	效益型
	区域面积/km^2	反映各省区水源地所辖面积具有平等的用水权，具有自然合理性	效益型
	多年平均径流量/亿 m^3	反映各省区的多年平均产水量差异，尊重水源地优先的原则，产水量越多表明省区的资源禀赋越好	效益型
	多年平均供水量/亿 m^3	反映各省区的多年平均供水能力差异，依靠的是现有供水工程规模	效益型
省区未来发展需求差异	人均需水量/m^3	各省区的规划年需水量与所辖人口之比，反映各省区的需水规模差异	成本型
	万元GDP需水量/m^3	反映各省区规划年同等经济水平下的需水差异	成本型

注：鉴于行政区划与流域区划的不完全重合性，表中指标值是指行政区划中属于该流域部分的指标值。

在表4.1中，将表征省区现状用水差异的人均用水量指标和亩均用水量指标的属性归为适中型，理由如下：人均用水量和亩均用水量作为表征省区现状用水差异的指标，在以往的研究中，常将二者归为效益型指标，即为体现尊重现状的原则，指标值越大应分配越多的水量权。若基准年某省区人均用水量和亩均用水量的高水平是由水资源无效利用造成的，不符合国家的相关用水定额的规定，在水量权初始配置时仍配置给该省区较多的水量权，则与最严格水资源管理制度的思想不符，难以实现水资源的有效配置。因此，本书认为表征省区现状用水差异的人均用水量指标和亩均用水量指标的属性为适中型，表示指标值越接近适中值所应配置到的水量权越多。其中，适中值的确定将根据流域内各省区的取水定额标准、相关规划与规范、技术导则等具体情况而定。

2. 用水效率控制约束情景设定及描述

通过提高用水效率，可以合理遏制用水增长、缓解水资源供需矛盾，减轻水环境污染负荷。我国相关规划文件明确提出，要通过用水效率控制红线管理，全面推进节水型社会建设，用水效率管理目标为到2030年用水效率达到或接近世界先进水平。在省区初始水量权的配置过程中，需嵌入用水效率约束，将各省区工业、农业和生活的综合用水效率水平作为影响初始水量权配置的重要因素，如农田灌溉亩均用水量、万元工业增加值用水量和城镇供水管网漏失率等节水指标，激励一些高耗水企业或者用水效率低下企业改造节水技术，促进水资源配置的优化和产业结构的调整。

情景是对某些不确定性事件在未来几种潜在结果的一种假定。规划年用水效率控制约束的强弱程度不仅仅着眼于过去和现状，更重要的是展望未来，而用水效率控制约束情景分析是实现从历年及现状年到规划年合理过渡的新手段。因此，该方法具有适用性。本书借助情景分析法刻画不同假设条件下用水效率控制约束强弱的变化。设定及描述用水效率控制约束情景的研究过程见图 4.2，主要步骤及方法如下：

（1）用水效率控制约束情景主题的确定。为确定用水效率控制约束情景主题，需讨论两个研究对象：一是分析流域内各省区的现状用水效率，即流域内各省区的工业用水效率、农业用水效率和生活用水效率现状；二是梳理相关规划对用水效率控制指标的阶段性要求，及具体流域规划年用水效率控制指标分解的研究成果。基于以上分析可知，用水效率红线约束的情景主题是识别和分析影响用水效率红线约束强弱的影响因素，简称为用水效率控制约束的强弱，确定情景主题过程中各研究对象间的关系见图 4.3。

（2）识别关键影响因素及表征指标。刻画用水效率控制约束情景主题的影响因素有多个，重点是识别影响用水效率控制约束强弱的关键影响因素。目前，该类研究主要是以工业、农业和生活用水效率水平反映某省区的综合用水效率水平，表征影响因素的指标主要包括农田灌溉亩均用水量、农田灌溉水有效利用系数、农业用水重复利用率、万元工业增加值用水量、工业用水重复利用率、人均生活用水量和城镇供水管网漏失率等。鉴于《关于实行最严格水资源管理制度的意见》（2012 年国务院 3 号文件）等规划文件确立的用水效率控制指标为农田灌溉水有效利用系数和万元工业增加值用水量，在比较数据的可得性与表征效果之后，识别关键影响因素的表征指标为农田灌溉亩均用水量、万元工业增加值用水量和城镇供水管网漏失率。

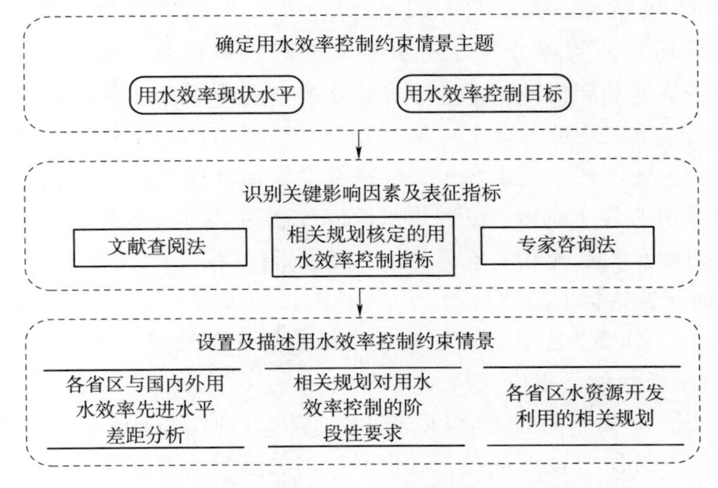

图 4.2　设定及描述用水效率控制约束情景的研究过程

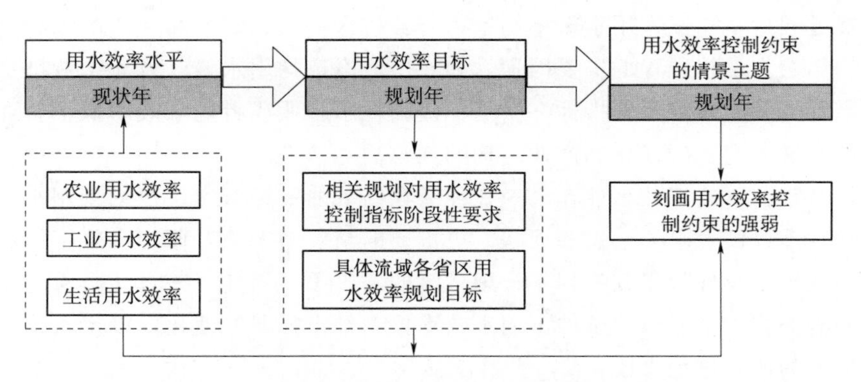

图4.3　确定情景主题过程中各研究对象间的关系

结合农田灌溉亩均用水量、万元工业增加值用水量和城镇供水管网漏失率三个指标的内涵确定的关键情景影响因素表征指标的约束规则及属性见表4.2。

表4.2　关键情景影响因素表征指标的约束规则及属性

表征指标	指标内涵	约束规则	属性
农田灌溉亩均用水量/m^3	各省区当年农业生产中每亩灌溉用水量的均值水平，即农田灌溉水资源的耗用水平，反映农业发展对水资源的利用效率	农田灌溉亩均用水量越小，用水效率控制约束越强	成本型
万元工业增加值用水量/m^3	工业用水量与工业增加值之比，表示工业经济发展对水资源的利用效率，是反映水资源在工业上综合利用效率的重要指标	万元工业增加值用水量越小，用水效率控制约束越强	成本型
城镇供水管网漏失率/%	管网漏失水量与城镇供水总量之比，其中管网漏失水量是城镇供水总量与有效供水总量之差，用以反映生活用水效率水平	城镇供水管网漏失率越小，用水效率控制约束越强	成本型

（3）设置及描述用水效率控制约束情景。我国水资源管理相关文件明确提出用水效率管理目标为到2030年用水效率达到或接近世界先进水平，同时，确定了2020年用水效率管理目标。为了描述具体流域分阶段用水效率控制约束情景，需从以下两个方面着手：①分析具体流域各省区与国内外用水效率先进水平的差距；②在明确具体流域各省区与国内外用水效率先进水平差距的基础上，根据相关规划提出的用水效率控制阶段性要求，结合具体流域各省区水资源现状用水水平、经济社会发展规模与趋势、相关节水规划等，通过量化关键影响因素的表征指标，设置用水效率控制约束的三类情景。

设开展省区初始水权量配置的省区为i，配置指标为j，时间样本点为t，省区i对应于时间样本点t的配置指标j属性值为$x_{ijt}^{\pm}$，其中，$i=1,2,\cdots,m$；$j=1,2,\cdots,n$；$t=1,2,\cdots,T$；m、n、T分别为配置省区、配置指标的总量和时间样本点；“+”表示指标的上限值，“−”表示指标的下限值。

1）情景一：用水效率弱控制约束情景（Water Efficiency of Weak Control Constraints，WECS1）。分阶段接近世界先进水平，即关键影响因素表征指标均以α的浮动接近相关规划及流域规划设置的用水效率最低控制目标，记为$[(x_{ijt}^{-})_{s_1},(x_{ijt}^{+})_{s_1}]$，$j=j_1$，

j_2，j_3，分别表示三个表征指标的序号，s_1 表示用水效率控制约束情景 WECS1。

2）情景二：用水效率中控制约束情景（Water Efficiency of Moderate Control Constraints，WECS2）。分阶段达到世界先进水平，各指标的削减总量较 WECS1 时的下限值 $(x_{ijt}^-)_{s_1}$ 削减 β，即 $[(x_{ijt}^-)_{s_2}, (x_{ijt}^+)_{s_2}] = [(1-\beta)(x_{ijt}^-)_{s_1}, (x_{ijt}^-)_{s_1}]$，$j=j_1$，$j_2$，$j_3$，分别表示三个表征指标的序号，$s_2$ 表示用水效率控制约束情景 WECS2。

3）情景三：用水效率强控制约束情景（Water Efficiency of Intensity Control Constraints，WECS3）。分阶段超过世界先进水平，各指标的削减总量较约束情景 WECS2 时的下限值 $(1-\beta)(x_{ijt}^-)_{s_1}$ 削减 η，即 $[(x_{ijt}^-)_{s_3}, (x_{ijt}^+)_{s_3}] = [(1-\beta)(1-\eta)(x_{ijt}^-)_{s_1}, (1-\beta)(x_{ijt}^-)_{s_1}]$，$j=j_1$，$j_2$，$j_3$，分别表示三个表征指标的序号，$s_3$ 表示用水效率控制约束情景 WECS3。

其中，α、β 和 η 是区间［0，1］上的削减比例参数，其数值越接近于1，用水效率控制约束越强；削减比例参数值的取值视具体流域内各省区与国内外用水效率先进水平的差距而定。

3. 用水效率多情景约束下差别化配置指标体系框架

基于上述分析，构建用水效率多情景约束下省区初始水量权差别化配置指标体系框架见图4.4。

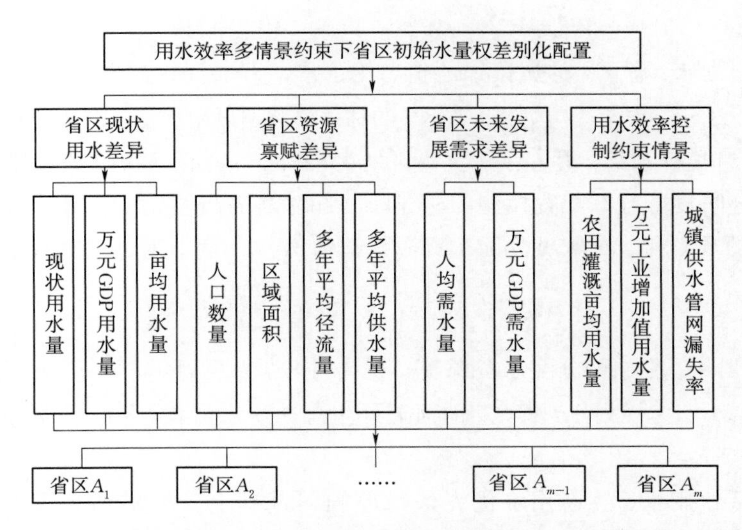

图4.4 用水效率多情景约束下省区初始水量权差别化配置指标体系框架

4.1.3 配置模型的构建及求解方法

省区初始水量权配置的配置对象是流域可配置水资源量，主要包括在河道外取水的用于河道外生活、生产（农业、工业、第三产业）、生态用水总量，并考虑到省区初始水量权配置过程中需遵循生活饮用水、生态用水优先保障原则。因此，可将用省区初始水量权配置过程分为两个阶段：一是优先依次确定各省区的生活饮用水量权和生态用水量权；二是对扣除各省区生活饮用水和生态用水总量后的可分配水资源量结合多情景约束下省区初始水量权差别化配置指标体系，构建用于分配省区初始水量权的配置模型。

1. 配置模型的构建

(1) 优先确定各省区的生活饮用水和生态用水的初始水量权。

1) 确定规划年 t 省区 i 的生活饮用水初始水量权 W_{it}^{L}。在考虑省区 i 的暂住人口变化、水资源管理水平等因素的基础上，遵循"就高不就低"原则，预测规划年 t 省区 i 的年平均生活饮用水定额 WM_{it}^{L}，在此基础上确定规划年 t 省区 i 的城乡居民生活饮用水初始水量权 W_{it}^{L}，计算式为

$$W_{it}^{L} = P_{it} WM_{it}^{L} \tag{4.1}$$

式中：P_{it} 为规划年 t 省区 i 的人口数目，万人；WM_{it}^{L} 为规划年 t 省区 i 的年平均生活饮用水定额，m^3/（人・年）。

2) 确定规划年 t 省区 i 的河道外生态初始水量权 W_{it}^{E}。生态环境用水是绿化环境、评价经济社会可持续发展的基本指标之一。河道外生态环境用水主要包括城镇绿地生态用水量、林草植被建设用水量、湖泊沼泽湿地生态环境补水量等，具体内容将根据省区的实际情况而定，各个组成部分的计算公式见相关文献。为防止生产用水超计划挤占生态环境用水、生态环境恶化等现象的发生，在优先配置生活初始水量权的基础上，确定规划年 t 省区 i 的河道外生态初始水量权 W_{it}^{E} 的计算式为

$$W_{it}^{E} = W_{it}^{E_g} + W_{it}^{E_c} + W_{it}^{E_a} + W_{it}^{E_l} + W_{it}^{E_w} \tag{4.2}$$

式中：$W_{it}^{E_g}$ 为规划年 t 省区 i 的城镇绿地生态用水量，万 m^3；$W_{it}^{E_c}$ 为规划年 t 省区 i 的城镇环境卫生用水量，万 m^3；$W_{it}^{E_a}$ 为规划年 t 省区 i 的林草植被建设用水量，万 m^3；$W_{it}^{E_l}$ 为规划年 t 省区 i 的湖泊生态环境补水量，万 m^3；$W_{it}^{E_w}$ 为规划年 t 省区 i 的沼泽湿地生态环境补水量，万 m^3。

(2) 动态区间投影寻踪配置模型的构建。将扣除各省区生活饮用水、生态环境用水权总量后，得到的规划年 t 流域可分配水资源量记为 $W_t^{P_0}$，其计算式为

$$W_t^{P_0} = W_t^0 - \sum_{i=1}^{m} W_{it}^{L} - \sum_{i=1}^{m} W_{it}^{E} \tag{4.3}$$

式中：W_t^0 为规划年 t 流域可分配水资源量，亿 m^3；W_{it}^{L} 为规划年 t 省区 i 的生活饮用水初始水量权，亿 m^3；W_{it}^{E} 为规划年 t 省区 i 的河道外生态初始水量权，亿 m^3；m 为参与配置的省区总数，个。

在遵循生活饮用水、生态用水优先保障原则的基础上，为实现兼顾用水总量控制原则、充分尊重省区差异原则和用水效率控制约束原则的省区初始水量权配置，构建动态区间投影寻踪配置模型，主要理由如下：一是动态投影寻踪技术相对于传统初始水权配置方法或技术，能够在分阶段客观提取配置指标信息的情况下，将非正态非线性高维数据转化为一维数据，反映数据的动态性，并可克服传统方法需要确定时间与指标权重的困难；二是在省区初始水量权配置过程中，由于各个省区的发展变化及水资源开发利用具有不确定性，采取某一点数值作为某些配置指标值具有片面性，需引入区间数表示其属性值，以区间数描述不确定现象或事物的本质和特征，可有效地减少由于测量、计算所带来的数据误差以及信息不完全对计算结果带来的影响。基于动态区间投影寻踪的初始水量权配置模型的计算步骤为：

1）配置指标值的无量纲化处理。设 J_1 表示效益型配置指标的下标集，J_2 表示成本型配置指标的下标集，J_3 表示适中型配置指标的下标集，而适中型配置指标可以转化为成本型配置指标，故这里仅对效益型配置指标和成本型配置指标的无量纲化处理方法进行说明。为了消除各指标值的量纲，根据区间数的运算法则，采用式（4.4）和式（4.5）将配置指标矩阵 $X_t=(x_{ijt}^{\pm})_{m\times n}$ 转化成规范化矩阵 $Y_t=(x_{ijt}^{\pm})_{m\times n}$。

$$\begin{cases} y_{ijt}^{-}=\dfrac{x_{ijt}^{-}}{\sqrt{\sum\limits_{i=1}^{m}(x_{ijt}^{+})^2}} \\ y_{ijt}^{+}=\dfrac{x_{ijt}^{+}}{\sqrt{\sum\limits_{i=1}^{m}(x_{ijt}^{-})^2}} \end{cases} \quad (j\in J_1) \tag{4.4}$$

$$\begin{cases} y_{ijt}^{-}=\dfrac{1/x_{ijt}^{+}}{\sqrt{\sum\limits_{i=1}^{m}(1/x_{ijt}^{-})^2}} \\ y_{ijt}^{+}=\dfrac{1/x_{ijt}^{-}}{\sqrt{\sum\limits_{i=1}^{m}(1/x_{ijt}^{+})^2}} \end{cases} \quad (j\in J_2) \tag{4.5}$$

2）构造投影目标函数。投影目标函数是将数据从高维降为一维所遵循的规则，也是寻找最优投影方向的依据，合理选择描述感兴趣结构的投影目标函数是投影寻踪方法能否成功的关键。具体步骤如下：

a. 对于省区 i，采用投影寻踪技术把对应于时间样本点 t 的 n 维数据 $\left\{y_{ijt}^{-},j=1,2,\cdots,n\right\}$、$\left\{y_{ijt}^{+},j=1,2,\cdots,n\right\}$ 分别综合成以 $a_t'=\left\{a_{1t}',\ a_{2t}',\ \cdots,\ a_{nt}'\right\}$ 和 $a_t''=\left\{a_{1t}'',\ a_{2t}'',\ \cdots,\ a_{nt}''\right\}$ 为投影方向的一维投影值 $Z_{it}^{\pm}$，即

$$Z_{it}^{-}=\sum_{j=1}^{n}a'_{jt}y_{ijt}^{-},Z_{it}^{+}=\sum_{j=1}^{n}a_{jt}''y_{ijt}^{+} \tag{4.6}$$

不妨先构建下限投影目标函数为

$$Q^{-}(a_{jt}')=S_{Z_{it}^{-}}D_{Z_{it}^{-}} \tag{4.7}$$

其中

$$\begin{cases} S_{Z_{it}^{-}}=\sqrt{\dfrac{1}{m-1}\sum\limits_{j=1}^{m}[Z_{it}^{-}-E(Z_{it}^{-})]^2} \\ D_{Z_{it}^{-}}=\sum\limits_{i_1=1}^{m}\sum\limits_{i_2=1}^{m}[R_t^{-}-r_t^{-}(i_1,i_2)]u[R_t^{-}-r_t^{-}(i_1,i_2)] \end{cases}$$

式中：$S_{Z_{it}^{-}}$ 为投影数据总体的离散度；$D_{Z_{it}^{-}}$ 为投影数据的局部密度；$E(Z_{it}^{-})$ 为序列 $\{Z_{it}^{-}\mid i=1,\ 2,\ \cdots,\ m\}$ 的平均值；R_t^{-} 为局部密度的窗口半径，一般可取值 $0.1S_{Z_{it}^{-}}$；$r_t^{-}(i_1,\ i_2)$ 为一维投影下限值之间的距离；$u(k)$ 为单位阶跃函数，当 $k\geqslant 0$ 时，其函数值为 1，当 $k<0$ 时，其函数值为 0。

b. 优化投影目标函数。根据投影原理，不同的投影方向反映不同的数据结构特征，最佳投影方向暴露配置指标矩阵的数据结构特征的可能性最大。因此，可通过求解下限投

影目标函数最大化问题来确定最佳下限投影方向，即

$$\max Q^{-}(a'_{jt}) = S_{Z_{it}^{-}} D_{Z_{it}^{-}} \tag{4.8}$$

其中
$$\begin{cases} -1 \leqslant a'_{jt} \leqslant 1 \\ \sum_{j=1}^{n} (a'_{jt})^2 = 1 \end{cases} \quad (t = 1,2,\cdots,T)$$

这是一个以 $a'_t = \{a'_{1t}, a'_{2t}, \cdots, a'_{nt}\}$ 为变量的复杂非线性优化问题。

同理，可通过求解上限投影目标函数最大化问题来优化上限投影目标函数。对于指标值存在区间数的省区初始水量权差别化配置问题，构造两个非线性规划模型，见式（4.8）和式（4.9）。

$$\max Q^{+}(a''_{jt}) = S_{Z_{it}^{+}} D_{Z_{it}^{+}} \tag{4.9}$$

其中
$$\begin{cases} a'_{jt} \leqslant a''_{jt} \leqslant 1 \\ \sum_{j=1}^{n} (a''_{jt})^2 = 1 \end{cases} \quad (t = 1,2,\cdots,T)$$

通过求解式（4.8）和式（4.9）这两个非线性规划模型，即可得到投影方向的最优解 a_t^{*} 和 a_t^{**}。

3）确定省区初始水量权差别化配置比例区间数。将投影方向的最优解 a_t^{*} 和 a_t^{**} 分别代入式（4.6），得到省区 i 初始水量权配置的最佳投影值 $(Z_{it}^{\pm})^{*} = [(Z_{it}^{-})^{*}, (Z_{it}^{+})^{*}]$，并对区间数 $(Z_{it}^{\pm})^{*}$ 进行归一化处理，获得省区初始水量权的配置比例区间数为

$$\begin{aligned} \tilde{\omega}_{it}^{\pm} &= (\tilde{\omega}_{it}^{-}, \tilde{\omega}_{it}^{+}) \\ &= \left[\frac{(Z_{it}^{-})^{*}}{(Z_{it}^{-})^{*} + \sum_{l \neq i}^{m} (Z_{lt}^{+})^{*}}, \frac{(Z_{it}^{+})^{*}}{(Z_{it}^{+})^{*} + \sum_{l \neq i}^{m} (Z_{lt}^{-})^{*}} \right] \end{aligned} \tag{4.10}$$

4）确定省区初始水量权差别化配置结果。将规划年 t 省区 i 的初始水量权的配置比例区间数 $\tilde{\omega}_{it}^{\pm}$ 乘以 $W_t^{P_0}$，再加上其生活饮用水初始水量权和河道外生态初始水量权，可得，规划年 t 省区 i 的初始水量权配置区间量为

$$W_{it}^{\pm} = (\tilde{\omega}_{it}^{-} W_t^{P_0} + W_{it}^{L} + W_{it}^{E},\ \tilde{\omega}_{it}^{+} W_t^{P_0} + W_{it}^{L} + W_{it}^{E}) \tag{4.11}$$

式中：$\tilde{\omega}_{it}^{\pm}$ 为省区初始水量权的配置比例区间数；$W_t^{P_0}$ 为扣除各省区生活饮用水、生态用水权总量后的规划年 t 的可分配水资源量，亿 m^3；W_{it}^{L} 为规划年 t 省区 i 的生活饮用水初始水量权，亿 m^3；W_{it}^{E} 为规划年 t 省区 i 的河道外生态初始水量权，亿 m^3。

2. 模型的求解

从模型的构建过程可知，模型求解的核心环节是求非线性规划模型式（4.8）和式（4.9）的最优解，即对这两个模型的目标函数为具有非线性、非正态特征的非线性规划（NP）进行求解。求解这类问题，常规方法有混沌优化算法（COA）、遗传算法（GA）、模拟退火算法等。混沌优化算法（COA）虽然是利用混沌的初值敏感性、伪随机性、遍历性和自相似分形等特性而发展的一种新型优化技术，但通常需要大量目标函数计算，收敛缓慢。遗传算法（GA）算法求解容易，但存在早熟且局部搜索能力差等缺点。模拟退火算法虽然局部搜索能力强，运行时间较短，但存在全局搜索能力差，易受参数影响的缺陷。

为了克服上述算法问题，本书采取的求解思路为：首先，通过混沌遍历性，提高初始种群个体质量；其次，根据交叉和变异算子自适应性，提高遗传算法局部搜索能力及算法收敛速度，避免算法陷入局部最优；最后，利用父代参与竞争的整体退火选择方式，增加种群多样性，选择杂交母体，避免种群早熟及过早收敛。

4.2　多因素制约下省区初始水量权优化配置

4.2.1　优化配置思路

多因素制约下的省区初始水量权分配是具有时间、分配指标和分配方案的三维动态多指标决策问题。本书将结合最严格水资源管理“三条红线”限制，依据协调共享发展理念，设计影响省区初始水权配置指标体系；运用动态投影寻踪技术，构建用水总量控制下的省区初始水权配置模型；采用自适应混沌优化算法对模型求解，获得省区初始水权配置方案。省区初始水量权优化配置模型研究构架见图 4.5。

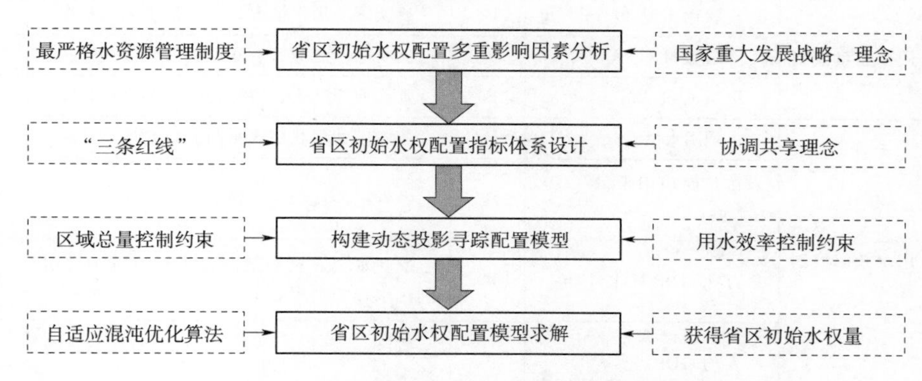

图 4.5　省区初始水量权优化配置模型研究构架

4.2.2　配置指标体系

1. 多重影响因素分析

“三条红线”控制作为最严格水资源管理制度的核心内容，在省区初始水权配置中兼顾水量和水质两个维度，体现了水资源在质和量上具有天然双重耦合性。

（1）用水总量控制红线。用水总量控制红线体现了在水资源承载力基础上，对取水流域、省区在水量上的宏观总量控制。作为主要控制因素，其目标是以生态环境保护为前提，强化水资源管理约束力，促进水资源优化配置。

（2）用水效率控制红线。一方面，反映出节水控制过程；另一方面，也反映出水资源重复利用率高和污水排放少，有利于水质保护。在宏观上，是对一个流域、省区用水量的总量控制；在微观上，则是对行业、企业、用水户用水量的微观定额管理，其直接影响水量，也同时影响到水质。

（3）水功能区限制纳污红线。水功能区限制纳污红线主要对应排水环节，是在保护流域水质和水生态系统等的水环境承载力基础上，通过改善河流和水功能区的水质管理，宏观总量和微观定额限制入河流、湖泊污染物总量，修复受损水生态，改善水质。

“协调发展、共享未来”将是引领中国深刻变革的发展理念。现阶段的水权配置研究也应适应资源环境可承载的区域协调发展特点，吸收协调共享发展理念。事实上，流域内各省区在水资源禀赋方面存在天然差异，一方面，在省区初始水权配置过程中应该充分考虑不同区域在水污染防治、行洪等方面对流域水资源管理所做的贡献；另一方面，在水权管理过程中，落实精准扶贫政策，实现发展成果共享，就必须保障省区初始水权配置的协调性和公平性，保护好流域内弱势群体的基本权益。

2. 指标体系设计

针对省区初始水权配置特点，结合“三条红线”控制，汲取协调共享发展理念，同时考虑到相关数据的代表性和可获得性，构建的多因素影响下的省区初始水权配置指标体系见表4.3。

表4.3　多因素影响下的省区初始水权配置指标体系

目标层	准则层	指标层	序　号	指标解释	属　性
省区初始水权配置	用水总量控制	现状用水量/亿 m^3	P_1	反映现状用水情况，尊重历史用水状况	效益型
		人口数量/万人	P_2	反映同一流域所有居民拥有同等用水权	效益型
		区域面积/km^2	P_3	省区面积越大，所分得的初始水权越多	效益型
	用水效率控制	人均用水量/（m^3/人）	P_4	各省区的现状用水量与人口之比	效益型
		单位面积用水量/（万 m^3/km^2）	P_5	各省区的现状用水量与面积之比	效益型
		万元GDP耗水量/m^3	P_6	反映水资源利用效率，指标值越小说明利用水资源利用效率越高	成本型
		人均GDP/元	P_7	省区GDP与人口之比，反映省区总体经济水平	效益型
	水功能区纳污控制	废污水排放量/亿t	P_8	废污水排放量高的省区酌情减少配水	成本型
	省区协调共享发展	弱势群体保护度	P_9	水权配置中弱势省区（地理位置差、经济发展落后、生态环境恶化等）利益应得到有效保护	效益型

表4.3中的指标体系，主要试图达到以下基本目的：①能够协调流域的全局利益和局部利益，使得流域综合满意度最大；②能明确地刻画、描述和度量整个流域系统发展状态和发展趋势；③能公平公正地反映省区相关利益各方利益诉求。

4.2.3　配置模型的构建及求解方法

1. 配置模型的构建

（1）基础数据处理。基础数据涉及省区初始水权分配指标原始数据和指标动态发展情况两部分。

1）设进行省区初始水权分配的地区为 S_k，时间样本点为 T_i；设指标为 P_j，地区 S_k

对应于时间样本点 T_i 和省区初始水权分配指标 P_j 的指标值为 a_{kij} ，$k=1,2,\cdots,q$ ；$i=1,2,\cdots,n$ ；$j=1,2,\cdots,m$ 。其中 q 、n 、m 分别是待分配省区、时间样本点和省区初始水权分配指标的数量。

2）对应时间样本点 T_i 的分析矩阵为：$\boldsymbol{A}_i=(a_{kij})_{q\times m}$，对省区初始水权分配的原始指标绝对增长量进行考察，令

$$a_{kij}'=a_{kij}-a_{k(i-1)j}\qquad(i=2,3,\cdots,n)\tag{4.12}$$

式中：a_{kij}'为时间样本点 T_i 的省区初始水权分配原始指标增长程度。

3）可得对应于时间样本 T_i 的省区初始水权分配原始指标增长系数矩阵记为

$$\boldsymbol{A}_i'=(a_{kij}')_{q\times m}\qquad(i=2,3,\cdots,n)\tag{4.13}$$

4）为消除省区初始水权分配指标类型和量纲不同带来的不可公度性，采用改进功效系数法对 $\boldsymbol{A}_i$ 与 $\boldsymbol{A}_i'$进行规范化处理。

效益型指标为

$$b_{kij}=\frac{a_{kij}-\min\limits_{k}\min\limits_{i}a_{kij}}{\max\limits_{k}\max\limits_{i}a_{kij}-\min\limits_{k}\min\limits_{i}a_{kij}}\times 40+60\tag{4.14}$$

成本型指标为

$$b_{kij}=100-\frac{a_{kij}-\min\limits_{k}\min\limits_{i}a_{kij}}{\max\limits_{k}\max\limits_{i}a_{kij}-\min\limits_{k}\min\limits_{i}a_{kij}}\times 40\tag{4.15}$$

5）规范化后的 A_i 得分矩阵记为

$$\boldsymbol{B}_i=(b_{kij})_{q\times m}\qquad(i=1,2,\cdots,n)\tag{4.16}$$

规范化后的 $\boldsymbol{A}_i'$得分矩阵可记为

$$\boldsymbol{C}_i=(c_{kij})_{q\times m}\qquad(i=2,3,\cdots,n)\tag{4.17}$$

6）综合指标优劣和动态发展的省区初始水权分配比例确定。通过对省区初始水权分配指标优劣和动态发展得分情况综合考虑，得出综合分析系数矩阵为

$$\boldsymbol{E}_i=(e_{kij})_{q\times m}\qquad(i=2,3,\cdots,n)\tag{4.18}$$

式中：$\boldsymbol{E}_i$ 中的元素为 $e_{kij}=\alpha b_{kij}+\beta c_{kij}$ ，其中，α 和 β 表示相对重要程度，且满足 $0\leqslant\alpha,\beta\leqslant 1$ ，$\alpha+\beta=1$ 。

7）将矩阵 $\boldsymbol{E}_i$ 转化得到省区初始水权分配系数矩阵 $\boldsymbol{E}_k=(e_{kij})_{n\times m}$ ，可得其正负理想矩阵 $\boldsymbol{E}^+$ 和 $\boldsymbol{E}^-$ 的元素分别为

$$e_{ij}^+=\max\{e_{kij}\mid k=1,\cdots,q\}\text{ , }e_{ij}^-=\min\{e_{kij}\mid k=1,\cdots,q\}\tag{4.19}$$

（2）构造投影目标函数。投影目标函数是将高维数据降为一维投影值的规则，具体步骤如下：

1）将省区初始水权分配系数矩阵 $\boldsymbol{E}_k$ ，综合成以 $\theta=(\omega_1,\cdots,\omega_m,\lambda_2,\cdots,\lambda_n)$ 为投影方向的一维投影值 $d(k)$ ，即

$$d(k)=\frac{\left\{\sum\limits_{i=2}^{n}\lambda_i\left[\sum\limits_{j=1}^{m}\omega_j(e_{kij}-e_{ij}^-)^2\right]\right\}^{0.5}}{\left\{\sum\limits_{i=2}^{n}\lambda_i\left[\sum\limits_{j=1}^{m}\omega_j(e_{kij}-e_{ij}^+)^2\right]\right\}^{0.5}+\left\{\sum\limits_{i=2}^{n}\lambda_i\left[\sum\limits_{j=1}^{m}\omega_j(e_{kij}-e_{ij}^-)^2\right]\right\}^{0.5}}\tag{4.20}$$

式中：ω_j 为第 j 个指标权重；λ_i 为第 i 个时段权重；$d(k)$ 为省区 S_k 距离正负理想方案相对接

近度。

2）根据投影时希望投影值尽可能散开的原则，构造省区初始水权分配的投影指标函数为

$$f(\theta)=s_d=\left[\frac{\sum_{k=1}^{q}(d(k)-\overline{d(k)})^2}{q-1}\right]^{0.5}$$

式中：$\overline{d(k)}$ 为 $d(k)$ 的均值，$k=1,2,\cdots,q$ 。对投影值 $d(k)$ 的最佳值求解。

3）为求解投影值 $d(k)$ 最佳值，需先求投影指标函数最大值，估计出最优投影方向，即

$$\max f(\theta)=s_d$$

其中

$$\begin{cases}c_1\ (\theta)=\sum_{j=1}^{m}\omega_j-1=0 \\ c_2\ (\theta)=\sum_{i=2}^{n}\lambda_i-1=0\end{cases}(\omega_j>0,\ \lambda_i>0)) \tag{4.21}$$

通过求解式（4.21）这个非线性规划（NP），可以得到省区 S_k 初始水权分配的最优投影值 $d^*(k)$ 。$d^*(k)$ 反映了省区 S_k 获得初始水权的优势。

（3）确定省区初始水权配置方案。将最佳投影值 $d^*(k)$ 进行归一化处理，获得省区初始水权分配比例为

$$\omega_{S_k}=\frac{d^*(k)}{\sum_{K=1}^{q}d^*(k)} \tag{4.22}$$

记 W 为流域可用于省区配置的水权总量，则省区 S_k 获得的初始水权量为

$$w_{S_k}=W\omega_{S_k}=W\frac{d^*(k)}{\sum_{K=1}^{q}d^*(k)} \tag{4.23}$$

2. 模型求解

通过上述模型构建可看到，模型求解关键在获得模型式（4.21）这个具有非线性、非正态特征非线性规划（NP）的最优解。

运用自适应混沌优化算法对模型式（4.21）进行求解，具体步骤如下：

（1）参数初始化。设定 B 为种群规模，M 为混沌迭代次数，T_0 为初始温度，T_{END} 为终止温度，P_{c1}、P_{c2}、P_{m1}、P_{m2} 为自适应参数。

（2）初始种群生成。根据 Logistic 映射公式产生的混沌变量方程为

$$X_{k+1,j}=\theta X_{k,j}(1-X_{k,j}) \tag{4.24}$$

式中：θ 为控制参数，$\theta=4$ 时，系统处于混沌状态。

根据式（4.22）可随机生成若干组混沌序列构成初始种群。

（3）个体适应度评价。将模型式（4.21）中的目标函数作为适应度评价函数，对违反约束条件个体给予一定惩罚。记录每一代最优个体，当每一代计算结束后，替换掉适应度最差的个体，确保最优个体进入下一代种群中。

(4) 进行运算。根据整体退火选择机制，允许父代参与竞争，根据个体适应度、自适应公式和选择概率公式，分别确定交叉概率和变异概率，进行交叉和变异运算，利用上述选择概率公式筛选出下一代。

(5) 算法结束判断。设温度 T_k 以 $T_k = 1/\ln(k/T_o + 1)$ 的速度下降，其中 k 为迭代次数。当温度 T_k 大于终止温度 T_{END} 时，返回步骤 (3) 对个体适应度再评价，否则获得最优投影方向值 $d^*(k)$，根据式 (4.22) 计算总量控制下的省区初始水量权分配比例。利用式 (4.23) 计算省区初始水量权数值。

第5章　省区初始排污权免费分配模型

5.1　基于ITSP法的省区初始排污权配置模型

省区初始水权微观调控层面的排污权配置问题既是实施排污权交易的重要前提和关键条件，也是排污权交易中争议最大和最困难的问题。同时，将入河湖污染物总量合理有效地配置给流域内各省区，实现水环境容量资源的优化配置，是确保减排任务完成的关键所在。省区初始排污权配置是一个处理多阶段、多种需求水平和多种选择条件下以概率和区间数形式表示的不确定性问题，具有多阶段性、复杂性及不确定性。为此，本书在对省区初始排污权配置要素及技术进行系统分析的基础上，引入区间两阶段随机规划（ITSP）方法，根据省区初始排污权配置的纳污总量控制原则、统筹经济-社会-生态环境效益原则以及体现社会经济发展连续性原则，构建基于纳污控制的省区初始排污权ITSP配置模型，以实现污染物入河湖限制排污总量（WP_d）$_0$在各省区间的有效配置。

5.1.1　基于纳污控制的省区初始排污权ITSP配置的研究思路

面向水功能区限制纳污红线约束，针对国内外研究发展动态评述所梳理出的省区初始排污权配置中存在的问题和不足，根据省区初始排污权配置的配置原则，结合关于配置模式选择的分析结论，可知省区初始排污权配置是一个处理多阶段、多种需求水平和多种选择条件下以概率和区间数形式表示的不确定性问题，具有多阶段性、复杂性和不确定性。

面向水功能区限制纳污红线约束，针对国内外研究发展动态评述所梳理出的省区初始排污权配置中存在的问题和不足，根据省区初始排污权配置的配置原则，结合关于配置模式选择的分析结论，本书系统分析省区初始排污权配置模型构建的配置要素及其关键技术，一是从纳污控制理论研究和纳污控制实践借鉴两个角度，分析在省区初始排污权的配置过程中实行纳污控制的必要性；二是阐述纳污控制指标的界定技术及其对水质的影响；三是系统介绍ITSP方法的关键技术及求解思路。其次，根据省区初始排污权配置的基本假设，利用ITSP方法在有效地处理多阶段、多种需求水平和多种选择条件下以概率和区间数形式表示不确定性的优势，以省区初始排污权配置获得的初始排污权所产生的经济效益为第1个阶段，以因承担减排责任而可能产生的治污损失为第2个阶段，以省区初始排污权的配置结果实现经济效益最优为目标函数，以省区初始排污权的配置结果能够体现社会效益、生态环境效益和社会经济发展连续性为约束条件，构建基于纳污控制的省区初始排污权ITSP配置模型。最后，基于区间优化的思想将ITSP配置模型转化为目标上限值子模型和目标下限值子模型，通过Matlab 7.0软件的GA求解器予以求解，实现污染物入河湖限制排污总量（WP_d）$_0$在流域内各省区间的分类配置。基于纳污控制的省区初始排

污权 ITSP 配置的研究思路见图 5.1。

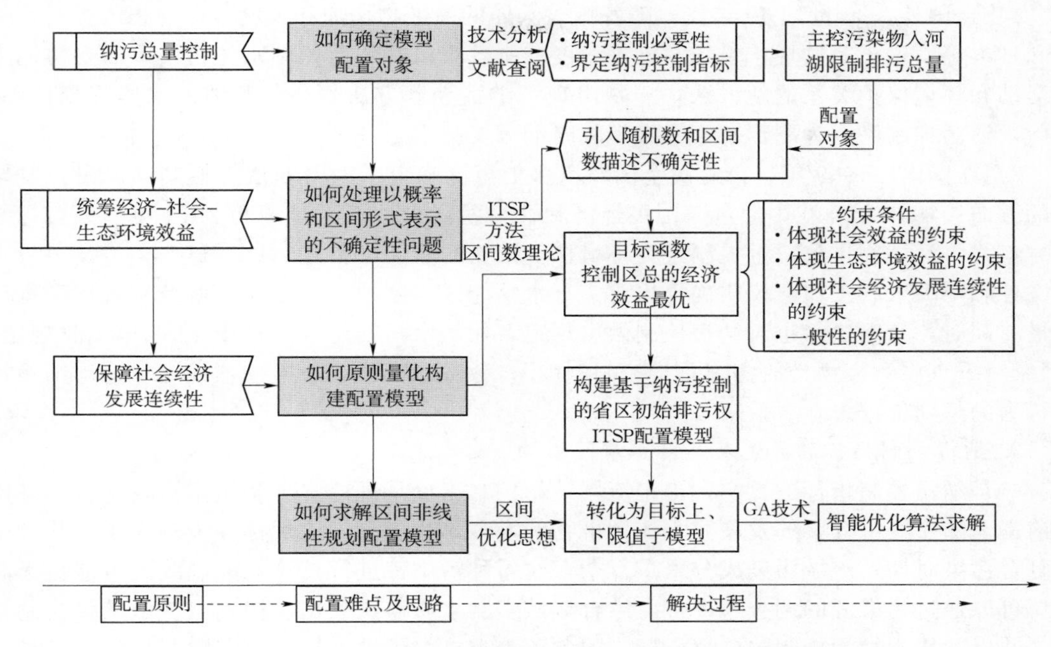

图 5.1　基于纳污控制的省区初始排污权 ITSP 配置的研究思路

5.1.2　模型构建的相关配置要素及技术

1. 纳污控制必要性分析

流域水污染物容量总量控制又称为水体纳污总量控制（简称“纳污控制”），是根据水功能区的环境特点和自净能力，依据保护目标，以纳污能力为基础，将污染物入河湖总量控制在水域纳污能力的范围之内。纳污总量控制包含三个方面的内容：一是水污染物排放总量的控制；二是水污染物排放总量的地域范围；三是水污染物排放的时间跨度。其中，污染物排放量是指污染源排入环境的污染物量，是环境保护部按照现行的污染源统计范围统计的，和污染物减排目标直接相关。在省区初始排污权的配置过程中，应加强水污染物分类控制，科学核定水域的纳污能力。实行纳污控制的必要性主要体现在理论研究和实践借鉴两个方面。

（1）纳污控制理论研究方面。纳污控制的必要性主要体现在以下两点：

1）纳污控制理论研究结果表明仅对污染物进行浓度控制无法达到环境质量改善的目的，而通过设定排放总量可有效地控制和消除污染，保障主要污染物数量和浓度控制在一定范围之内，不至于对人类健康等方面造成一定危害，故基于环境保护的要求须实行纳污控制。

2）从经济学的角度看，稀缺资源的存在是排污权交易市场机制有效运行的前提，入河湖限制排污总量（纳污总量）的确定相当于限定了可供使用的资源总量上限，从而明确了资源的稀缺性，容量资源据此成为经济物品而具有经济价值，省区初始排污权配置就具有了经济资源配置的内涵和意义，进而为排污权市场交易提供前提性条件。

（2）纳污控制实践借鉴方面。国内外水污染防治实践都很重视纳污控制技术及方法的应用。

1）在国外，20世纪60年代，随着排入水体的污染物增加和人们环保意识的提高，美国和日本等发达国家发现，单纯污染物浓度控制已难以有效地控制水体污染，需要协调人类活动和环境保护关系的新方法，于是出现了纳污控制方法，并将其纳入水质规划体系。目前，纳污控制已成为制定水资源管理战略的重要技术之一。

2）在国内，1989年，第三次全国环境保护会议确定了污染物浓度控制向总量控制转变的方向；1996年，我国通过《国民经济和社会发展“九五”计划和2010年远景目标纲要》正式将污染物排放总量控制定为环境保护工作的重大举措之一；2011年，中共中央1号文件和中央水利工作会议明确提出要实行水功能区限制纳污制度，严格控制入河湖排污总量。同时，我国法律也对纳污控制做出规定，如《水污染防治法》第18条第1款规定：“国家对重点水污染物排放实施总量控制制度”；《水法》第32条第4款规定了违反纳污控制行为的惩罚依据。

2. 纳污控制指标的界定及其对水质的影响

（1）纳污控制指标的界定。确定流域纳污控制指标是进行省区初始排污权配置的基础和前提。随着经济社会的发展和水体污染物的增多，我国各大流域都逐步进入了生活和生产复合污染时期，流域污染成分繁多复杂，对每种污染都进行核算与控制既无可能也无必要。可以通过污染源的调查与评价，结合流域实测水质监测数据，识别出流域纳污控制指标，并以此作为纳污控制的分解指标。因此，分类核定流域允许入河湖限制排污总量具有一定的现实意义。

流域纳污控制指标是根据污染源类别筛选的水污染物控制指标，与控制省区的水质现状、水环境功能区的水质目标密切相关，直接影响流域水环境容量的测算和排污总量配置对象的界定。流域污染源按照污染物的排放方式分为点污染源和面污染源两大类型。点污染源是以点状形式向受纳水体排放污水的，主要由工业废水排放和城镇生活污水排放而形成，具有经常性和随机性等特征，在河流流量较小的时候，尤其会对流域水体水质产生较大的影响。面污染源是指在降水作用下，在河流的集水区域内形成的污染径流，汇入受纳水体，主要由农业污水排放而形成，具有位置不固定、季节性和间歇性等特征。面污染源在暴雨的作用下对受纳水体水质的影响更大。因此，流域现状主要污染物排放量可按照工业、城镇生活和农业三类进行统计。

（2）纳污控制指标对水体水质的影响。目前，从水环境普查结果看，我国水体污染严重，具有明显的流域性、区域性特征。每个流域或省区都确定了具有地域自然或经济特点的水污染物控制指标，我国七大流域的主要入河湖污染物控制指标包括COD、NH_3-N、TN和TP等。其中，COD是表示流域水质污染度的重要指标，其值越大，水体受有机物的污染越严重；NH_3-N主要来源于人和动物的排泄物，也是水质污染度的重要指标之一；而TN是流域水体中的营养素，是水体中的主要耗氧污染物，可产生水富营养化现象，对鱼类及某些水生生物有毒害作用；TP是水体中磷元素的总含量，过多的磷含量会引起水体中藻类植物的过度生长，也会导致水体富营养化，发生赤潮或水华，扰乱水体的平衡。

3. 区间两阶段随机规划方法

两阶段随机规划（简称TSP）模型是处理模型右侧决策参数具有已知概率分布函数

(PDFs）问题的有效方法之一，可对期望情形进行有效性分析。一般情况下，TSP模型可以表述为

$$Z=\max C^{T}X-E_{\omega\in\Omega}\left[Q(X,\omega)\right] \tag{5.1}$$

其中 $\begin{cases}Q(X,\omega)=\min f(x)^{T}y\\ D(\omega)y\geqslant h(\omega)+T(\omega)x\\ x\in X,\ y\in Y\end{cases}$

其中，$C\subseteq R^{n_1}$，$X\subseteq R^{n_1}$，$Y\subseteq R^{n_2}$，ω 是空间（Ω，F，P）中的一个随机变量，$\Omega\subseteq R^{k}$，f：$\Omega\rightarrow R^{n_2}$，$h$：$\Omega\rightarrow R^{m_2}$，$D$：$\Omega\rightarrow R^{m_2\times n_2}$ 和 T：$\Omega\rightarrow R^{m_2\times n_1}$。TSP模型一般为非线性的，且其可行约束集仅在特定分布下是凸的。令随机变量 ω 以概率分布 $p_h(h=1,2,\cdots,H;\sum_{h=1}^{H}p_h=1)$ 取离散值 ω_h，则非线性的TSP模型能够被转化为线性规划（LP）模型。事实上，在许多实际问题中，由于信息获取的不完备性，用具体数值难以有效地描述所获取的决策信息，而是以区间数的形式来描述不确定决策信息。因此，引入区间参数，结合区间参数规划（IPP）模型与TSP模型，提出区间两阶段随机规划（ITSP）模型为

$$\max f^{\pm}=\max C_{T_1}^{\pm}X^{\pm}-\sum_{h=1}^{H}p_hD_{T_2}^{\pm}Y^{\pm} \tag{5.2}$$

其中 $\begin{cases}A_r^{\pm}X^{\pm}\leqslant B_r^{\pm} & (r=1,2,\cdots,m_1)\\ A_t^{\pm}X^{\pm}+A'^{\pm}_{t}Y^{\pm}\leqslant\omega_h^{\pm} & (t=1,2,\cdots,m_2;\ h=1,2,\cdots,H)\\ x_j^{\pm}\geqslant 0,\ x_j^{\pm}\in X^{\pm} & (j=1,2,\cdots,n_1)\\ y_{jh}^{\pm}\geqslant 0,\ y_{jh}^{\pm}\in Y^{\pm} & (j=1,2,\cdots,n_2;\ h=1,2,\cdots,H)\end{cases}$

式中：$A_r^{\pm}\in\{R^{\pm}\}^{m_1\times n_1}$；$A_t^{\pm}\in\{R^{\pm}\}^{m_2\times n_2}$；$B_r^{\pm}\in\{R^{\pm}\}^{m_1\times 1}$；$C_{T_1}^{\pm}\in\{R^{\pm}\}^{1\times n_1}$；$D_{T_2}^{\pm}\in\{R^{\pm}\}^{1\times n_2}$；$X^{\pm}\in\{R^{\pm}\}^{n_1\times 1}$；$Y^{\pm}\in\{R^{\pm}\}^{n_2\times 1}$；$\{R^{\pm}\}$ 为区间数或区间变量的集合；$X^{\pm}$ 为一个下界是 X^{-}，上界是 X^{+} 的区间数，$X^{\pm}=[X^{-},X^{+}]$。

根据Huang和Loucks（2013）的观点，基于区间优化思想可将模型式（5.2）转化为两个确定性的上下限值子模型，设 $B^{\pm}\geqslant 0$，$f^{\pm}\geqslant 0$，目标上限值子模型 f^{+} 可表述为

$$\max f^{+}=\sum_{j=1}^{k_1}c_j^{+}x_j^{+}+\sum_{j=k_1+1}^{n_1}c_j^{+}x_j^{-}-\sum_{j=1}^{k_2}\sum_{h=1}^{H}p_hd_j^{-}y_{jh}^{-}-\sum_{j=k_2+1}^{n_2}\sum_{h=1}^{H}p_hd_j^{+}y_{jh}^{+} \tag{5.3}$$

其中 $\begin{cases}\text{存在 } r,\text{使}\sum_{j=1}^{k_1}|a_{rj}^{\pm}|^{-}sign(a_{rj}^{\pm})x_j^{+}+\sum_{j=k_1+1}^{n_1}|a_{rj}^{\pm}|^{+}sign(a_{rj}^{\pm})x_j^{-}\leqslant b_r^{+}\\ \text{存在 } t、h,\text{使}\sum_{j=1}^{k_1}|a_{tj}^{\pm}|^{-}sign(a_{tj}^{\pm})x_j^{+}+\sum_{j=k_1+1}^{n_1}|a_{tj}^{\pm}|^{+}sign(a_{tj}^{\pm})x_j^{-}+\\ \sum_{j=1}^{k_2}|a_{tj}^{\pm}|^{+}sign(a_{tj}^{\pm})y_{jh}^{-}+\sum_{j=k_2+1}^{n_2}|a_{tj}^{\pm}|^{-}sign(a_{tj}^{\pm})y_{jh}^{+}\leqslant\omega_h^{+}\\ x_j^{+}\geqslant 0 \quad (j=1,2,\cdots,k_1)\\ x_j^{-}\geqslant 0 \quad (j=k_1+1,k_1+2,\cdots,n_1)\\ \text{存在 } h,\text{使 } y_{jh}^{-}\geqslant 0 \quad (j=1,2,\cdots,k_2)\\ \text{存在 } h,\text{使 } y_{jh}^{+}\geqslant 0 \quad (j=k_2+1,k_2+2,\cdots,n_2)\end{cases}$

式中：c_j^-、c_j^+、d_j^-、d_j^+ 为决策参数，且 c_j^+（$j=1$，2，…，k_1）>0；c_j^+（$j=k_1+1$，k_1+2，…，n_1）<0，d_j^-（$j=1$，2，…，k_2）>0，d_j^+（$j=k_2+1$，k_2+2，…，n_2）<0；$sign(a_{rj}^+)$ 为符号函数，可表述为 $sign(a_{rj}^{\pm})=\begin{cases}1 & (a_{rj}^{\pm}\geqslant 0)\\-1 & (a_{rj}^{\pm}<0)\end{cases}$；$x_j^+$（$j=1$，2，…，$k_1$）、$x_j^-$（$j=k_1+1$，$k_1+2$，…，$n_1$）为第一阶段的决策变量；$y_{jh}^-$（$j=1$，2，…，$k_2$，$h=1$，2，…，$H$）、$y_{jh}^+$（$j=k_2+1$，$k_2+2$，…，$n_2$，$h=1$，2，…，$H$）为第二阶段的决策变量。

通过优化求解目标上限子模型式（5.3）可得，模型的优化解为 x_{jopt}^+（$j=1$，2，…，k_1），x_{jopt}^-（$j=k_1+1$，k_1+2，…，n_1）y_{jhopt}^-（$j=1$，2，…，k_2，$h=1$，2，…，H），y_{jhopt}^+（$j=k_2+1$，k_2+2，…，n_2，$h=1$，2，…，H）。

基于以上分析及目标上限值子模型的求解结果，目标下限值子模型 f^- 可以表述为

$$\min f^-=\sum_{j=1}^{k_1}c_j^-x_j^-+\sum_{j=k_1+1}^{n_1}c_j^-x_j^+-\sum_{j=1}^{k_2}\sum_{h=1}^{H}p_hd_j^+y_{jh}^+-\sum_{j=k_2+1}^{n_2}\sum_{h=1}^{H}p_hd_j^-y_{jh}^- \tag{5.4}$$

其中

$$\begin{cases}\text{存在 } r,\text{使}\sum_{j=1}^{k_1}|a_{rj}^{\pm}|^+sign(a_{rj}^{\pm})x_j^-+\sum_{j=k_1+1}^{n_1}|a_{rj}^{\pm}|^-\,sign(a_{rj}^{\pm})x_j^+\leqslant b_r^-\\ \text{存在 } t\text{、}h,\text{使}\sum_{j=1}^{k_1}|a_{tj}^{\pm}|^+sign(a_{tj}^{\pm})x_j^-+\sum_{j=k_1+1}^{n_1}|a_{tj}^{\pm}|^-sign(a_{tj}^{\pm})x_j^++\\ \sum_{j=1}^{k_2}|a_{tj}^{\pm}|^-sign(a_{tj}^{\pm})y_{jh}^++\sum_{j=k_2+1}^{n_2}|a_{tj}^{\pm}|^+sign(a_{tj}^{\pm})y_{jh}^-\leqslant \omega_h^-\\ 0\leqslant x_j^-\leqslant x_{jopt}^+\quad (j=1,2,\cdots,k_1)\\ x_{jopt}^-\leqslant x_j^+\quad (j=k_1+1,k_1+2,\cdots,n_1)\\ \text{存在 } h,\text{使 } y_{jh}^+\geqslant y_{jhopt}^-\quad (j=1,2,\cdots,k_2)\\ \text{存在 } h,\text{使 } 0\leqslant y_{jh}^-\leqslant y_{jhopt}^+\quad (j=k_2+1,k_2+2,\cdots,n_2)\end{cases}$$

式中：c_j^-、d_j^+、d_j^- 为决策参数，且 c_j^-（$j=1$，2，…，k_1）>0，c_j^-（$j=k_1+1$，k_1+2，…，n_1）<0，d_j^+（$j=1$，2，…，k_2）>0，d_j^-（$j=k_2+1$，k_2+2，…，n_2）<0；$sign(a_{rj}^{\pm})$ 为符号函数，$sign(a_{rj}^{\pm})=\begin{cases}1 & (a_{rj}^{\pm}\geqslant 0)\\-1 & (a_{rj}^{\pm}<0)\end{cases}$；$x_j^-$（$j=1$，2，…，$k_1$）、$x_j^+$（$j=k_1+1$，$k_1+2$，…，$n_1$）、$y_{jh}^+$（$j=1$，2，…，$k_2$，$h=1$，2，…，$H$）、$y_{jh}^-$（$j=k_2+1$，$k_2+2$，…，$n_2$，$h=1$，2，…，$H$）为决策变量。

通过优化求解目标下限值子模型式（5.4）可得，模型的优化解为

x_{jopt}^-（$j=1$，2，…，k_1），x_{jopt}^+（$j=k_1+1$，k_1+2，…，n_1）

y_{jhopt}^+（$j=1$，2，…，k_2，$h=1$，2，…，H）、y_{jhopt}^-（$j=k_2+1$，k_2+2，…，n_2，$h=1$，2，…，H）

将上下限值子模型的求解结果合并，得到ITSP模型式（5.2）的优化解为

$$f_{opt}^{\pm}=[f_{opt}^-,\ f_{opt}^+],\ x_{jopt}^{\pm}=[x_{jopt}^-,\ f_{jopt}^+],\ y_{jhopt}^{\pm}=[y_{jhopt}^-,\ y_{jhopt}^+]$$

5.1.3　配置模型的构建及求解方法

1. 基本假设

结合目前我国环境监管及各省区经济社会发展的现实情况及发展趋势，作出如下假设。

假设1：利益和负担分配构成省区初始排污权配置的两个方面。

省区初始排污权配置是对污染物入河湖限制排污总量（WP_d）$_0$ 的分配，而按照我国环境保护相关法律或政策规定，水污染物的入河湖排放总量必须呈现一种逐渐递减的趋势，逐渐递减的排放总量按照一定比例附于待配置的每一具体排放权份额上，故流域内省区 i 在获得污染物 d 排放权利益的过程，同时也是在接受不断递增的排放负担的过程。因此，省区初始排污权配置既是一种利益或权益可能性配置过程，也是一种负担配置过程，利益和负担分配构成省区初始排污权配置的两个方面。污染物 d 的排放负担会随历年来水量水平和污染物入河湖排放量的改变而不断变化，因而它能够被表述为概率水平 p_{dh} 下的随机变量。

假设2：统筹经济—社会—生态效益是省区初始排污权配置的一般策略。

在严核污染物入河湖限制排污总量的前提下，中央政府或环境主管部门虽然理论上是为实现公共利益而存在，但现实中仍无法摆脱“经济人”的利益倾向。为了保证省区初始排污权配置结果能够体现社会效益和生态环境效益，保证社会经济发展连续性，省区初始排污权配置应秉持统筹经济—社会—生态效益的一般策略，即在配置结果能够体现社会效益、生态环境效益和社会经济发展连续性的约束条件下，实现经济效益最优目标。

2. 目标函数及约束条件

（1）目标函数。利用TSP方法在处理多阶段、多种需求水平和多种选择条件下以概率形式描述不确定信息的优势，结合省区初始排污权配置模型构建的两个基本假设，以污染物入河湖限制排污总量（WP_d）$_0$ 为配置对象，根据基本假设1，构建以因省区初始排污权配置而获得的初始排污权所产生的经济效益为第一个阶段，以因承担减排责任而可能产生的减排损失为第二个阶段，以经济效益最优为目标函数；再结合基本假设2，设计使得配置结果能够体现社会效益、生态环境效益和社会经济发展连续性的约束条件，构建基于纳污控制的省区初始排污权TSP配置模型，分类配置省区初始排污权。

省区初始排污权配置过程涉及水生态条件、气候条件、区域政策等因素，具有技术复杂性和政治敏锐性，其中包含很多不确定因素，决策者很难对流域的污染物入河湖允许排放量 WP 进行准确预测；产业结构的变动导致单位排污权所获得的收益 BWP 难以用单一实值量化；流域内各省区相关水环境保护政策的实施、水生态及气候条件的改变使单位污水减排损失 CWP 也难以精确量化。为了表示这种不确定性，本书引入区间数的概念，以“＋”表示配置参数及变量的上限值，“－”表示配置参数及变量的下限值，结合TSP配置模型，构建基于纳污控制的省区初始排污权ITSP配置模型为

$$\max f^{\pm}=\sum_{t=1}^{T}\sum_{i=1}^{m}\sum_{d=1}^{D}L_t\alpha_{it}^{\pm}WP_{idt}^{\pm}BWP_{idt}^{\pm}-E\left(\sum_{t=1}^{T}\sum_{i=1}^{m}\sum_{d=1}^{D}L_tEWP_{idt}^{\pm}CWP_{idt}^{\pm}\right)\tag{5.5}$$

式中：L_t 为规划时长，年；$\alpha_{it}^{\pm}$ 为规划年 t 中央政府或流域环境主管部门对经济效益边际贡

献大的省区i的偏好，$\alpha_{it}^{\pm}=[\alpha_{it}^{-},\alpha_{it}^{+}]$，$0\leqslant\sum_{i=1}^{m}\alpha_{it}^{-}\leqslant1\leqslant\sum_{i=1}^{m}\alpha_{it}^{+}$，$0\leqslant\alpha_{it}^{-}\leqslant\alpha_{it}^{+}\leqslant1$；$BWP_{idt}^{\pm}$为规划年$t$省区$i$获得污染物$d$排放权的单位收益，万元/t；$CWP_{idt}^{\pm}$为规划年$t$省区$i$因减排污染物$d$而受到的单位损失，万元/t；$WP_{idt}^{\pm}$为规划年$t$省区$i$配得水污染物$d$的初始排污权量，t/a，是第一个阶段的决策变量；$EWP_{idt}^{\pm}$为规划年$t$省区$i$对污染物$d$的减排量，t/a，是第二个阶段的决策变量；$L_t$、$\alpha_{it}^{\pm}$、$BWP_{idt}^{\pm}$和$CWP_{idt}^{\pm}$为决策参数；$WP_{idt}^{\pm}$、$EWP_{idt}^{\pm}$为决策变量。

本书将第二个阶段因承担减排责任而产生的治污损失视为期望损失。其中，$EWP_{idt}^{\pm}$可视为规划年t省区i对污染物d的纳污控制排污量$GWP_{idt}^{\pm}$与初始排污权量$WP_{idt}^{\pm}$之差，受年来水量水平（Annual Inflow，AI）、历年污染物入河湖排放量（Water Pollutant Emissions into the Lakes，WPEL）、入河湖系数、科技进步等因素的影响而出现不同的情形，较难确定。鉴于研究资料的可获取性及计算的可行性，本书以年来水量水平和流域历年污染物入河湖排放量作为影响排污责任配置的主要因素，故将规划区历年来水量和历年污染物d入河湖排放量按离散函数处理，综合流域历年来水量水平（AI）概率分布值p_h（AI）和历年污染物d入河湖量（WPEL）的概率分布值p_{dh}（WPEL）为不同情形出现的概率p_{dh}，其中，$h=1，2，\cdots，H$。当$h=1$时，表示规划年内来水量最少，排污需求最高，减排责任最大；当$h=2$时，表示规划年内来水量较少，排污需求较高，减排责任较大；当$h=H$时，表示规划年内来水量最多，排污需求最少，减排责任最小。故基于纳污控制的省区初始排污权ITSP配置模型可表示为

$$\max f^{\pm}=\sum_{t=1}^{T}\sum_{i=1}^{m}\sum_{d=1}^{D}L_t\alpha_{it}^{\pm}WP_{idt}^{\pm}BWP_{idt}^{\pm}-\sum_{t=1}^{T}\sum_{i=1}^{m}\sum_{d=1}^{D}\sum_{h=1}^{H}L_t p_{dh}EWP_{idt}^{\pm}CWP_{idt}^{\pm} \tag{5.6}$$

（2）约束条件。根据省区初始排污权配置的纳污总量控制原则、统筹经济-社会-生态环境效益原则以及体现社会经济发展连续性原则，构建基于纳污控制的省区初始排污权ITSP配置模型，将污染物入河湖限制排污总量（WP_d）。在流域内各省区间进行配置，以省区初始排污权的配置结果能够体现社会效益、生态环境效益和社会经济发展连续性为约束条件，以实现经济效益最优为目标函数。其中，约束条件的具体量化过程如下：

1）体现社会效益的约束条件。在省区初始排污权的配置过程中，高效和公平是初始排污权配置公认的两大原则，流域排污权管理机构除了考虑经济效益问题外，还必须考虑配置的社会效益问题。社会效益体现在流域内各省区能够获得公平排污权，配置的结果有助于提高各省区防污及减排的积极性，促进各省区的协调发展。

a. 描述省区初始排污权配置公平性的代表性指标。借鉴相关领域表征资源初始权配置公平的代表性指标的选取标准，如Kvemdokk（1992）指出，按人口比例来配置初始碳排放权，更能体现伦理学的公平原则和政治上的可接受性。Van der Zaag、Seyam等（2002）认为以人口数量作为国际河流的水资源配置指标更能体现配置的公平性。因此，此处选择人口数量指标作为表征省区初始排污权配置公平性的代表性指标。

b. 基于代表性指标的水污染物排放量基尼系数不大于现状值。计算各省区人口数量的累计百分比和水污染物排放量的累计百分比，采用梯形面积法，计算出规划年t基于人口数量指标的水污染物d排放量的基尼系数$G_{dt}^{\pm}$，则其不大于现状值的约束条件可表示为

$$G_{dt}^{\pm} = 1 - \sum_{i=1}^{m} [X_{it}^{\pm} - X_{(i-1)t}^{\pm}][Y_{idt}^{\pm} - X_{(i-1)dt}^{\pm}] \leqslant G_{dt_0}^{\pm} \tag{5.7}$$

其中 $$X_{it}^{\pm} = X_{(i-1)t}^{\pm} + \frac{M_{it}^{\pm}}{\sum_{i=1}^{m} M_{it}^{\pm}}, \qquad Y_{idt}^{\pm} = Y_{(i-1)dt}^{\pm} + \frac{WP_{idt}^{\pm}}{\sum_{i=1}^{m} MP_{idt}^{\pm}}$$

式中：$X_{it}^{\pm}$ 为规划年 t 流域所辖省区 i 人口数量的累计百分比,%；$M_{it}^{\pm}$ 为规划年 t 流域所辖省区 i 的人口数量，万人；$Y_{idt}^{\pm}$ 为规划年 t 省区 i 关于水污染物 d 的初始排污权量的累计百分比,%；$WP_{idt}^{\pm}$ 为规划年 t 省区 i 分配到的关于水污染物 d 的初始排污权量，t/a；$G_{dt_0}^{\pm}$ 为人口数量指标对应水污染物 d 排放量的基尼系数现状值；当 $i=1$ 时，$(X_{(i-1)t}^{\pm}, Y_{(i-1)dt}^{\pm})$ 视为（0，0）。

2）体现生态环境效益的约束条件。生态环境效益主要体现入河湖排污量对生态系统的压力作用，目的是严格控制流域整体的入河湖排污总量，减缓入河湖排污量对生态系统的压力。为了使省区初始排污权的配置结果能够体现生态环境效益，须要求流域内各省区的主要污染物的排放总量控制在一定的范围之内。

规划年 t 中央政府或流域环境主管部门根据水环境容量确定主要污染物入河湖允许排放量区间，由此可以确定规划年 t 流域内污染物 d 的年排污总量限制区间，记为 $\widetilde{WP}_{dt}^{\pm}$。则体现生态环境效益的约束条件可表述为

$$\sum_{i=1}^{m} WP_{idt}^{\pm} \leqslant \widetilde{W}_{dt}^{\pm} \tag{5.8}$$

3）体现社会经济发展连续性的约束条件。省区初始排污权配置应体现社会经济发展连续性原则，尊重现状排污情况和历史排污习惯，保证各省区社会经济发展具有连续性。保障措施是使各省区配置到的初始排污权与各省区历年配置到的平均排污权相比，变化幅度控制在一定的范围内即

$$|WP_{idt}^{\pm} - \widetilde{W}P_{id}^{\pm}| \leqslant \lambda_t^{\pm} \widetilde{W}P_{id}^{*} \tag{5.9}$$

式中：$\lambda_t^{\pm}$ 为矫正系数，$0 < \lambda_t^{-} \leqslant \lambda_t^{+} < 1$，它将规划年 t 省区 i 理论配置到的污染物 d 的初始排污权 $WP_{idt}^{\pm}$ 与历年配置到的平均排污权 $\overline{W}_{id}^{\pm}$ 之间的差异控制在该省区基准年 t_0 污染物 d 排放量 $W_{idt_0}^{*}$ 的某个百分比之内；$\lambda_t^{\pm}$ 的取值越小，体现省区社会经济发展连续性的效果就越显著，其取值范围将根据流域内各个省区的经济发展趋势、水量大小、河流的自净能力等具体实际情况而定。

4）一般性的约束条件。一般性的约束条件包括各省区污染物入河湖限制排污总量约束和决策变量的非负性约束，即规划年 t 省区 i 理论配置到的污染物 d 的初始排污权 $GWP_{idt}^{\pm}$ 不大于省区 i 关于污染物 d 的限制排污总量 $GWP_{idt}^{\pm}$；以及决策变量 $WP_{idt}^{\pm}$ 和 $EWP_{idt}^{\pm}$ 的非负性约束。具体表现为以下两个约束式

$$\begin{cases} WP_{idt}^{\pm} \leqslant GWP_{idt}^{\pm} \\ WP_{idt}^{\pm} \geqslant 0, \ EWP_{idt}^{\pm} \geqslant 0 \end{cases} \tag{5.10}$$

3. 模型中相关参数的率定

（1）目标函数中相关决策参数的率定。

1）决策参数 $\alpha_{it}^{\pm}$ 的率定。设 T_0 表示现状年 t_0 对应的当前期，$GDP_i^{T_0}$ 为当前期 T_0 流

域内省区 i 的 GDP，采用的历史年长为 r 年。

a. 采用算术平均数公式。

$$\overline{GDP_i^{T_0}}=\frac{GDP_i^{T_0}+GDP_i^{T_0-1}+\cdots+GDP_i^{T_0-(r-1)}}{r} \tag{5.11}$$

其中，$i=1$，2，…，m，计算得流域内省区 i 的历年 GDP 平均值$\overline{CDP_i}$。

b. 利用指数平滑法计算流域内省区 i 的历年 GDP 加权平均值。考虑到越是近年期的 GDP 数据包含的经济效益实际信息越多，故可根据“厚近薄远”的思想，采用指数平滑法，计算流域内省区 i 的历年 GDP 加权平均值$\overline{\overline{GDP_i}}$，即

$$\overline{\overline{GDP_i}}=\delta GDP_i^{T_0}+\delta(1-\delta)GDP_i^{T_0-1}+\delta(1-\delta)^2GDP_i^{T_0-2}+\cdots+\delta(1-\delta)^{r-1}GDP_i^{T_0-(r-1)} \tag{5.12}$$

式中：$i=1$，2，…，m；δ 为加权系数，$0<\delta<1$，其取值的大小反映了流域内省区 i 的历年 GDP 平均值的计算对当前和过去信息的倚重程度，δ 越大，越倚重近期数据所承载的信息，所采用的数据序列越短。

为充分利用近期数据，基于“厚近薄远”的原则，取 $0.6<\delta<1$，计算流域内省区 i 的历年 GDP 加权平均值。

c. 计算规划年 t 中央政府或流域环境主管部门对省区 i 的偏好 $\alpha_{it}^{\pm}$。为了实现经济效益最大化的目标，中央政府或流域环境主管部门对边际贡献大的省区存在一定的偏好，具体量化过程为：鉴于我国各省区的 GDP 值在总体上呈逐年增长趋势，计算流域内省区 i 的历年 GDP 平均值时，倚重的近期数据越多，计算获得的历年 GDP 平均值越大，故$\overline{\overline{GDP_i}}\geqslant\overline{GDP_i}$；为了更准确地量化流域内省区 i 的历年 GDP 平均值，选取$\overline{GDP_i}$和$\overline{\overline{GDP_i}}$组成区间数 $[\overline{GDP_i},\overline{\overline{GDP_i}}]$ 来度量流域内省区 i 的历年 GDP 平均值，并对区间数 $[\overline{GDP_i},\overline{\overline{GDP_i}}]$ 进行归一化处理，获得流域内省区 i 的历年 GDP 平均值占流域 GDP 总值的比例区间数 $\alpha_{it}^{\pm}$，即

$$[\alpha_{it}^{-},\alpha_{it}^{+}]=\left[\frac{\overline{GDP_i}}{\overline{GDP_i}+\sum_{l\neq 1}^{m}\overline{\overline{GDP_l}}},\frac{\overline{\overline{GDP_i}}}{\overline{\overline{GDP_i}}+\sum_{l\neq 1}^{m}\overline{GDP_l}}\right] \tag{5.13}$$

2）决策参数 $BWP_{idt}^{\pm}$ 的率定。设规划年 t 流域内省区 i 的经济发展指标为 $Q_{it}(WP_{it}^{\pm})$，可用 GDP 等经济发展指标表示，令省区 i 的排污绩效函数用 $V_{idt}(WP_{idt}^{\pm})=V_{idt}[Q_{it}(WP_{it}^{\pm})/WP_{idt}^{\pm}]$表示，流域内省区 i 的 $Q_{it}(WP_{it}^{\pm})/WP_{idt}^{\pm}$ 比值可以利用 Matlab 7.0 软件的 cftool 工具箱通过指数函数拟合法进行拟合，$BWP_{ijt}^{\pm}$ 的大小由 $\partial V_{idt}(WP_{idt}^{\pm})/\partial WP_{idt}^{\pm}$ 中幂指数前的系数表示。

3）规划年 t 流域内省区 i 因减排水污染物 d 而受到的单位损失 $CWP_{idt}^{\pm}$ 的率定。根据省区 i 对污染物 d 的历年单位处理成本，利用 Matlab 7.0 软件的 cftool 工具箱，基于“厚近薄远”的思想，结合省区 i 对污染物 d 的历年单位处理加权成本的散点图，选择合适的拟合方法予以确定。

4）流域水污染物 d 的减排责任概率分布值 p_{dh} 的率定。流域减排责任期望值与历史统

计区间年来水量和主要污染物入河湖排放量的变化趋势密切相关，其中，流域水域纳污能力是水量及其分布的正相关函数，历史统计区间年主要污染物入河湖排放量及其分布与流域水域纳污能力呈负相关性。流域水污染物 d 的减排责任概率分布值 p_{dh} 的率定过程如下：

a. 确定不同年来水量水平 AL 出现的概率 p_h（AL）。对历史统计区间年的年来水量水平 AI 进行离散化处理，得不同的年来水量水平 AI 出现的概率 $p_h(AI)$，且 $\sum_{h=1}^{H} p_h(AI)=1$，其中，$h=1,2,\cdots,H$。当 $h=1$ 时，表示规划年的年来水量较少，为低流量，减排责任大；当 $h=2$ 时，表示规划年的年来水量适中，为中流量，减排责任较大；当 $h=H$ 时，表示规划年的年来水量较多，为高流量，减排责任较小。

b. 确定污染物 d 入河湖量 $WPEL$ 的概率分布值 p_{dh}（$WPEL$）。对历史统计区间年的污染物 d 入河湖量 $WPEL$ 进行离散化处理，得污染物 d 入河湖量 $WPEL$ 出现的概率 P_{dh}（$WPEL$），$\sum_{h=1}^{H} p_{dh}(WPEL)=1$，其中，$h=1,2,\cdots,H$。当 $h=1$ 时，表示规划年污染物 d 入河湖排放量较少，减排责任小；当 $h=2$ 时，表示规划年规划年污染物 d 入河湖排放量适中，减排责任较小；当 $h=H$ 时，表示规划年规划年污染物 d 入河湖排放量较多，减排责任较大。

c. 确定水污染物 d 的减排责任概率分布值 p_{dh}。由于不同年来水量水平 AI 对减排责任期望值具有负向影响，污染物 d 入河湖排放量 WPEL 对减排责任期望值具有正向影响，为了使 $p_h(AI)$ 和 $p_{dh}(WPEL)$ 具有可加性，应统一两个概率分布值的影响方向，故流域水污染物 d 的减排责任概率分布值 p_{dh} 为 $p_{dh}=\xi p_h(AI)+(1-\xi)p_{d(H+1-h)}\times p_{dh}(WPEL)$，且 $\sum_{h=1}^{H} p_{dh}=1$，其中，$0\leqslant\xi\leqslant1$，$d=1,2,\cdots,D$，$H=1,2,\cdots,H$。ξ 的取值将视流域的具体水环境状况和水资源禀赋等而定，其值越接近于1，表明规划年减排责任概率分布值受历年污染物入河湖排放量 WPEL 的影响越大；若 $\xi=0.5$，表明历年污染物入河湖排放量 WPEL 和年来水量水平 AI 对规划年流域减排责任概率分布值的影响相近；ξ 的取值越接近于0，表明规划年流域减排责任概率分布值受历年来水量水平 AI 的影响越小。

（2）约束条件中相关参数的率定。

1）规划年 t 流域内省区 i 的人口预测值 $X_{it}^{\pm}$ 的率定。利用 Matlab 7.0 软件的 cftool 工具箱，根据历史统计区间年流域内省区 i 的人口数据的散点图，选择合适的拟合方法，对历史统计区间年流域内省区 i 的人口数据进行拟合，结合各省区的经济、政策和发展规划等影响因素的具体情况，预测规划年 t 流域内省区 i 的人口 $X_{it}^{\pm}$。

2）流域内省区 i 关于污染物 d 的矫正系数 $\lambda_{id}^{\pm}$ 的率定。矫正系数的数值体现的应是流域内各省区社会经济发展连续性的效果，其取值范围应根据流域内各省区的污染物入河湖现状及水功能区的纳污能力等具体情况，并结合专家意见予以确定。

3）流域内省区 i 关于污染物 d 的历年平均排污权 $\overline{W}P_{id}^{\pm}$。利用 Matlab 7.0 软件的 cftool 工具箱，根据历史统计区间年流域内省区 i 关于污染物 d 排放量的散点图，选择合适的拟合方法，以充分反映其时间序列数据所蕴含的信息。

4. 模型的求解

根据前文的分析，可知需要求解的基于纳污控制的省区初始排污权 ITSP 配置模型如下

$$\max f^{\pm}=\sum_{t=1}^{T}\sum_{i=1}^{m}\sum_{d=1}^{D}L_t\alpha_{it}^{\pm}WP_{idt}^{\pm}BWP_{idt}^{\pm}-\sum_{t=1}^{T}\sum_{i=1}^{m}\sum_{d=1}^{D}\sum_{h=1}^{H}L_t p_{dh}EWP_{idt}^{\pm}CWP_{idt}^{\pm} \quad (5.14)$$

$$\text{其中}\begin{cases}G_{dt}^{\pm}=1-\sum_{i=1}^{m}(X_{it}^{\pm}-X_{(i-1)t}^{\pm})(Y_{idt}^{\pm}-Y_{(i-1)dt}^{\pm})\leqslant G_{dt_0}^{\pm}\\ X_{it}^{\pm}=X_{(i-1)t}^{\pm}+\dfrac{M_{it}^{\pm}}{\sum_{i=1}^{m}M_{it}^{\pm}}\\ Y_{idt}^{\pm}=Y_{(i-1)dt}^{\pm}+\dfrac{WP_{idt}^{\pm}}{\sum_{i=1}^{m}WP_{idt}^{\pm}}\\ \sum_{i=1}^{m}WP_{idt}^{\pm}\leqslant\widetilde{W}P_{jt}^{\pm}\\ |WP_{idt}^{\pm}-\overline{W}P_{id}^{\pm}|\leqslant\lambda_t^{\pm}\widetilde{W}P_{id}^{*}\\ WP_{idt}^{\pm}\leqslant GWP_{idt}^{\pm}\\ WP_{idt}^{\pm}\geqslant 0,EWP_{idth}^{\pm}\geqslant 0\\ i=1,2,\cdots,m;d=1,2,\cdots,D;t=1,2,\cdots,T;h=1,2,\cdots,H\end{cases}$$

决策变量 $WP_{idt}^{\pm}$ 和 $EWP_{idt}^{\pm}$ 是以区间数的形式表示的不确定数，很难判断其取何精确值时，省区初始排污权配置的经济效益最大，故需要将区间两阶段随机规划模型转化为确定性模型，基于区间优化的思想，将模型（5.14）转化为目标上限值子模型和目标下限值子模型两个子模型，利用 Matlab 7.0 软件的 GA 求解器予以求解。

（1）目标上限值子模型及其求解。由于构建基于纳污控制的省区初始排污权 ITSP 配置模型的目标是最大化省区初始排污权配置的经济效益，因此，将目标函数 f^{+} 定义为目标上限子模型，且可变形为

$$\max f^{+}=\sum_{t=1}^{T}\sum_{i=1}^{m}\sum_{d=1}^{D}L_t\alpha_{it}^{+}WP_{idt}^{+}BWP_{idt}^{+}-\sum_{t=1}^{T}\sum_{i=1}^{m}\sum_{d=1}^{D}\sum_{h=1}^{H}L_t p_{dh}CWP_{idt}^{-}EWP_{idth}^{\pm} \quad (5.15)$$

$$\text{其中}\begin{cases}1+\sum_{i=1}^{m}\left|-\dfrac{M_{it}^{\pm}}{\sum_{i=1}^{m}M_{it}^{\pm}}\right|^{-}sign\left(\dfrac{-M_{it}^{\pm}}{\sum_{i=1}^{m}M_{it}^{\pm}}\right)\left(2Y_{(i-1)dt}^{+}+\dfrac{WP_{idt}^{+}}{\sum_{i=1}^{m}WP_{idt}^{+}}\right)\leqslant G_{dt_0}^{+}\\ \sum_{i=1}^{m}WP_{idt}^{+}\leqslant\widetilde{W}P_{dt}^{+}\\ WP_{idt}^{+}\leqslant DWP_{idt}^{+}\\ |WP_{idt}^{+}-\overline{W}P_{id}^{-}|\leqslant\lambda_t^{+}\widetilde{W}P_{id}^{*}\\ WP_{idt}^{+}\geqslant 0,EWP_{idth}^{\pm}\geqslant 0\\ i=1,2,\cdots,m;d=1,2,\cdots,D;t=1,2,\cdots,T;h=1,2,\cdots,H\end{cases}$$

鉴于省区初始排污权的目标上限值配置子模型式（5.15）是一个含有复杂约束条件的优化问题，对于目标上限值子模型，利用 Matlab 7.0 软件的 GA 求解器进行求解得 WP^{+}_{idtopt}、$EWP^{-}_{idthopt}$，并可据此计算得出 f^{+}_{opt}。

（2）目标下限值子模型及其求解。同时，基于以上分析和目标上限值子模型的求解结果，可得到满足目标上限约束的目标下限值子模型为

$$\min f^{-}=\sum_{t=1}^{T}\sum_{i=1}^{m}\sum_{d=1}^{D}L_t\alpha^{-}_{it}WP^{-}_{idt}BWP^{-}_{idt}-\sum_{t=1}^{T}\sum_{i=1}^{m}\sum_{d=1}^{D}\sum_{h=1}^{H}L_t p_{dh}EWP^{+}_{idth}CWP^{+}_{idt} \quad (5.16)$$

$$\text{其中}\begin{cases}1+\sum_{i=1}^{m}\left|-\dfrac{M^{\pm}_{it}}{\sum_{i=1}^{m}M^{\pm}_{it}}\right|^{+}sign\left(\dfrac{-M^{\pm}_{it}}{\sum_{i=1}^{m}M^{\pm}_{it}}\right)\left(2Y^{-}_{(i-1)dt}+\dfrac{WP^{-}_{idt}}{\sum_{i=1}^{m}WP^{-}_{idt}}\right)\leqslant G^{-}_{dt_0}\\ \sum_{i=1}^{m}WP^{-}_{idt}\leqslant \widetilde{W}P^{-}_{dt}\\ WP^{-}_{idt}\leqslant DWP^{-}_{idt}\\ |WP^{-}_{idt}-\overline{W}P^{+}_{id}|\leqslant \lambda_t^{-}\ \widetilde{W}P^{*}_{id}\\ WP^{-}_{idt}\leqslant WP^{+}_{idopt},EWP^{-}_{idthopt}\leqslant EWP^{+}_{idth}\\ i=1,2,\cdots,m;d=1,2,\cdots,D;t=1,2,\cdots,T;h=1,2,\cdots,H\end{cases}$$

对于省区初始排污权的目标下限值配置子模型式（5.16），利用 GA 算法求解该模型得 WP^{-}_{idtopt}、$EWP^{+}_{idthopt}$，并可据此计算得出 f^{-}_{opt}。

结合两个子模型的解，得区间两阶段随机规划模型式（5.14）的解为 $WP^{\pm}_{idtopt}=[WP^{-}_{idtopt},\ WP^{+}_{idtopt}]$，$EWP^{\pm}_{idthopt}=[EWP^{-}_{idthopt},\ EWP^{+}_{idthopt}]$，$f^{\pm}_{opt}=[f^{-}_{opt},\ f^{+}_{opt}]$ 则在减排责任 h 情形下，规划年 t 省区 i 配得水污染物 d 的初始排污权区间量为：$OPT^{\pm}_{idthopt}=WP^{\pm}_{idtopt}-EWP^{\pm}_{idthopt}$，为了后文表述的方便，仍记为 $WP^{\pm}_{idtopt}$。

综合以上分析，可得不同减排情形 h 下，规划年 t 水污染物 d 的省区初始排污权配置方案 $Q_k=(WP^{\pm}_{1dtopt},\ WP^{\pm}_{2dtopt},\ WP^{\pm}_{mdtopt})$，其中，$d=1$，2，…，$D$，$t=1$，2，…，$T$，$h=1$，2，…，$H$；$m$，$D$，$T$，$H$ 分别表示配置省区、水污染物种类、时间样本点和减排情形类别的总数；opt 表示该配置量为基于纳污控制的省区初始排污权 ITSP 配置模型得到的优化配置结果。

5.2　基于多目标的省区初始排污权配置模型

最严格水资源管理制度提出了加强水功能区限制纳污红线管理的要求。省区初始排污权配置必须在严格控制入河湖排污总量的基础上，实现流域水资源可持续利用，提高流域水资源综合利用效益。研究将流域水资源的综合利用效益分解为经济、社会和生态环境效益，主要基于以下考虑：经济效益反映了水资源充分利用程度和生产效率的高低；社会效益体现社会分配的公平性和区域的和谐关系；生态环境效益则主要体现了入河排污量对生态系统的压力或维持作用。基于此，本书将基于纳污总量控制要求，采用经济、社会和生态环境效益三个优化目标，建立流域内各省区初始排污权量配置模型。

5.2.1　模型构建

设进行省区初始排污权免费分配的省区为 S_k，$k=1$，2，…，q。流域分配给省区 S_k 的排污权量为 x_{S_k}，$k=1$，2，…，q。

1. 模型的目标函数

(1) 目标函数 1。设经济效益优化目标函数为 F_1，是指流域总体经济效益最大，即

$$F_1 = \max f_1(X) = \max \sum_{k=1}^{q} GDP_k(x_{S_k}) \tag{5.17}$$

式中：GDP_k (x_{S_k}) 为省区 S_k 获得的排污权量 x_{S_k} 的收益函数。

(2) 目标函数 2。设社会效益优化目标函数为 F_2，追求省区内排污权免费分配的公平性和协调性最佳。本书用不同省区获得排污权量的比例关系与省区社会经济综合指标的比例关系的匹配程度来刻画省区内排污权分配的公平性和协调性。两个比值越接近，表明比例关系越匹配，反映协调性越好，即

$$F_2 = \min f_2(X) = \min \sum_{i=1}^{q} \sum_{j=1}^{q} \left(\frac{x_{S_i}}{x_{S_j}} - \sum_{l}^{3} \beta_l \gamma_l \frac{S_i}{S_j} \right)^2 \tag{5.18}$$

式中：γ_l (S_i/S_j)，为省区 S_i 与省区 S_j 之间人口、面积和 GDP 指标值的比值，$l=1$，2，3；β_l 为省区人口、面积和 GDP 指标的相对重要程度，且 $\sum_{l=1}^{3}\beta_l = 1$ 。

(3) 目标函数 3。设生态环境效益优化目标函数为 F_3，表明流域生态环境损伤最小，即各省区生态环境损伤之和最小，即

$$F_3 = \min f_3(X) = \min \sum_{k=1}^{q} \eta_k P_k(x_{S_k}) \tag{5.19}$$

式中：η_k 为省区 S_k 在纳污后的环境损伤严重系数，$k=1$，2，…，q，当 η_k 数值越大时，反映出省区 S_k 环境损伤越严重，也即造成环境损伤越大；P_k (x_{S_k}) 为省区 S_k 接纳排污量 x_{S_k} 后的环境损伤函数，$k=1$，2，…，q。

2. 模型的约束条件

(1) 约束条件 1。各省区排污总量之和不能超过流域排污总量 $P_{总}$，即

$$\sum_{k=1}^{q} (x_{S_k}) \leqslant P_{总} \tag{5.20}$$

(2) 约束条件 2。变量非负约束，即

$$x_{S_k} \geqslant 0 \qquad (k=1, 2, \cdots, q) \tag{5.21}$$

5.2.2　模型求解

1. 模型转化

由式 (5.17) ~式 (5.21) 构成的模型，是一个在纳污总量控制约束下，包含经济、社会和生态环境效益三重目标函数的多目标规划模型，求解具体步骤如下：

首先将目标函数 F_1 转化为极小化形式，令

$$F_1 = \max f_1(X) = \min[- f_1(X)] = \min\left[- \sum_{k=1}^{q} GDP_k(x_{S_k})\right] \tag{5.22}$$

采用化多为少思路，将上述由三个目标函数和约束条件构成的向量优化问题转化为纯量优化问题，令

$$F=t_1F_1+t_2F_2+t_3F_3 \tag{5.23}$$

其中

$$t_1+t_2+t_3=1$$

式中：t_1、t_2、t_3 为目标权重。

将原多目标规划模型转化成以下非线性规划问题

$$\min F=t_1F_1+t_2F_2+t_3F_3$$

$$\begin{cases}\sum_{k=1}^{q}x_{S_k}\leqslant P_{总}\\ t_1+t_2+t_3=1\\ x_{S_k}\geqslant 0\end{cases} \tag{5.24}$$

2. 模型求解

为最终获得流域内不同省区 S_k 在理论上的免费初始排污量 x_{S_k}，$k=1$，2，…，q，需要对模型式（5.24）这个具有非线性、非正态特征非线性规划（NP）进行求解。本书将运用 4.2.3 中的自适应混沌优化算法对模型式（5.24）进行求解，具体步骤参照对模型式（4.21）的求解方法。

第6章　省区初始水权量质耦合配置模型

6.1　基于GSR理论的省区初始水权量质耦合配置

6.1.1　量质耦合配置思路

1. *省区初始水权量质耦合配置理论的适用性分析*

(1) GSR理论的适用性分析。

省区初始水权量质耦合配置过程是以中央政府或流域管理机构为主导，耦合省区初始水量权与省区初始排污权的配置结果，将水质的影响耦合叠加到水量配置的过程。GSR理论的适用性主要有以下表现：

1) 政府Agent处于强互惠者地位，可通过理性的制度安排，将那些对各省区Agent（流域省区内的用水户组成的）有共享意义的利益诉求达成共识的行为规范。其中，共享意义代表可分配水资源量W_t^P。（扣除各省区生活饮用水、生态环境用水权总量的规划年t的可分配水资源量），利益诉求代表各省区的用水需求。

2) 根据“奖优罚劣”原则，应对超标排污的不合作省区以减少水量权的方式进行利他惩罚，对未超标排污的合作省区以增加水量权的方式进行奖赏，而GSR理论指出政府Agent对不合作省区Agent给予强制惩罚，对合作的省区Agent设计强互惠措施，表达了对违反水污染物入河湖总量控制制度行为的纠正和对合作秩序的维持。政府Agent的行为能力及合法性优势使得其强互惠特性得以充分展现，正因为这样的强互惠者政府Agent的固定存在，那些被共同认知到的对于初始水权配置具有共享意义的合作与利他等规范才能被制度化，进而实现水资源的高效配置。

(2) 初始二维水权分配理论的适用性分析。初始二维水权分配理论是一种在初始水权（水量权）配置过程中统筹考虑水量和水质的理论，目的是将水质影响集成到水量分配。典型的初始二维水权分配理论的配置理念为“对超标排污区域进行水量折减”，其中，二维水权是指水量使用权（水量）和排污权（水质）的统一。水量和水质是水权的两个基本属性，在省区初始水权的配置过程中，必须将水质的影响有效集成到水量的配置中。“对超标排污区域进行水量折减”的初始二维水权配置理念在一定程度上反映了水量和水质的耦合统一。因此，本书借鉴初始二维水权的配置理念，利用强互惠政府Agent在省区初始水权配置过程中的特殊地位和作用，根据省区初始水权量质耦合配置原则，设计基于“奖优罚劣”原则的强互惠制度，对超标排污的省区Agent，以折减其水量权的方式进行惩罚；对未超标排污的省区Agent，以增加其水量权的方式进行奖赏，将水质影响耦合叠加到水量权配置，计算获得省区初始水权量质耦合配置方案。

2. 基本思路

结合前文获得的用水效率多情景约束下省区初始水量权配置方案，以及不同减排情形下的省区初始排污权配置方案，从政府强互惠的角度入手，在分析基于 GSR 理论的量质耦合配置系统的构成要素及其相互作用关系的基础上，利用强互惠者政府 Agent 在省区初始水权耦合配置系统中的特殊地位和作用，政府 Agent 通过一个制度安排（IA）耦合省区初始水量权与省区初始排污权的配置结果，构建基于 GSR 理论的省区初始水权量质耦合配置模型。该模型构建的基本思路为：①为实现各省区 Agent 对可配置水量的差别化共享，采用用水效率多情景约束下省区初始水量权配置结果，设计省区 Agent 获取初始水量权的行为规则；②根据“奖优罚劣”原则和政府主导及民主参与原则，设计省区初始水权量质耦合配置的强互惠制度，即针对超标排污省区 Agent 设计水量折减惩罚手段；针对未超标排污的省区 Agent 设计水量奖励安排或强互惠措施，从而将水质影响耦合叠加到水量配置，获得省区初始水权量质耦合配置方案。基于 GSR 理论的省区初始水权量质耦合配置思路见图 6.1。

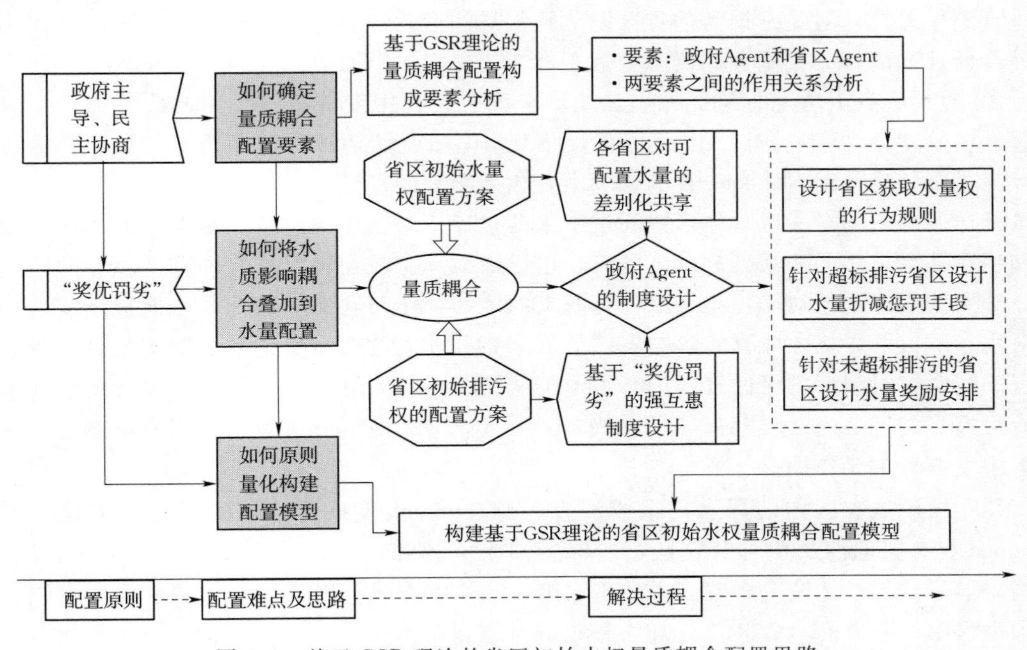

图 6.1　基于 GSR 理论的省区初始水权量质耦合配置思路

6.1.2　量质耦合配置系统的构成要素分析

省区初始水权配置系统是由水以及与水有关的社会因素、经济因素、生态环境因素交织在一起形成的，是一个自然体系与人类活动相结合的复杂系统，具有社会经济属性、生态环境属性和自然属性。省区初始水权量质耦合配置过程在受到生态环境因素与自然规律的影响与制约的同时，也受到政府 Agent 的主导与支配。省区初始水权配置系统的构成要素包括：由中央政府或流域管理机构为主组成的政府 Agent 以及由流域省区内的用水户组成的省区 Agent 两大类。

1．基于GSR理论的量质耦合配置系统的构成要素

（1）由以中央政府或流域管理机构为主组成的政府Agent。政府Agent作为职业化（Professionalize）的强互惠者，通过一个充分体察所代表省区Agent对具有共享意义的用水利益诉求的制度设计，以合法的身份对不合作者实施利他惩罚，及合作者实施强互惠安排，被群众和社会所认可。因此，政府Agent在省区初始水权量质耦合配置过程中拥有特殊地位和作用，具体如下：

1）政府Agent在省区初始水权量质耦合配置过程中拥有特殊地位。在省区初始水权量质耦合配置过程中，政府Agent对超标排污者实施利他惩罚，对未超标排污者实施强互惠安排时具有合法性，这决定了政府Agent在省区初始水权量质耦合配置过程中的特殊地位。由于省区Agent之间存在差异，这种差异性在排污过程中表现为两种行为倾向：合作者，即达标排污的省区；不合作者或卸责者，即未达标或违规排污者。合法下的政府Agent实际上是以代理人的身份表达了群体或社会对违背排污规则的行为纠正和对合作秩序的维护，具有对的辨识能力和利他惩罚的合法权利，对未达标排污省区以水量折减的形式进行利他惩罚，对达标排污的省区以奖励水量的形式进行强互惠安排，维护对群体用户或社会所认同的行为模式和水资源管理制度。

2）政府Agent在省区初始水权量质耦合配置过程中发挥特殊作用。政府Agent可通过理性的制度设计影响省区Agent的用水行为，比如设计基于“奖优罚劣”的惩罚手段和强互惠措施，将水质对水量配置的影响内置化于制度的设计。制度化是习惯、习俗以及其他被群体所共识的意义以具体形式固定下来的过程，制度化的过程是对群体的排污行为规范和用水共享意义的一系列刻画。同时，也正因为具有强互惠地位的政府Agent的固定存在，被共同认知到的对于污染物减排有意义的诸如合作与利他等规范，才能被制度化，水质对水量配置的影响才能真正影响省区Agent的用水行为，水资源才可能实现更有效率的配置。同时，对超标排污的省区进行水量折减惩罚，对未超标排污的省区进行水量补偿奖励，可提高省区Agent治污减排的积极性。因此，政府Agent在纳污总量控制制度的落实过程中发挥着重要作用。

（2）由流域省区内的用水户组成的省区Agent。由流域省区内的用水户组成的省区Agent具有有限理性及相对对立性，能够感知水资源和水环境的变化，通过交互、耦合、协调、学习，不断地改变各省区内的用水策略和排污行为，以适应水量和水质的变化。在用水过程中，一方面，省区Agent会根据其可获得的水量，通过调节自己的用水状态调整自己的用水行为，提高用水效率，从而减少负外部性的产生，以保障水资源的有效利用和可持续发展；另一方面，流域水环境容量和水资源量的总量是一定，这导致一个省区Agent排污超标，必会影响另一个省区Agent，尤其是处于下游省区Agent所取到水量的质量，等量低质的水量实质上是对水量的折减，这对其是不公平的，可能会因此激发潜在矛盾，甚至引发水资源冲突。

2．量质耦合配置系统的构成要素之间的作用关系分析

（1）政府Agent依靠其强互惠制度设计引导省区Agent的用水行为。在省区初始水权量质耦合配置过程中，政府Agent依靠其强互惠制度设计引导省区Agent的行为主要表现在以下两点：

1）充分体察所代表省区 Agent 对用水利益诉求的配置制度设计，首先要体现各省区 Agent 用水差异和用水效率控制强弱，通过采用用水效率多情景约束下省区初始水量权的初步配置结果，充分反映省区的差异性以及用水效率的控制约束强弱，可引导省区 Agent 提高用水效率，实现水资源的高效利用。

2）通过对超标排污省区 Agent 设计水量折减惩罚手段，对未超标排污的省区 Agent 施予水量奖励的强互惠措施安排，可引导省区 Agent 推进产业结构的调整和升级，实施清洁生产；提高污染物处理能力，减少水污染物的排放。

（2）省区 Agent 依据其差异性影响政府 Agent 的强互惠制度设计。在省区初始水权量质耦合配置过程中，省区 Agent 的水资源开发利用差异性影响政府 Agent 的强互惠制度设计主要体现在以下两点：

1）省区 Agent 的现状用水差异、资源禀赋差异、未来发展需求差异和用水效率控制约束差异直接影响政府 Agent 对省区 Agent 的用水利益诉求的考虑与安排，即影响省区初始水量权的配置结果（仅有水量控制）。

2）政府 Agent 在设计水量折减惩罚手段和水量奖励强互惠措施时，保证政府 Agent 在水权配置过程中处于强互惠主导地位的前提下，应体现省区 Agent 参与民主协商的原则，以反映各省区的用水意愿和主张，实现民主参与，提高水权配置结果的可操作性与满意度。

6.1.3　量质耦合配置模型的构建

政府强互惠者配置省区初始水权的制度安排（IA），就是中央政府或流域管理机构通过一个设计（g），统筹协调用水总量控制制度和水功能区限制纳污制度，嵌入用水效率控制约束，根据“奖优罚劣”原则和政府主导及民主参与原则，将水质影响耦合叠加到水量配置，将量质配置省区初始水权的共识（共享意义，$Comsign$）进行规范化的过程，记为 $IA=g\ (Comsign)$。首先，利用省区初始水量权的配置结果，实现用水效率多情景约束下流域内各省区对流域可配置水量的差别化共享，设计省区获取水量权的行为规则。其次，结合省区初始排污权的配置结果，将水质影响耦合叠加到水量配置。即基于“奖优罚劣”原则的强互惠制度设计，对超标排污“劣省区”采取水量折减惩罚手段，对未超标排污的“优省区”施予水量奖励的强互惠措施安排，获得基于量质耦合的省区初始水权配置方案。

一般情况下，流域的行政区划分属至少两个省区，各省区的用水利益与意义体系趋于多元化，因此，共享意义不是单一的构成，而是各省区关于水权的利益诉求和“奖优罚劣”意义体系的复合体。作为有限理性的流域内各省区 Agent，都是根据自身对信息的依赖追求用水利益的最大化，选择利己的用水策略，导致各省区 Agent 对水权的利益诉求和“奖优罚劣”意义体系产生不同的理解。设规划年 t 开展省区初始水权量质耦合配置的省区为 i（$i=1，2，\cdots，m$；$t=1，2，\cdots，T$；m、T 分别为配置省区、时间样本点的总数；“+”表示指标的上限值，“-”表示指标的下限值）。

1. 各省区对可配置水量的差别化共享规则的设计

设规划年 t 政府 Agent 设计的体现省区初始水权量质耦合配置共识的初步制度安排为 $IA_t=g_t\ (Comsign)$，该制度安排应充分体察每一个省区 i 在规划年 t 对水量权的利益诉求

（Int_{it}），按比例系数 λ_{it} 将可分配水资源量 $W_t^{P_0}$（扣除各省区生活饮用水、生态环境用水权总量的规划年 t 的可分配水资源量）配置给各个省区，表示为

$$IA_t = g_t(Comsign) = \sum_{i=1}^{m} Int_{it} = \sum_{i=1}^{m} \lambda_{it} W_t^{P_0} \tag{6.1}$$

其中　　　　　　　　$i=1, 2, \cdots, m; \ t=1, 2, \cdots, T$

式中：m、T 分别为配置省区、时间样本点的总数。

规划年 t 比例系数 λ_{it} 的确定是一项复杂的系统工程，需兼顾制度上的敏感性、技术上的复杂性以及省区的差异性。

事实上，基于用水效率多情景约束下的省区初始水量权配置模型可计算获得，分情景以区间数形式表示的流域内各省区的水量权配置比例区间量及其配置区间量，该配置结果可全面体现省区现状用水差异、资源禀赋差异和未来发展需求差异，反映用水效率控制约束的强弱，处理配置过程中存在的各种不确定信息，以区间数表示配置比例可更好地表达各省区对水量权的利益诉求和共享意义。WECS1、WECS2、WECS3 三种情景类别对应的省区初始水量权配置方案为 P_1、P_2 和 P_3，三种配置方案 P_1、P_2 和 P_3 对应的规划年 t 省区 i 的配置比例区间量为 $\tilde{\omega}_{its_r}^{\pm}$，具体见第 4 章。结合以上分析，在用水效率控制约束情景 s_r 下，规划年 t 强互惠政府 Agent 设计的体现省区用水利益诉求的初步制度安排式（6.1）可变形为

$$IA_{ts_r} = g_{ts_r}(Comsign) = \sum_{i=1}^{m} [\tilde{\omega}_{its_r}^{-} W_t^{P_0}, \tilde{\omega}_{its_r}^{+} W_t^{P_0}] \tag{6.2}$$

其中　$\tilde{\omega}_{its_r}^{\pm} = [\tilde{\omega}_{its_r}^{-}, \tilde{\omega}_{its_r}^{+}]$　　　$(i=1, 2, \cdots, m, \ t=1, 2, \cdots, T; \ r=1, 2, 3)$

式中：$\tilde{\omega}_{its_r}^{\pm}$ 为在用水效率控制约束情景 s_r 下，规划年 t 省区 i 的配置比例区间量；$W_t^{P_0}$ 为扣除各省区生活饮用水、生态环境用水权总量的规划年 t 的可分配水资源量，亿 m^3；m、T 分别为配置省区和时间样本点的总数；s_1、s_2 和 s_3 分别为用水效率控制约束情景 WECS1、WECS2 和 WECS3。

2. 基于"奖优罚劣"原则的强互惠制度设计

（1）针对超标排污"劣省区"设计水量折减惩罚手段。

1）水污染物的综合污染当量区间数的构造。由于流域须严格控制的入河湖污染物并不是单一的，如我国七大流域的入河湖主要污染物控制指标包括 COD、NH_3-N 和 TP 等，需考虑的超标排污的污染物控制指标也不是单一的，是多元的。事实上，在判别一个省区的污染物排放是否超标时，需要综合考虑多个污染物的排放对水环境的叠加影响。因此，本书借鉴水、大气、噪声等污染治理平均处理费用法，引入水污染的污染当量数的概念，核算流域入河湖主要污染物的综合污染当量数，度量其对流域水环境的综合影响。

水污染当量值是以水中 1kg 最主要污染物 COD 为一个基准污染当量，再按照其他水污染物的有害程度、对生物体的毒性以及处理的相关费用等进行测算，并与 COD 进行比较。一般水污染物 d 的污染当量数的计算式为

$$\text{水污染物 } d \text{ 的污染当量数}（WPU_d）= \frac{\text{水污染物 } d \text{ 的排放量}（WP_d）}{\text{水污染物 } d \text{ 的污染当量值}（WPV_d）} \tag{6.3}$$

其中，一般水污染物污染当量值的量化值，根据《污水综合排放标准》(GB 8978—2002)，

将一般水污染物分为第一类水污染物和第二类水污染物，两类水污染物污染当量值见表 6.1 和表 6.2。

表 6.1　　第一类水污染物污染当量值　　单位：kg

污　染　物	污染当量值	污　染　物	污染当量值
1. 总汞	0.00052	6. 总铅	0.0257
2. 总镉	0.0053	7. 总镍	0.0258
3. 总铬	0.0440	8. 苯并（a）芘	0.00000039
4. 六价铬	0.0250	9. 总铍	0.0110
5. 总砷	0.0260	10. 总银	0.0200

表 6.2　　第二类水污染物污染当量值　　单位：kg

污　染　物	污染当量值
11. 悬浮物（SS）	4.0000
12. 生化需氧量（BOD_5）	0.5000
13. 化学需氧量（COD）	1.0000
14. 总有机碳（TOC）	0.4900
15. 石油类/26. 总铜	0.1000
16. 动植物油	0.1600
17. 挥发酚	0.0800
19. 硫化物/22. 甲醛/60. 丙烯腈/61. 总硒	0.1250
20. 氨氮（NH_3-N）	0.8000
21. 氟化物	0.5000
23. 苯胺类/24. 硝基苯类/25. 阴离子表面活性剂（LAS）/27. 总锌/28. 总锰/29. 彩色显影剂（CD—2）	0.2000
30. 总磷（TP）/37. 五氯酚及五氯酚钠（以五氯酚计）/39. 可吸附有机卤化物（AOX）（以 Cl 计）	0.2500
18. 总氰化物/31. 元素磷（以 P 计）/32. 有机磷农药（以 P 计）/33. 乐果/34. 甲基对硫磷/35. 马拉硫磷/36. 对硫磷	0.0500
38. 三氯甲烷/40. 四氯化碳/41. 三氯乙烯/42. 四氯乙烯	0.0400
43. 苯/44. 甲苯/45. 乙苯/46. 邻一二甲苯/47. 对一二甲苯/48. 间一二甲苯/49. 氯苯/50. 邻二氯苯/51. 对二氯苯/52. 对硝基氯苯/53.2，4一二硝基氯苯/54. 苯酚/55. 间一甲酚/56.2，4一二氯酚/57.2，4，6一三氯酚/58. 邻苯二甲酸二丁酯 /59. 邻苯二甲酸二辛酯	0.0200

GB 8978—2002 规定：第一类水污染物是指能在生活环境或动植物体内蓄积，进而对人体健康产生长远不良影响的污染物；第二类水污染物是指其对人体健康的长远影响小于第一类水污染物的污染物质。由于第一类水污染物对人体健康的影响较大，故规定含有此类有害污染物的废水，不分污水排放方式、受纳水体功能和行业类别，全部在处理设施排出口取样严核；同时，规定第二类水污染物在排污单位排出口取样，并进行总量控制。

基于纳污控制的省区初始排污权 ITSP 配置模型，计算获得不同减排情形下，污染物入河湖限制排污总量（WP_d）。在各省区的初始排污权配置方案，即不同减排情形 h 下的省区初始排污权配置方案 Q_h，$h=1$，$2\cdots$，H。设对应于省区初始排污权配置方案 Q_h，规划年 t 省区 i 关于污染物 d 的初始排污权配置区间量为 $WP^{\pm}_{idthopt}$，其中，$i=1$，2，…，m，$d=1$，2，…，D，$t=1$，2，…，T，$h=1$，2，…；H，opt 表示该配置量为基于 ITSP 配置模型得到的优化配置结果。

将省区内各种污染物的排放量按污染当量值换算成污染当量数，再累加所有的污染当量数，得到规划年 t 省区 i 排放的 D 种污染物的总污染当量数，即根据式（6.3），在减排情形 h 下，基于 ITSP 配置模型的规划年 t 省区 i 所排放污染物的综合污染当量区间数为

$$WPU^{\pm}_{ithopt} = \sum_{d=1}^{D} \frac{WP^{\pm}_{idthopt}}{WPV_d} \tag{6.4}$$

其中　$i=1$，2，…，m；$d=1$，2，…，D；$t=1$，2，…，T；$h=1$，2，…，H

式中：$WP^{\pm}_{idthopt}$ 为对应于省区初始排污权配置方案 Q_h 的规划年 t 省区 i 关于污染物 d 的初始排污权配置区间量，t/a；WPV_d 为水污染物 d 的污染当量值；m、D、T、H 分别为配置省区、水污染物类别、时间样本点和减排情形类别的总数；opt 表示该配置量为基于 ITSP 配置模型得到的优化配置结果。

2）水量折减惩罚系数函数的构造。借鉴将流域内区域超标排污量反映到水量配置折减上的“超标排污惩罚系数函数”的构造思想，利用张兴芳教授提出的心态指标在二元区间数上的推广成果描述强互惠政府对超标排污“劣省区”采用惩罚手段的心态，构建水量折减惩罚系数函数。设单调递减区间函数 $\psi(\nu^{\pm})$，定义域为 $\nu^{\pm} \in I(R) \times I(R)$，$I(R)$ 为全体二元区间数的集合，值域为 $\psi(\nu^{\pm}) \in [0, 1] \times [0, 1]$，若 $\nu^{\pm} \in (0, +\infty] \times (0, +\infty]$，则 $\psi(\nu^{\pm}) \in (0, 1] \times (0, 1]$；若 $\nu^{\pm} \notin (0, +\infty] \times (0, +\infty]$，则 $\psi(\nu^{\pm}) = [0, 0] = 0$。在减排情形 h 下，规划年 t 省区 i 的水量折减综合惩罚系数函数可描述为

$$\begin{cases} f_{\eta^{\pm}_{iht}}(\zeta) = E_{\eta^{\pm}_{iht}} + (2\zeta - 1)W_{\eta^{\pm}_{iht}} \\ \eta^{\pm}_{iht} = \sum\limits_{k=1}^{k} \sigma_k \kappa^{\pm}_{ihtk} \\ \kappa^{\pm}_{ihtk} = 1 - \psi\left(\dfrac{WPU^{\pm}_{ithopt}}{WPU^{\pm}_{itk}}\right) \\ i = 1,2,\cdots,m; t = 1,2,\cdots,T; h = 1,2,\cdots,H; k = 1,2,\cdots,K \end{cases} \tag{6.5}$$

$$E_{\eta^{\pm}_{iht}} = \frac{\eta^{-}_{iht} + \eta^{+}_{iht}}{2}$$

$$W_{\eta^{\pm}_{iht}} = \frac{\eta^{+}_{iht} - \eta^{-}_{iht}}{2}$$

$$WPU^{\pm}_{itk} = \sum_{d=1}^{D} \frac{WP^{\pm}_{idtk}}{WPV_d}$$

式（6.5）各变量的含义如下：

a. $\eta^{\pm}_{iht}$ 为减排情形 h 下规划年 t 省区 i 的水量综合折减区间数；$f_{\eta^{\pm}_{iht}}$：$[0, 1] \rightarrow [\eta^{-}_{iht}, \eta^{+}_{iht}]$ 为定义域 $[0, 1]$ 上的水量折减惩罚系数函数；ζ 为决策者的心态指标 $\zeta \in$

[0，1]，$E_{\eta_{iht}^{\pm}}$ 为水量综合折减区间数 $\eta_{iht}^{\pm}$ 的期望值；为水量综合折减区间数 $\eta_{iht}^{\pm}$ 的宽度；当决策者的心态指标 $\zeta=0$ 时，$f_{\eta_{iht}^{\pm}}(\zeta)=\eta_{iht}^{-}$，则称 ζ 为下限指标，表示强互惠政府在设计水量折减惩罚手段时持悲观心态，即强互惠政府会设计苛刻的手段措施对超标排污“劣省区”进行水量折减惩罚；当 $\zeta=1$ 时，$f_{\eta_{iht}^{\pm}}(\zeta)=\eta_{iht}^{+}$，则称 ζ 为上限指标，强互惠政府在设计水量折减惩罚手段时持乐观心态，即面向最严格水资源管理制度的约束，强互惠政府会设计严格的手段措施对超标排污“劣省区”进行水量折减惩罚；当 $\zeta=1/2$ 时，$f_{\eta_{iht}^{\pm}}(\zeta)=E_{\eta_{iht}^{\pm}}$，则称 ζ 为中限指标，强互惠政府在设计水量折减惩罚手段时持中庸心态，即强互惠政府会设计适中的手段措施对超标排污“劣省区”进行水量折减惩罚。

b. $\kappa_{ihtk}^{\pm}$ 为对应于第 k 项比较基准的减排情形 h 下规划年 t 省区 i 的水量折减区间数；σ_{κ} 为基于 AHP 法确定的第 k 项比较基准的权重，采用该法的理由是 AHP 法是一种定性与定量相结合的实用的权重确定方法，尤其在处理涉及经济、社会等难以量化的影响因素权重确定方面，具有不可替代的优势。目前，从理论研究的角度看，可供选择的省区初始排污权配置的比较基准主要分为两大类，即非经济因子配置（人口配置模式、面积配置模式、改进现状配置模式）和经济因子配置（排污绩效配置模式）。可设 $k=1，2，3，4$ 分别代表人口配置模式、面积配置模式、改进现状配置模式和排污绩效配置模式。

c. $\psi(\nu^{\pm})$ 为超标排污水量折减惩罚系数函数；$WPU_{ithopt}^{\pm}$ 为基于纳污控制的省区初始排污权 ITSP 配置模型计算所得，对应于省区初始排污权配置方案 Q_h 的规划年 t 省区 i 的污染物的综合污染当量区间数；$WPU_{itk}^{\pm}$ 为基于第 k 项比较基准规划年 t 省区 i 所配置的污染物的综合污染当量区间数；$WP_{idtk}^{\pm}$ 为基于第 k 项比较基准配置，得到的规划年 t 省区 i 关于污染物 d 的初始排污权量；WPV_d 为水污染物 d 的污染当量值。

d. m、T、H、K、D 分别为配置省区、时间样本点、减排情形类别、比较基准配置模式类别和水污染物类别的总数；排污权配置量的下标 opt 表示该配置量为基于纳污控制的省区初始排污权 ITSP 配置模型得到的优化配置结果。

3）水量折减惩罚手段的设计。强互惠政府对于水量折减惩罚手段的设计，分以下情形：

a. 若减排情形 h 下规划年 t 省区 i 水量折减惩罚系数函数值为 $f_{\eta_{iht}^{\pm}}(\zeta)\in[0，1)$，该省区被称为超标排污的“劣省区”，则强互惠政府将以乘于系数 $f_{\eta_{iht}^{\pm}}(\zeta)$ 的方式，对用水效率控制约束情景 s_r 下，规划年 t 省区 i 已获得的初始水量权差别化配置区间量 $\tilde{\omega}_{its_r}^{\pm}W_t^{P_0}$ 进行折减，即

$$(W_{its_r}^{\pm})_{\text{折减后}}=f_{\eta_{iht}^{\pm}}(\zeta)\ \tilde{\omega}_{its_r}^{\pm}W_t^{P_0}$$

其中　　$i=1，2，\cdots，m$；$h=1，2，\cdots，H$；$t=1，2，\cdots，T$；$r=1，2，3$

b. 若减排情形 h 下规划年 t 省区 i 水量折减惩罚系数函数值为 $f_{\eta_{iht}^{\pm}}(\zeta)=1$，该省区被称为未超标排污的“优省区”，则强互惠政府不需对该省区 i 已获得的初始水量权差别化配置区间量 $\tilde{\omega}_{its_r}^{\pm}W_t^{P_0}$ 进行折减，应该对其以增加水量权配置量的方式进行奖励。基于“奖优罚劣”原则配置省区初始水权的共识（共享意义，Comsign）进行规范化的过程，可进一步表述为

$$IA_{ths_r}=\sum_{i=1}^{m}\left[(W_{its_r}^{\pm})_{折减后}+\left(W_{its_r}^{\pm}\right)_{折减量}\right]$$
$$=\sum_{i=1}^{m}\left[f_{\eta_{iht}}^{\pm}(\zeta)\tilde{\omega}_{its_r}^{\pm}W_t^{P_0}+\left(1-f_{\eta_{iht}}^{\pm}(\zeta)\right)\tilde{\omega}_{its_r}^{\pm}W_t^{P_0}\right] \tag{6.6}$$

其中　$i=1, 2, \cdots, m$，$t=1, 2, \cdots, T$；$h=1, 2, \cdots, H$；$d=1, 2, \cdots, D$；$r=1, 2, 3$

式中：$f_{\eta_{iht}}^{\pm}$（ζ）为减排情形 h 下规划年 t 省区 i 水量折减惩罚系数函数值 $f_{\eta_{iht}}^{\pm}$（ζ）$\in$［0，1）；$\tilde{\omega}_{its_r}^{\pm}$ 为在用水效率控制约束情景 s_r 下，规划年 t 省区 i 的配置比例区间量；$W_t^{P_0}$ 为扣除各省区生活饮用水、生态环境用水权总量的规划年 t 的可分配水资源量，亿 m^3；m、T、H、D 分别为配置省区、时间样本点、减排情形类别和水污染物类别的总数；s_1、s_2、s_3 分别表示用水效率控制约束情景 WECS1、WECS2 和 WECS3。

（2）针对未超标排污的“优省区”设计水量奖励的强互惠措施。将流域内各个省区进行重新排序，设未超标排污“优省区”的集合为 $L=\{L_1,L_2,\cdots,L_{l_1}\}$，超标排污“劣省区”的集合为 $\tilde{L}=\{L_{l_1+1},L_{l_1+2},\cdots,L_m\}$。强互惠政府设计施予水量奖励安排的强互惠措施，即强互惠政府确定水量奖励比例系数 ϑ，按比例系数 ϑ 将规划年 t 处于用水效率控制约束情景 s_r 和减排情形 h 下的流域总折减水量 $\left(LA_{ths_r}\right)_{总折减量}=\sum_{i=l_1+1}^{m}\left(W_{ihs_r}^{\pm}\right)_{折减量}=\sum_{i=l_1+1}^{m}\left[1-f_{\eta_{iht}}^{\pm}(\zeta)\right]\tilde{\omega}_{its_r}^{\pm}W_t^{P_0}$，以水量奖励的方式配置给各个“优省区”的过程，其中，$0\leqslant\vartheta\leqslant 1$。该值的大小取决于强互惠政府鼓励水污染物减排和开展水环境保护的态度，ϑ 越接近于1，表明强互惠政府的态度越积极；ϑ 越接近于0，表明强互惠政府的态度越消极。分以下两种情形予以确定：

1）强互惠政府完全依靠其强互惠优势，确定将 $\left(IA_{ths_r}\right)_{总折减量}$ 奖励分配给各个“优省区”的比例向量 $\vartheta=\left(\vartheta_1,\vartheta_2,\cdots,\vartheta_{l_1}\right)$，$\sum_{i=1}^{l_1}\vartheta_i=1$，$0\leqslant\vartheta_i\leqslant 1$。由于基于政府强互惠理论的省区初始水权量质耦合配置的基本原则之一是政府主导、民主协商原则，故对此情形不做深入探讨。

2）强互惠政府在依靠其强互惠优势的同时，尊重各个省区的建议，即中央政府或流域管理机构与各省区进行群体协商，共同参与协商制定水量奖励措施，以体现各省区的用水意愿和主张，实现民主参与。根据政府主导、民主协商的省区初始水权量质耦合配置原则，确定将 $\left(IA_{ths_r}\right)_{总折减量}$ 奖励分配给各个“优省区”的比例向量，不妨也设为 $\vartheta=\left(\vartheta_1,\vartheta_2,\cdots,\vartheta_{l_1}\right)$，$\sum_{i=1}^{l_1}\vartheta_i=1$，$0\leqslant\vartheta_i\leqslant 1$。在此情形下，式（6.6）可变形为

$$IA_{ths_r}=\sum_{i=1}^{l_1}\left[\tilde{\omega}_{its_r}^{\pm}W_t^{P_0}+\vartheta_i\left(IA_{ths_r}\right)_{总折减量}\right]+\sum_{i=l_1+1}^{m}f_{\eta_{iht}}^{\pm}(\zeta)\tilde{\omega}_{its_r}^{\pm}W_t^{P_0} \tag{6.7}$$

式中：$\tilde{\omega}_{its_r}^{\pm}$ 为在用水效率控制约束情景 s_r 下，规划年 t 省区 i 的配置比例区间量；$W_t^{P_0}$ 为扣除各省区生活饮用水、生态环境用水权总量的规划年 t 的可分配水资源量，亿 m^3；$\left(IA_{ths_r}\right)_{总折减量}$ 为规划年 t 处于用水效率控制约束情景 s_r 和减排情形 h 下的流域总折减水量，亿 m^3；ϑ_i 为将 $\left(IA_{ths_r}\right)_{总折减量}$ 奖励配置给各个“优省区”的比例系数；$f_{\eta_{iht}}^{\pm}$（ζ）为减

排情形 h 下规划年 t 省区 i 水量折减惩罚系数函数值，$f_{\eta_{iht}^{\pm}}(\zeta) \in [0, 1)$；$i=1, 2, \cdots, l_1$ 为配置省区 i 为“优省区”，$i=l_1+1, l_1+2, \cdots, m$ 为配置省区 i 为“劣省区”；$t=1, 2, \cdots, T$；$h=1, 2, \cdots, H$；$d=1, 2, \cdots, D$；m、T、H、D 分别为配置省区、时间样本点、减排情形类别和水污染物类别的总数；$r=1, 2, 3$；s_1、s_2、s_3 分别表示用水效率控制约束情景 WECS1、WECS2 和 WECS3。

3. 省区初始水权量质耦合配置方案的确定

综上可知，通过一个制度安排（IA）耦合省区初始水量权与省区初始排污权的配置结果，即结合不同减排情形 h 下的省区初始排污权配置方案 Q_h，将用水效率控制约束情景 s_r 下的省区初始水量权配置方案为 P_r，耦合为用水效率控制约束情景 s_r 和减排情形 h 下省区初始水权量质耦合配置方案 PQ_{rh}，其中，$r=1, 2, 3$；$h=1, 2, \cdots, H$；s_1、s_2 和 s_3 分别表示用水效率控制约束情景 WECS1、WECS2 和 WECS3。基于以上分析，结合量质耦合配置系统的构成要素之间的作用关系分析结论，基于 GSR 理论的省区初始水权量质耦合配置方案的确定过程见图 6.2。

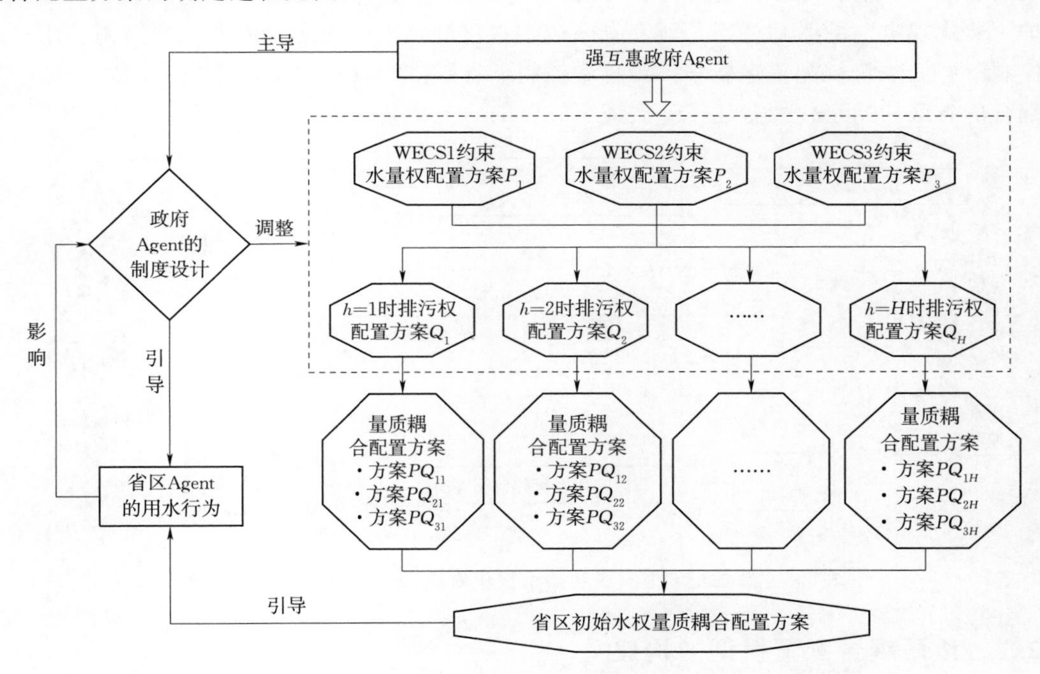

图 6.2 基于 GSR 理论的省区初始水权量质耦合配置方案的确定过程

在省区初始水权量质耦合配置方案 PQ_{rh} 中，规划年 t 流域内各省区的初始水权量质耦合配置区间量的计算式为

$$W_{ths_r}^{\pm}=\left(W_{1ths_r}^{\pm}, W_{1ths_r}^{\pm}, \cdots, W_{l_1 ths_r}^{\pm}, W_{(l_1+1)ths_r}^{\pm}, \cdots, W_{mths_r}^{\pm}\right) \tag{6.8}$$

其中
$$\begin{cases} W_{iths_r}^{\pm}=\tilde{\omega}_{its_r}^{\pm} W_t^{P_0}+\vartheta_i\left(IA_{ths_r}\right)_{\text{总折减量}}+W_{it}^{L}+W_{it}^{E} & (i=1, 2, \cdots, l_1) \\ W_{iths_r}^{\pm}=f_{\eta_{iht}^{\pm}}(\zeta)\ \tilde{\omega}_{its_r}^{\pm} W_t^{P_0}+W_{it}^{L}+W_{it}^{E} & (i=l_1+1, l_1+2, \cdots, m) \\ h=1, 2, \cdots, H;\ t=1, 2, \cdots, T;\ r=1, 2, 3 \end{cases}$$

式中：$W^{\pm}_{iths_r}$ 为规划年 t 处于用水效率控制约束情景 s_r 和减排情形 h 下未超标排污的“优省区” i 的初始水权量质耦合配置区间量，亿 m³；$W^{\pm}_{iths_r}$ 为规划年 t 处于用水效率控制约束情景 s_r 和减排情形 h 下超标排污的“劣省区” i 的初始水权量质耦合配置区间量，亿 m³；W^{L}_{it} 为规划年 t 省区 i 的生活饮用水初始水量权，亿 m³；W^{E}_{it} 为规划年 t 省区 i 的河道外生态初始水量权，亿 m³；H、T 分别为减排情形类别和时间样本点的总数；s_1、s_2、s_3 分别表示用水效率控制约束情景 WECS1、WECS2 和 WECS3。

6.2　激励视阈下省区初始水权量质耦合配置

6.2.1　量质耦合配置思路

现阶段我国水权管理正面临多重因素的制约，本节基于最严格水资源管理制度、国家重大发展战略和发展理念，将排污权配置嵌入到初始水量权配置过程中，并基于对水资源保护“奖优罚劣”的激励视阈，研究省区初始水权量质耦合的配置模型，即遵循“用水总量控制下省区水量权配置建模→排污总量控制下省区排污权免费分配建模→激励视阈下量质耦合的省区初始水权配置建模→实证研究”的研究构架（图 6.3）。

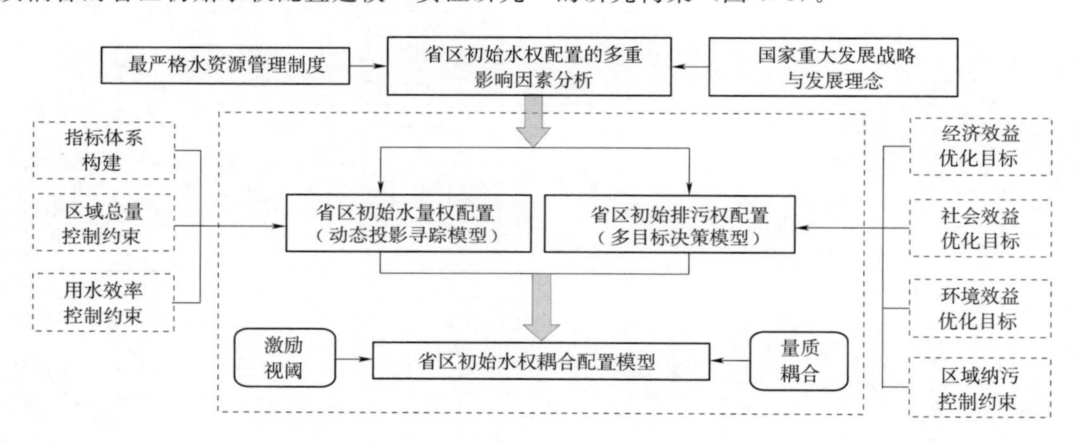

图 6.3　激励视阈下省区初始水权量质耦合配置模型研究构架

6.2.2　量质耦合配置模型的构建

假设流域用水总量为 W，并且省区初始水量权的预配置方案已经获得，即省区 S_k 初始水量权配置的比例 ω_{S_k} 和省区在预配置方案中可获得水量权 $w_{S_k}=W\omega_{S_k}$ 均已知。将已知省区初始水量权 w_{S_k} 与模型式（5.24）中获得的省区初始排污权量 x_{S_k} 进行量质耦合分析，基本思路是：记 $x^R_{S_k}$ 为省区 S_k 的实际排污量，构建“奖优罚劣”函数，即对实际排污量 $x^R_{S_k}$ 超出初始排污权量 x_{S_k} 的省区实施负向惩罚以减少其水权配置量；对实际排污量 $x^R_{S_k}$ 低于初始排污权量 x_{S_k} 的省区实施正向奖励以增加其水权配置量，从而通过基于用水总量和入河湖排污总量的双重耦合控制，获得流域内不同省区的初始水权量，具体如下：

（1）基于保护流域水环境的视角，当对河道减少取水时，河道内的用水量则相应增

加，水环境纳污能力增强。因此，当省区的实际排污量 $x_{S_k}^R$ 超过（或低于）其获得的初始排污权量 x_{S_k} 时，采用奖优罚劣策略将更有利于流域水环境系统的可持续发展。基于此，本书构建的“奖优罚劣”函数为 $\mu\ (x_{S_k}^R/x_{S_k})$，即

$$\mu\ (\frac{x_{S_k}^R}{x_{S_k}})=\begin{cases}\left|\dfrac{x_{S_k}}{x_{S_k}^R}-1\right|^{\partial} & (x_{S_k}<x_{S_k}^R)\\ 1 & (x_{S_k}=x_{S_k}^R)\\ \left|\dfrac{x_{S_k}^R}{x_{S_k}}-1\right|^{\partial} & (x_{S_k}>x_{S_k}^R)\end{cases} \tag{6.9}$$

式中：∂ 为“奖优罚劣”程度调整系数，∂ 越大则表明“奖优罚劣”程度越平缓。

（2）利用“奖优罚劣”函数，调整省区 S_k 的初始水量权配置比例 ω_{S_k} 为：

$$\omega'_{S_k}=\begin{cases}\omega_{S_k}\left[1-\mu\ (\dfrac{x_{S_k}^R}{x_{S_k}})\right] & (x_{S_k}<x_{S_k}^R)\\ \omega_{S_k} & (x_{S_k}=x_{S_k}^R)\\ \omega_{S_k}\left[1+\mu\ (\dfrac{x_{S_k}^R}{x_{S_k}})\right] & (x_{S_k}>x_{S_k}^R)\end{cases} \tag{6.10}$$

式中：ω'_{S_k} 为通过调整后的省区 S_k 初始水量权配置比例。

（3）对 ω'_{S_k} 进行归一化处理，得

$$\omega''_{S_k}=\frac{\omega'_{S_k}}{\sum_{k=1}^{q}\omega'_{S_k}}\qquad (k=1,2,\cdots,q) \tag{6.11}$$

得到归一化后的省区初始水权分配比例 ω''_{S_k}，则最终基于用水总量和排污总量双重控制的省区 S_k 初始水权配置量为

$$w'_{S_k}=W\omega''_{S_k}\qquad (k=1,\ 2,\ \cdots,\ q) \tag{6.12}$$

第3部分　流域级政府预留水量配置研究

第7章　政府预留水量优化配置的基础分析

政府预留水量优化配置需要剖析政府预留水量的特点以及与其密切关联的相关基础理论。本章对政府预留水量属性、作用等进行讨论和梳理，从必要性、可行性、有效性三方面阐述分配政府预留水量的动因。根据“用水安全”的视角，分析了水资源安全管理理论及公共产品理论与政府预留水量的关系。在此基础上，通过总结一些试点流域和地区的政府预留水量分配实践活动，阐述分配政府预留水量的意义。最后，讨论相关理论方法在政府预留水量优化配置中的适用性，为构建优化配置模型提供理论基础。

7.1　政府预留水量与水资源储备

7.1.1　政府预留水量的构成与作用

1. 政府预留水量的构成

基于政府预留水量级别的角度进行划分，可以将政府预留水量划分成流域级政府预留水量、省区级政府预留水量、地市级政府预留水量等，按用途进行划分，可以将其划分成应急预留水量与发展预留水量。政府预留水量按用途划分见图7.1。

（1）国民经济应急预留水量。随着全球气候的变化，以及城镇化、工业化和产业化的快速发展带来的用水需求增加，我国的干旱缺水问题日趋严峻，主要表现在发生周期缩短、受旱面积增加、影响范围扩大、灾害损失加重等，对社会经济发展造成了不可小觑的影响。另外，因社会分配不公等因素导致的极端事件和由于盲目追求经济效益或意外事故引发的突发水污染事件总体上呈逐年上升趋势，严重影响了供水安全，也影响了社会经济系统的安全稳定运行。在特殊时期，政府为了满足社会经济发展的合理用水需求，应适时适量动用政府预留水量，实施应急供水计划，来缓解供水危机，有效地调控水资源供需关系，以保障国民经济的正常发展和社会稳定有序。

（2）生态环境应急预留水量。政府作为公众利益代表，应该履行保护流域生态环境的社会职能。当生态环境因干旱自然灾害或突发水污染事件等原因遭到难以修复的威胁时，政府应及时动用预留水量来满足最小的基本生态环境用水需求，以保护生态环境免遭灾难性破坏。如2014年汛期，南四湖地区遭遇了2002年以来最严重的干旱灾害，生态环境面临严重危机，8月初，国家防汛抗旱总指挥部对南四湖实施了生态应急补水，通过南水北

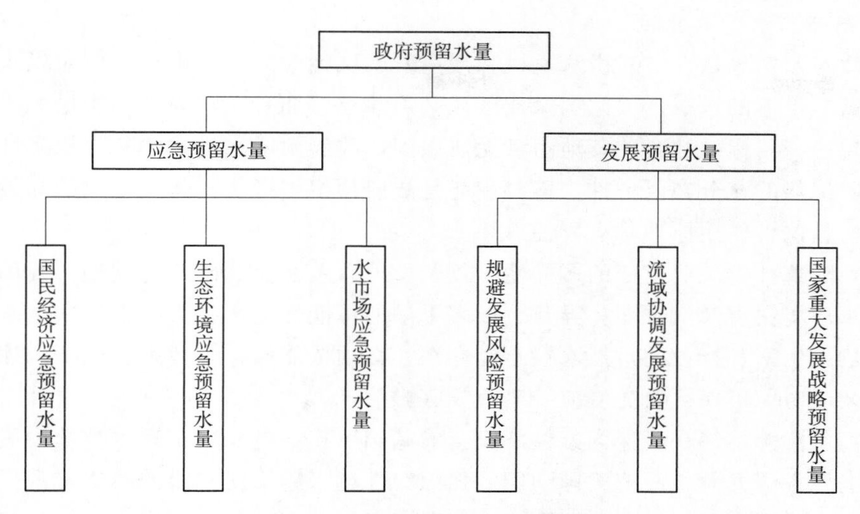

图 7.1　政府预留水量按用途划分图

调东线从长江向南四湖生态应急预留水量调水 0.807 亿 m^3，保证了维持生态环境的最低用水需求，及时有效地缓解了南四湖地区因干旱造成的生态、养殖等严峻问题，产生了显著的社会效益和环境效益。

（3）水市场应急预留水量。水资源作为一种稀缺性经济资源，能够借助市场机制来实现其优化配置和高效利用，但由于水资源本身的自然属性，水市场失灵的可能性远远超过一般的商品市场。当市场极端投机行为导致水市场秩序混乱、起伏波动明显时，政府可以动用政府预留水量来干预和调节水市场的供需关系，避免市场失灵、垄断和社会不公等问题的产生，提高水资源的分配效率和效益，促进水市场的正常运行。

（4）规避发展风险预留水量。我国正处于社会经济转型期，各地区经济发展水平各不相同，甚至差距显著，人口增长和异地迁移将会带来用水需求的新增。事实上，在全球经济一体化的大背景下，未来经济社会的长远发展战略和目标存在诸多不可预见因素和不可抗力因素，发展风险不可避免。因此，基于近期与远期之间、当代与后代之间以及不同地域之间的公平性，政府应当充分发挥宏观调控作用，在初始水权分配时预留一部分水量来规避或降低发展风险，以保证满足未来合理的发展用水需求，确保社会发展的公平与协调。

（5）流域协调发展预留水量。流域是由水循环系统、社会经济系统和生态环境系统组成的具有整体功能的复合系统。我国幅员辽阔，各区域水资源空间分布差异显著，如松花江流域水资源较为丰富，但辽河流域水资源相对匮乏。政府要根据各流域的水资源现状和用水需要，制定科学合理的流域水资源宏观配置格局和综合规划，留足全流域各系统发展所需的水量，以支持全流域未来的协调与可持续发展。

（6）国家重大发展战略预留水量。初始水权通常是以“公平”和“效率”“用水现状”和“中长期发展规划”等因素进行配置。但这些因素并不是一成不变的，而是处在动态变化之中，特别是我国当前正处于社会经济转型期，很多因素存在着不确定性和不可预知性。因此，政府应当预留一部分水量，当未来国家重大发展战略调整、布局调整以及国防建设等新增用水需求时，政府可动用这部分预留水量以支持新战略调整和实施。

2. 政府预留水量的作用

（1）政府预留水量在应对供水危机和规避发展风险中的绝对优势。应对供水危机和发展风险，需要足够的水权，因此国家或区域必须掌控、拥有一定规模和质量的水资源使用权，要实现这一目标，社会的其他力量无法做到，政府预留水量的公共产权属性是其产生和具有绝对优势的充分必要条件；绝对优势是政府预留水量达到其预留目的和效果的内在作用原理，且这种作用原理具有刚性效果。

首先，随着社会工业生产的多样性、复杂性，以及社会的改革与转型，我国突发大面积污染的水环境灾害及气候变化异常、极端干旱的可能性越来越大，也越来越难以预料和防范。一旦发生，各行业的常规水权不复存在，必须依靠储存在地表、地下水库的政府预留水量有效应对，可保证快捷供应，避免灾害影响扩大。

其次，水资源始终是确保国家经济安全的基础所在，是我国实现可持续发展的根本保障。当今世界各国尤其是经济大国和经济强国，都越来越重视本国的战略资源供给安全问题，当经济发展因水权不足而受到影响时，国家可以动用预留水量应急处置，从而及时维护市场稳定。

再次，政府预留水量可以扩大我国的外交回旋余地。包括水资源在内的重要资源始终是国际政治、经济争夺的关键领域，国家建立了科学完善的水权体系，可以增加外交上的灵活性。一方面，可以防止或减少外部势力利用水资源对国家采取直接或间接的不利行动；另一方面，在保障自给的情况下，还可对某些国家或地区进行有偿或无偿的援助，有助于扩大国家在国际上的影响力。

（2）政府预留水量在应对供水危机和发展风险中的比较优势。储而备用是政府预留水量拥有的一般储备特征，它要求预留水量工作必须具备预期性、前瞻性。在进行初始水权分配时，应结合经济发展计划和水权有效期内，在水权总量中预留一部分水量作为储备，在储备时这部分水量的所有权和使用权还未分离，都归属于国家。政府预留水量避免了当水资源突发事件和风险来临时再去市场上购买，不仅水权转让价格较正常状态要高出许多，而且也会扰乱市场，造成市场的剧烈波动。从这个意义上讲，政府预留水量具有低成本优势。

首先，政府预留水量并不都是为了被动性地“应对”，其存储和动用也并不只是为了“应急”，在很多情况下是为了更高和更好的目标。其动用时，在时间性、空间性、数量性和目标性等方面都有人为的选择因素。政府预留水量主动发挥其自身具有的比较优势，体现其主观能动性作用。但是要注意，动用预留水量时，无论在规模上还是力度上，都不可能把宏观环境整体改变。它们的使用只是在某种程度上缓解用水危机、调控水权市场和支持国家发展战略调整，因此，在这样的过程中，政府预留水量的使用是要达到某些相对性的效果和目的。

其次，政府预留水量相对其他宏观调控政策具有比较优势。在克服水权市场失灵、规避发展风险、保证国民经济健康稳定发展方面，与财政政策、货币政策、产业政策及价格政策等宏观调控政策相比，政府预留水量具有高效、灵活、机动和直接的优势。传统的宏观调控手段存在操作复杂、难度大、干预作用滞后等缺点，政府预留水量则有利

于根据各项社会经济指标的变化情况及时进行预调和微调，还可以通过需求预警体系的建立保持相应的提前动用量，降低经济波动，并有效地支持国家重大战略的调整和国防建设等。

7.1.2　政府预留水量与水资源储备的区别与联系

虽然预留和储备的关系非常密切，但是两者在内涵上还是存在一定的差异。储备有不同的主体，可以分为国家储备、企业储备、家庭储备，此处主要研究国家储备。按照储备目的和功能的不同，可以把国家实物储备分为国家战略储备和国家基本储备。国家战略储备是指国家对国计民生、经济安全和国防安全具有关键作用的重要物资和资源进行有目的、有计划的储存或者积蓄，实现对资源的跨期配置和跨区域配置。具体重要物资和资源的确定，由国家政府根据不同阶段的实际情况来进行安排。我国战略资源主要包括关键前沿技术、高级专门人才、石油、有效耕地、水资源、粮食和外汇储备等。针对这些战略资源，我国已经建立了部分战略资源储备制度，如土地储备制度、粮食储备制度等，水资源作为战略资源一直未得到足够的重视，目前尚未建立配套的储备制度。

通过回顾水资源储备的相关研究，本书总结政府预留水量与水资源储备的区别，见表 7.1。

表 7.1　政府预留水量与水资源储备的区别

不同点	政府预留水量	水资源储备
产生渊源	产生与初始水权分配过程	任何时候、任何事件
内涵	法律上的权利范畴	非法律上的权利范畴
水资源形式	针对可分配或可利用的水资源	各种可用的水资源或者暂时不可用处理后可用的水资源
涉及主体	政府	国家、企业、家庭等

（1）产生渊源不同。政府预留水量是在初始水权分配过程中产生的，在可分配或可利用的水资源总量中，扣除一部分水量满足未来紧急情况下水资源需求和经济社会发展的储备；水资源储备则可以发生在任何时候、任何事件当中，行为主体可以是国家或者个人，只要有多余的水资源就可以储备起来。政府预留水量是水资源储备方式之一。

（2）内涵不同。政府预留水量与生活水权、农业水权、工业水权等都属于法律上的权利范畴，水量是水权的物质表现形式，而水资源储备是对一定数量的水资源进行储备，这些储备的水资源在权利上可能属于农业水权，也可能属于工业水权，亦或生活水权。

（3）水资源形式不同。政府预留水量仅针对可分配或可利用的水资源，水资源储备的对象包括各种可用的水资源或者暂时不可用处理后可用的水资源，如微咸水、半咸水、处理后的中水与雨洪水、大气水、冰川水。

（4）涉及主体不同。水资源储备可以分为国家水资源战略储备、企业水资源储备、家庭水资源储备，而政府预留水量主体只能是政府，是政府履行公共管理职责，保障社会稳定和经济的正常发展、调控水市场健康发展及协调流域经济社会发展和适应国家重大发展战略调整等提供必要的保障。

虽然政府预留水量与水资源储备在性质上有上述区别，但是两者还是有一定联系的。储而备用是政府预留水量具有的一般储备特征，在动用之前，政府预留水量需要由有关机构管理。

目前，水资源尚未建立储备体系，这与水资源短缺的严重形势不相适应。在建立水资源储备体系初期，因为水资源所有权归国家所有，用水户没有储存水资源的权利和能力，所以，政府必须发挥主导作用，通过水权初始分配，预留一定水量作为水资源战略储备的来源。

政府预留水量和水资源战略储备都是为应对将来不确定事件而对资源储而备用，对于稳定供求关系、平抑水权转让价格、应对水资源突发事件、保障国民经济安全具有重要作用。因此，在定量研究政府预留水量规模时，可以借鉴水资源储备及其他资源储备方面的决策方法。

7.2　政府预留水量动因分析

在探讨政府预留水量的属性、作用及其与水资源储备区别后，下面分别从必要性、可行性、有效性三方面进一步阐述分配政府预留水量的动因。在水权分配中，确定预留水量是完善国家水权制度体系的内在要求，是缓解特殊水情下供水危机的重要保障，也契合了可持续发展的内涵与本质；通过解读相应水利法规、政策和已有的水资源储备实践，表明预留水量是可行的；通过社会净福利理论分析发现，通过预留水量调控水权市场，具有帕累托改进的意义，因此，预留水量也是有效的。

7.2.1　政府预留水量的必要性分析

1. 完善国家水权制度体系

政府对水权初始配置，把水资源的使用权赋予不同用水户，这种使用权受财产权保护，包含一切财产权应包含的三项基本属性，即排他性、让与性、可执行性。水权一旦配置，原来负责统一调度、负责分配水权份额的各级行政当局要完全退出水资源分配活动，政府要想回收水权，必须通过水市场进行购买获得急需的水权，而不得随意收回已经配置的水权。政府为了履行改善水环境的公共职能，在水权初始分配时要给自己预留水权份额。政府实施水环境保护行为时，应当以一个产权人的身份，运用财产法、侵权法工具保护其预留水量。

水资源使用权的物权属性要求其具有边界稳定性。现阶段的初始水权都是基于流域多年平均水资源量的长期的、静态水权。事实上水是流动的，具有不确定性，因此水权不同于其他权利。水权管理中水文不确定性与权利稳定之间的矛盾表现为径流预测误差对水权造成的可能损失风险，本质上是水权的风险管理问题，政府预留水量风险分担机制可以分担水权不稳定风险，是水权制度完善、合理的重要体现。

2. 缓解特殊水情下供水危机

水资源供需受自然、政治、经济等多种因素的影响，具有不确定性。据《中国应对气候变化国家方案》(国发〔2007〕17号)预测，气候变暖将是我国未来百年气候变化的主

线，极端天气及洪涝、干旱灾害发生的概率增加，北旱南涝更加明显，水资源可利用量将进一步减少。我国气候周期变化比较明显，七大流域降水、径流存在 10 年左右中期振荡，出现特枯年和连续枯水年的概率较高，对供水安全的影响较大。突发水污染造成短期水危机呈现扩张趋势。突发水污染直接威胁到饮用水安全和人民生命健康。随着社会经济的快速发展和人口数量的增长，由于干旱以及水源地突发水污染导致的正常供水中断风险变大。预留水量则成为抵御自然灾害和重大意外事件的物质保障之一。

（1）缓解气候变化引起的供水危机。在连续枯水年或特枯水年，由于水资源严重短缺导致国民经济正常供水水源面临枯竭，用水地区或单位因此可能发生争水、抢水的突发事件。为了缓解特殊水情下的供水危机，在满足生活、工业用水需求的同时，履行其公共管理职能，政府可以动用预留水量，在总量控制的条件下，按照用水优先等级，逐级分配各行业的用水量，满足基本用水需求。当生态环境因干旱缺水而出现危机时，为了保障经济社会的可持续发展，政府也应按照相应程序动用适当预留水量，以保护生态环境免遭灾难性破坏。

（2）缓解水源地突发污染事故引起的供水危机。随着经济的发展，人口聚集效应越来越明显，水源地是为人类提供清洁和充足水源的生态环境基础，直接关系到某一区域供水安全和经济社会系统的正常运行。近年来，我国水源地突发污染事件日益增加。与常规污染相比，这些突发水污染事件具有不确定性、危害紧急性，以及快速响应性等特征，有可能在短时间内造成水源污染、停水、饮水中毒、财产损失等问题，因而在初始水权分配时有必要预留水量，作为应急备用水源进行存储，减少在水源地突发污染情况下的区域易损性，提高其抗击水污染事故能力。

（3）缓解水市场失灵引起的危机。市场是解决资源优化配置最有效的方法。水资源作为一种稀缺性经济资源，同样能够借助市场机制来实现其优化配置和高效利用。但市场不是万能的，任何市场都有自发性、盲目性和滞后性等特征，都存在着失灵的可能性。水资源的一些特殊性和复杂性使水市场失灵的可能性比一般的商品市场更大。储备是克服社会产品供求不平衡的重要措施。

为了保持社会的稳定和经济的正常发展，以及平抑和规避由于市场极端投机行为造成的水市场秩序紊乱、起伏波动剧烈等，政府可以动用预留水量来平抑、干预和调节水市场的供需关系。

3. 契合可持续发展的要求

水资源是自然—社会—经济三维结构复合系统演进发展的物质基础之一。近年来，滥用水资源的现象频发，水资源开发的外部不经济、不可持续现象普遍存在；与此同时，随着人口的急剧增加和经济社会的快速发展，水资源供需缺口增大，对人类社会的可持续发展构成了严重威胁。面对威胁，一要合理开发水资源，二要寻找合理配置水资源的方式，确保水资源的可持续供给，保证人类经济社会的可持续发展。在生产方式、消费方式短期内不可能有根本转变情况下，为解决水资源稀缺与水资源需求不断扩大的矛盾，现实与理性的选择是建立科学完善的政府预留水量制度，通过运用预留水量，防止因水资源中断和供应急剧减少而对国民经济造成巨大冲击，确保国民经济社会和环境可持续发展。

可持续发展包括自然可持续发展、社会可持续发展和经济可持续发展。

(1) 自然可持续发展是指保护和加强环境系统的生产和更新能力。当出现用水紧张态势时，动用预留水量，可以有效地防止人类过度抽取地下水而突破水资源环境承载的阈值，从而保障水环境系统的生产和更新能力。

(2) 社会可持续发展要求代内、代际的公平与和谐。政府预留水量是水资源的跨期或跨区域的制度安排，其具有公平的天然意义，能够满足社会可持续发展的要求。

(3) 水资源和水环境是经济可持续发展的基础和条件。通过动用政府预留水量，可以改变水资源的供求关系，使水资源价格保持在一个相对稳定的水平上，因而政府预留水量是再生产不断进行的条件，保障生产的连续不中断。

7.2.2　政府预留水量的可行性分析

1. 政策可行性

21 世纪以来，我国积极创新水资源管理体制、机制和制度，运用水权和水市场理论探索并指导水利实践。水利部相继出台了水量分配、水权转换等相关政策或指导性意见，这些成果丰富和健全了我国的水权理论体系，部分法规已经对预留水量作了相应规定，涉及政府预留水量的主要法律法规具体见表 7.2。

表 7.2　　涉及政府预留水量的主要法律法规

法律法规名称	制订机关	通过及生效日期	涉及的相关内容
《中华人民共和国水法》	全国人大常委会	2002 年 8 月 29 日第九届全国人民代表大会常务委员会第二十九次会议修订通过，自 2002 年 10 月 1 日施行	生态环境用水预留
《新疆维吾尔自治区实施〈中华人民共和国水法〉办法》	新疆维吾尔自治区人民代表大会常务委员会	2003 年 12 月 26 日修订，2003 年 12 月 29 日新疆维吾尔自治区人民代表大会常务委员会公告第 8 号公布，2004 年 3 月 1 日起施行	
《水量分配暂行办法》	水利部	2007 年 12 月 5 日水利部令第 32 号，自 2008 年 2 月 1 日起施行	未来发展用水及国家重大发展战略用水预留
《水利部关于印发水权制度建设框架的通知》	水利部	2005 年 1 月 11 日水利部水政法〔2005〕12 号颁布，自公布之日起生效	突发事件用水预留
《江苏省人民代表大会常务委员会关于加强饮用水源地保护的决定》	江苏省人民代表大会常务委员会	2008 年 3 月 22 日起施行	
《关于进一步加强珠江三角洲城市群应急备用水源建设的通知》	广东省水利厅	2010 年 3 月 19 日	

(1) 生态环境用水预留。《水法》第 21 条规定："开发、利用水资源，应当首先满足

城乡居民生活用水，并兼顾农业、工业、生态环境用水以及航运等需要。在干旱和半干旱地区开发、利用水资源，应当充分考虑生态环境用水需要。"《新疆维吾尔自治区实施〈中华人民共和国水法〉办法》第25条规定："调蓄径流和分配水量，应当依据流域规划和水中长期供求规划，以流域为单元制定水量分配方案。水量分配方案应当合理安排生态用水。因生态治理需要，可以按照原批准程序对已经制定的水量分配方案进行调整。"

（2）未来发展用水及国家重大发展战略用水预留。《水量分配暂行办法》第8条第1款规定："为满足未来发展用水需求和国家重大发展战略用水需求，根据流域或者行政区域的水资源条件，水量分配方案制订机关可以与有关行政区域人民政府协商预留一定的水量份额。预留水量的管理权限，由水量分配方案批准机关决定。"

（3）突发事件用水预留。《水利部关于印发水权制度建设框架的通知》中明确指出："各地在进行水权分配时要留有余地，考虑救灾、医疗、公共安全以及其他突发事件的用水要求和地区经济社会发展的潜在要求。"

同时为了保护有限的水资源，保障将来的饮水安全，应当对现状开发利用程度不高、水量稳定、水质较好的河道、水库、湖泊作为预留水源地加以保护。《江苏省人民代表大会常务委员会关于加强饮用水源地保护的决定》第七条第一款规定："设区的市、县（市、区）人民政府应当加强应急饮用水源建设，保证应急用水。有条件的地区应当建设两个以上相对独立控制取水的饮用水源地；不具备条件建设两个以上相对独立控制取水饮用水源地的地区，应当与相邻地区签订应急饮用水源协议，实行供水管道联网。"《江苏省人民代表大会常务委员会关于加强饮用水源地保护的决定》第七条第二款规定："县级以上地方人民政府应当将水质良好、水量稳定的大中型水库、重要河道、湖泊作为区域发展预留饮用水源地，按照地表水（环境）功能区划确定的饮用水源区的要求加以保护。"

为了贯彻落实《珠江三角洲地区改革发展规划纲要（2008—2020年）实施方案》，广东省水利厅印发了《关于进一步加强珠江三角洲城市群应急备用水源建设的通知》（粤水资源〔2010〕8号），要求珠江三角洲各市制定应急备用水源保障规划。

以上法律法规既对政府预留水量提出了具体的实施要求，也为政府预留水量的划分确定提供了政策引导，并提供了制度保障和实施平台。

2. 技术可行性

政府预留水量可以选择地表水库、河谷、地下含水层进行储存。具有多年调蓄能力的地表水库的死库容可以用来储备政府预留水量，据估算，我国水库死库容在700亿m^3，是最重要的储备资源。水库死库容一般不准动用，只有在特枯年和连续枯水年出现供水困难时才可动用。跨流域调水是水资源配置的重要措施，也是政府预留水量的重要措施。应从长期储备的角度，规划建设一批调水工程，平衡水资源地区分布不均，增加政府预留水量。另外，可以充分利用地表的河道、沟汊、湖泊、湿地储备政府预留水量。

一些地区由于地表空间开发利用程度已经达到饱和状态，政府预留水量在地表找不到存储空间，这时可以选择地下水库进行蓄水存储。地下水库就是指存在于地下的天然大型储水空间。一般指厚度较大、范围较广的大型层状孔隙含水层，也可能是大型岩溶储水空间，大型含水断裂带等。若地下水库被超采，可通过人工主动补给方式将政府预留水量引入地下水库进行存储。现阶段北京市、吉林省等少数地方开发利用地下水库蓄水的实践，已收到良好的水资源效益和社会经济效益。

7.2.3　政府预留水量的有效性分析

资源的优化配置可以采用社会净福利进行说明。社会净福利指生产者剩余和消费者剩余。本书运用社会净福利理论，通过对供过于求和供不应求两种水资源失衡状态下有无政府预留水量的社会净福利比较，分四种情况证明政府预留水量的有效性。

1. 供过于求

如图7.2所示，当供过于求时，水权市场能够提供的水权量为 Q_2，需要的水权量为 Q_1，水权量存在过剩量 Q_2-Q_1，此时水权市场价格为 P_1，消费者剩余为三角形 $\triangle AP_1C$，生产者剩余为四边形 P_1BFC，社会净福利为 $\triangle AP_1C+P_1BFC$，小于市场均衡状态时的社会净福利为 $\triangle ABE$。同时，由于消费者的边际收益始终大于生产者的边际成本，因此，存在帕累托改进的余地。

为了使水权价格趋于合理，政府以低于市场价格 P_1 投放预留水量，市场价格开始回落，一方面，水权需求者的购买力得到恢复，消费者剩余趋向于 $\triangle AP_eE$；另一方面，降低水权转让冲动，促使可转让水权量趋向均衡量 Q_e，生产者剩余最终趋向 $\triangle P_eEB$，调整后的社会净福利为 $\triangle ABE>P_1BFC$，因此，通过动用政府预留水量，社会整体净福利得到改善。

2. 供不应求

如图7.3所示，当供不应求时，水权市场能够提供的水权量为 Q_1，水权的需求量为 Q_2，水权量缺口为 Q_2-Q_1，市场价格为 P_1，消费者剩余为四边形 $ACFP_1$，生产者剩余为 $\triangle P_1BF$，社会净福利为四边形 $ACFB$，小于市场均衡状态时净福利为 $\triangle ABE$，因此也存在帕累托改进。

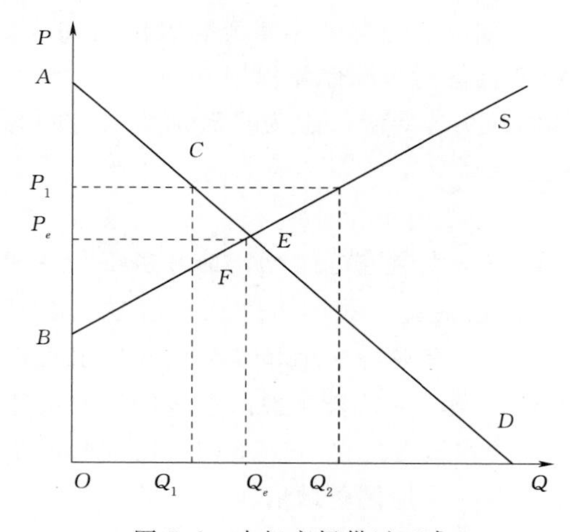

图7.2　水权市场供过于求

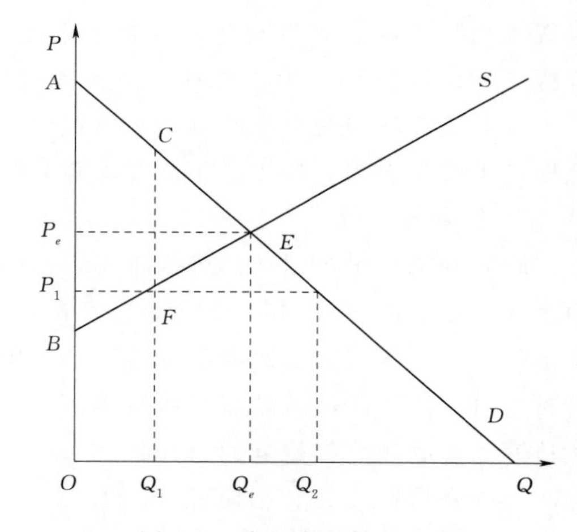

图7.3　水权市场供不应求

当市场偏离均衡状态，出现供不应求时，是经济萧条不振的表现。拥有多余水权者转让水权的动机受到抑制，为了刺激转让，政府在水权市场上以高于市价购买水权作为预留水量，对经济进行调控。政府的购买行为促使转让价格逐渐上升，水权需求量趋于下降，直至供给量等于需求量，消费者剩余逐渐调整至 $\triangle AP_eE$，生产者剩余调整至 $\triangle P_eEB$，

社会净福利调整至△ ABE ，调整后的社会净福利△ABE 大于调整前的社会福利四边形 $ACFB$ 。因此，通过政府购买水权作为预留水量，可以达到刺激水权交易市场、改善社会净福利的目的。

7.3 水资源安全管理理论与政府预留水量配置

7.3.1 水资源安全管理理论

水资源安全通常指水资源（水质与水量）供需矛盾产生的对社会经济发展、人类生存环境的危害问题。从水资源自身属性将水资源安全分为质量的安全和数量的安全，从水资源的影响作用可分为水资源经济安全、水资源社会安全和水资源生态安全。基于水资源安全的优化配置是缓解水资源短缺、实现水资源可持续利用的有效调控措施之一。现阶段自然环境与社会环境对水资源供需的双重约束使得水资源稀缺、旱涝灾害及与水相关的生态环境等问题频发，迫切需要引入应急理念解决水资源安全问题。

建立应急管理和常规管理是解决水资源安全问题的有效途径。应急管理将突发事件作为管理对象，服务于社会安全。20 世纪 60 年代末起，组织理论考虑环境的不确定性，应急管理有效应对了外部环境的不确定性。20 世纪 80 年代后，频繁发生的突发事件让应急管理成为公共管理研究的重要内容。

7.3.2 水资源安全管理与政府预留水量的关系

作为公共服务的主要提供者，政府应当承担水资源安全以及水资源突发事件应急管理的首要责任。政府预留水量调节水资源的配置和利用是强化水资源安全管理的重要途径。一方面，区域水资源与社会经济协调发展是衡量水资源安全管理的重要前提，是贯彻“人与自然和谐相处”科学发展观的重要途径。而政府通过控制预留水量，不仅可以应对水资源突发事件可能造成的社会恐慌，而且有利于经济发展的正常运行，从而保障社会安全和经济安全；另一方面，社会发展与突发事件应急管理是社会管理和公共服务的重要内容，直接考验政府执政能力和管理水平。作为公众利益代表的政府，可以利用预留水量进一步提升其水资源突发事件应急管理应对能力，保障国家（区域）的水资源安全。

7.4 公共产品理论与政府预留水量配置

根据消费的非竞争性和收益的非排他性，可以将不同的物品划分为私人产品、纯公共产品以及准公共产品。完全具备前两种特性的公共产品即为纯公共产品。在现实生活中，纯公共产品并不普遍，大量存在的是介于私人产品和公共产品之间的准公共产品。依据不同物品本身所具有的非排他性和非竞争性程度，对物品进行划分的私人产品、纯公共产品、准公共产品的二维划分如图 7.4 所示。

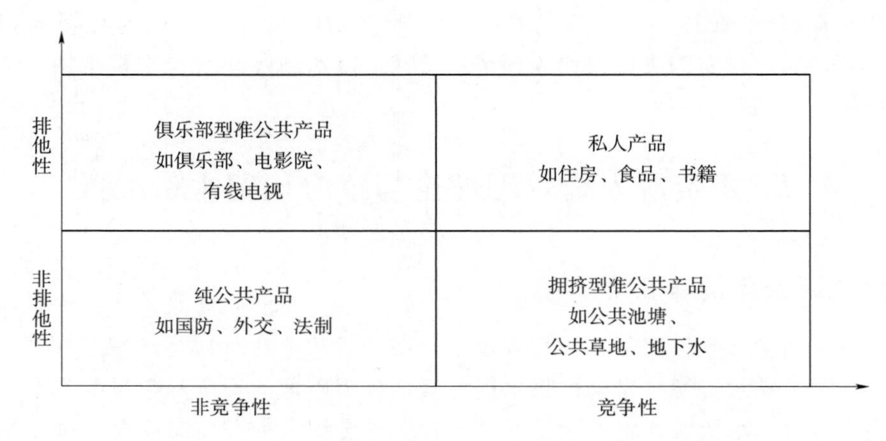

图 7.4 私人产品、纯公共产品、准公共产品的二维划分图

从图 7.4 可以看出，准公共产品还可以细分为俱乐部型准公共产品和拥挤型准公共产品。对俱乐部型准公共产品而言，收取费用是将不愿付费者排除在对该产品的消费之外的有效途径；与此同时，在该产品的消费者范围内，多增加一个消费者的边际成本往往接近于零。因此，俱乐部型准公共产品具有消费的非竞争性，但排他性较强。拥挤型准公共产品的消费具有非排他性，但当消费者的数量增加到一定规模时，边际成本增加，或是边际效用递减，产生了消费上的竞争性，也就是说这类产品是拥挤的。

7.4.1 公共产品理论

1. 公共产品的内涵

公共产品是指消费者增加对其的消费并不会降低其他消费者所拥有的消费量和消费水平（非竞争性的），而一旦生产者提供这种产品，任何人都不能阻止其他人对其消费，甚至不付费也能享有其带来的利益（非排他性的）。因此，公共产品具备受益的非排他性与消费的非竞争性的特点。而同时具备上述两方面特点的产品就属于纯公共产品。具有非竞争性而不具有非排他性或者具有非排他性而不具有非竞争性的这类物品被称为准公共产品。

2. 公共产品的特性

公共产品作为满足社会公共需要的物品或服务，与私人产品相互对立。

（1）纯公共产品的特性。对比私人产品的不同性质，公共产品的特性可以概括为：

1）消费的非竞争性。公共产品具有非竞争性，表现为两个方面的含义：一是边际消费成本为零；二是边际拥挤成本为零，即公共产品是共同消费的，而且不存在消费中的拥挤现象。

2）收益的非排他性。公共产品是集体共同消费，完全排斥拒绝为公共产品付费的人是无法实现的，从而间接地实现了非排他性。

3）目的的非盈利性。公共产品不以盈利为目的，其目的在于满足社会公共的需求，追求社会收益和社会福利的最大化。

4）效用的不可分割性。公共产品是面向全体社会成员的，是共同消费和共同受益的，效用由全体社会成员共同享有，而不能进行分割或由某些个人和组织单独享用。

5）生产的垄断性。公共产品的成本由政府按规定的税收计划在公民中进行配置，即按政府规定的垄断价格向公民征收报酬，垄断性强。

（2）准公共产品的特性。准公共产品的特性一般可以概括如下：

1）拥挤性。不同于纯公共产品，准公共产品的拥挤性是指随着消费者的数目逐渐增多到一定程度时，边际成本递增，也即出现边际成本大于零的情况。当消费者数目到达了“拥挤点”，消费者的新增将会造成原有消费者收益的减少，从而导致公共产品的非竞争性遭到破坏。法定节假日高速公路的堵车拥挤、城市供电紧张时段电压的下降等都是拥挤性的表现，因此在达到“拥挤点”之前，为了保证物品的非竞争性，应及时有效地采取措施降低成本来实现排他。

2）外部性。某一经济主体向市场之外的其他经济主体所强加的成本或利益就是准公共产品的外部性，其具有公共影响。纯公共产品产生的外部性会影响到全体社会成员；准公共产品产生的外部性则只涉及部分社会成员。

3）消费数量非均等性。它是指在一定时期内每个消费者对准公共产品的消费数量和获得的效用数量是不相同的。其原因在于：第一，准公共产品在消费数量上具有可计量性，如每个家庭用水量、用电量的计量；第二，不同的消费者因为收入水平、消费习惯等方面的差异而对准公共产品产生的需求数量是有差别的，如收入水平高的家庭的用水量、用电量一般也会相对高。

4）相对性。它是指纯公共产品、私人产品和准公共产品会随着外部环境的变化而三者之间相互变换。例如，经济实力的迅速提升会带来政府对准公共产品供给的增加，因此导致部分准公共产品向纯公共产品转变；科技水平的飞速发展使社会从无线电视时代迈向有线电视时代，此时原来的某些纯公共产品转变为准公共产品；随着社会的进步，当集体提供某种产品相对于个人单独提供可大幅降低成本，增加效益，实现“帕累托最优”时，或者当某种产品从个体需求转变为群体需求时，部分私人产品就会向准公共产品转变。

3. 公共产品的供给

按照主体结构划分，公共产品的供给模式可分为自主型供给模式、志愿型供给模式、市场型供给模式以及纯政府型供给模式四种。其中，占据主导地位的是纯政府型供给模式。“市场失灵”是公共产品纯政府供给模式出现的主要原因。供给公共产品所付出相应的成本应该由受益者共同承担，但是当生产并供给具有非排他性的公共产品时，由于无法将不承担成本的人排斥在对该产品的消费之外，从而导致了“搭便车”现象，致使以盈利为目的的私营部门没有激励提供公共产品。事实上，私营部门提供具有非排他性的公共产品将直接导致资源配置效率低下，其原因有以下几种：

（1）私营部门对某种公共产品的供给极有可能造成公共产品的供应不充分。因为可收费产品具有消费上的排他性，由私营部门供应的公共产品往往不考虑实际需求量，而只取决于该产品的边际收益和边际成本的均衡点，从而导致该公共产品的供给量严重不足。

（2）从效率角度看，通过价格来控制公共产品的使用可能是不理想的。追求收益是私营部门的基本出发点，当私营部门向社会供应公共产品时，必然会通过向该公共产品的使用者收费来获取收益。由于消费者的收入水平有差异，他们对可收费产品的需求会因此受到不同程度的制约。低收入者由于公共产品价格过高而无法获得其需要的产品，与此同时，公共产品也会出现闲置。

7.4.2　政府预留水量的公共产品属性分析

从理论上来讲，通过考察某种物品是否具备非排他性和非竞争性两个特征，可以判断该物品是否属于公共产品。概括来说，私人产品均不具备以上两个特征，准公共产品只具备其中一个特征，而纯公共产品同时具备上述两个特征。因此，要界定政府预留水量是否属于公共产品，就只需要判断政府预留水量是否具有非排他性和非竞争性这两个基本特征即可。

1. 关于政府预留水量是否具有非竞争性的判断

政府从国家或区域的长远利益出发，在对社会发展进行宏观把握的基础上，对水资源突发事件或国家重大发展战略用水进行预留，以便应对未来供应紧张或中断。一旦严重干旱灾害或者意外事故引发的突发水污染事件使水资源供给量骤减时，或者国家重大发展战略调整、布局变化以及国防建设产生水资源需求量的新增时，政府作为预留水量的权利主体，就需要对预留水量进行配置。

在突发供水危机或者发展战略用水需求新增的情况下，政府预留水量是有限的，但此时各地区、各部门对水资源的需求尤为强烈。在政府预留水量一定的情况下，每增加一个用水户的边际成本大于零，这里包含两个方面的含义：一是边际消费成本大于零，即每增加一个政府预留水量的使用者，政府就会因此而增加供应成本；二是边际拥挤成本大于零，即政府预留水量一旦被提供，某地区或某部门对预留水量的使用会减少其他地区或部门对预留水量的消费机会和消费数量。因此，各地区、各部门对政府预留水量的消费是拥挤的，政府预留水量不具有非竞争性。

2. 关于政府预留水量是否具有非排他性的判断

水资源是促进国民经济发展、保障国家安全的一种重要战略资源。在未来的经济社会发展进程中，不可避免地会产生不可预见因素以及不可抗力因素导致的水资源非常规需求。政府预留水量就是用来消除或者缓解突发紧急情况下的供水危机以及作为经济社会发展的用水储备。在紧急情况下，用水户的水权往往会受到侵害，因此水资源需求量会产生相应的增加，此时政府预留水量可发挥其应急管理的优势，政府可以直接调用其作为生产资源或消费资料进入社会活动中去。即政府预留水量在进入需要和使用过程时，不需要经过社会的交易或交换的环节，可以由政府部门直接投放和使用。政府预留水量是满足社会公共需要的物品，想要排除其他地区或部门使用预留水量是不可行的，这会引起社会的不公，与政府的社会职能是相悖的。政府作为有效供给者，要最大限度地满足社会公共需要，实现社会公平公正。因此，政府预留水量具有非排他性。

综上所述，政府预留水量具备非排他性特征，然而并不具备非竞争性的特征。根据纯公共产品、准公共产品及私人产品所具有的不同特征判断，政府预留水量属于拥挤型准公共产品。政府预留水量、纯公共产品、准公共产品和私人产品的基本特征见表 7.3。

表 7.3　　政府预留水量、纯公共产品、准公共产品和私人产品的基本特征

基本特征	纯公共产品	俱乐部型准公共产品	拥挤型准公共产品	私人产品	政府预留水量
非竞争性	√	√	—	—	—
非排他性	√	—	√	—	√

政府预留水量在二维划分图中的位置见图 7.5。

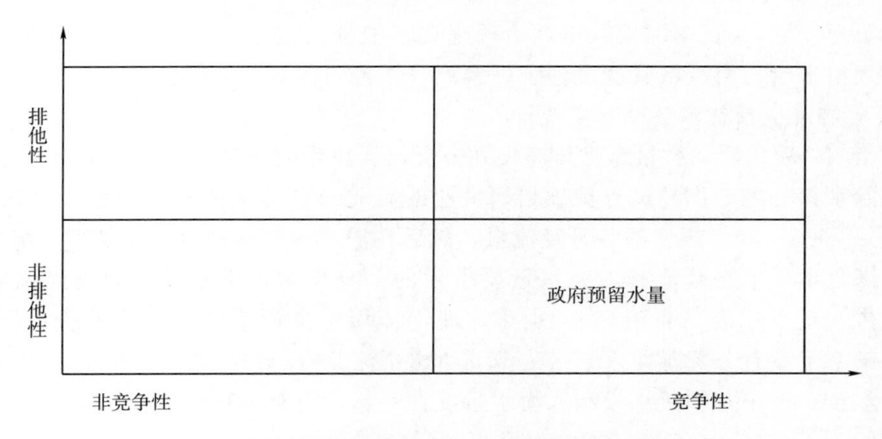

图 7.5　政府预留水量在二维划分图中的位置

7.5　政府预留水量分配实践及启示

初始水权分配是一项技术复杂和社会敏感的工作，既没有系统、完整、成熟的可操作理论体系，又不能脱离国情套用国外模式，必须先通过试点研究工作不断积累经验，逐步形成一套较为完备的水权分配理论技术体系。目前政府预留水量理论研究较少，而国内一些流域，诸如塔里木河流域、石羊河流域、大凌河流域等已经开展政府预留水量的分配实践活动，取得了很好的效果，为其他流域、地区分配政府预留水量提供了重要的借鉴意义。本节通过分析这些试点预留水量分配实践案例，进一步阐述初始水权分配预留水量的意义，及其对本书研究的启示。

7.5.1　政府预留水量分配实践

伴随着第二次全国水资源综合规划的开展，我国许多流域陆续开展了初始水权分配实践试点活动。这些试点流域包括塔河、黑河、石羊河、卫河、霍林河、大凌河、黄河、晋江、抚河、东江以及内蒙古自治区沿黄六盟，见表 7.4，以上 11 个流域或区域中，已经有 5 个流域初始水权分配涵盖了预留水量，分别是塔河、石羊河、大凌河、晋江、抚河。

表 7.4　　主要流域及地区初始水权分配情况

流　域	塔　河	黑　河	石羊河	卫　河	霍林河	大凌河	黄　河	晋　江	抚　河	东　江	内蒙古自治区沿黄六盟
有效期	无	无	无	无	无	无	有	有	无	无	有
预留水量	有	无	有	无	无	有	无	有	有	无	无

1. 塔河流域预留水量分配实践

塔河未在全流域内分配预留水量，只是针对支流和田河流域分配了预留水量。和田河流域规划年将增加 45.37 万亩灌溉面积，由于此部分面积尚未落实，暂将其需水量作为待发展面积用水量单独列出，待面积确定后再进行分配。规划年和田河流域综合毛灌溉定额 923.48m^3/亩，则待发展灌溉面积 45.37 万亩分配水量为 4.19 亿 m^3 作为预留水量。

2. 石羊河流域预留水量分配实践

在石羊河流域，《石羊河流域重点治理规划》中分配了 7316 万 m^3 水量作为全流域应急调度的预留水量，由流域管理机构统一调配，不再向各县区分配。

3. 大凌河流域预留水量分配实践

2004 年 10 月 9 日，水利部召开部长办公会议，决定将大凌河流域初始水权分配作为水利部初始水权分配工作的试点。项目研究小组首先对各分区的径流成果按月进行排频，得出 90%、75%、50%频率的各月径流量，然后在需水预测基础上，将供需平衡后的下泄水量，在满足本区生态基流和入海水量要求后的部分作为预留水量。大凌河流域涉及河北、内蒙古、辽宁三省（自治区），由于大凌河流域水资源紧缺，用水矛盾突出，90%、75%来水频率下没有分配预留水量。表 7.5 给出了河北省、内蒙古自治区 50%来水频率下各月预留水量，辽宁省预留水量和入海水量混在一起，没有单独给出。

表 7.5　　河北省、内蒙古自治区 50%来水频率下政府预留水量　　单位：万 m^3

月份	1	2	3	4	5	6	7	8	9	10	11	12
河北省	0	0	0	19	0	0	86.9	241.3	29.7	44.2	17.9	52.2
内蒙古自治区	56.5	44.2	118.3	0	0	288.7	862.1	1211	211.6	243.5	314.7	61.9

数据来源：高而坤，党连文．水权制度建设试点经验总结（二），中国水利水电出版社，2008：8－9.

4. 晋江流域预留水量分配实践

为了解决水资源问题，1996 年，泉州市制定了《晋江下游初始水权分配方案》，针对晋江金鸡闸的枯水流量，在各县、市间进行分配，分配比例以 1994 年经济社会发展和用水状况预测为基础，以 2000 年水资源需求和可供流量为依据，同时政府预留 10%为作市发展和应急水源。晋江的初始水权分配是在湿润区水量相对充沛流域进行的实践，其在水量分配方案基础上构建了工程建设、环境治理及生态补偿的资金分摊方式，凸显了水权制度在现代水资源管理中的重要基础作用。其初始水权分配的特点是：①时间上，方案针对未来水资源需求进行分配，没有考虑有效期；②范围上，将枯水期可供流量在各区域之间进行分配，抓住了主要矛盾；③对象上，预留 10%的应急水量，但没有制定相应的应急水量管理措施。晋江水量分配方案见表 7.6。

表 7.6　　晋江水量分配方案

岸　别	县别	分配比例/%	保证率 97%时分配流量 /（m^3/s）
南　岸	鲤城区	2.6	1.60
	晋江市	38.9	23.99
	石狮市	10.8	6.66
	南安市	6.8	4.20

续表

岸　别	县别	分配比例/%	保证率 97%时分配流量 / (m^3/s)
北　岸	鲤城区	12.5	7.71
	惠安县	11.2	6.91
	南安市	0.9	0.55
	肖厝供水	5.9	3.64
	秀涂供水	0.4	0.25
市预留水量		10.0	6.17

5. 抚河流域预留水量分配实践

2005 年，江西省水利厅委托江西省水利科学研究院开展了抚河流域水权分配试点研究。因为江西水资源较丰富，加之抚河流域的水量分配方案给各地留有较大空间，较长时间内不会发生水量短缺的情况，江西省设定了 30 年的水权期限。抚河流域水权分配方案中，政府预留水量分别超过整个分配水量的 20%。例如，在 2015 水平年，$P=50\%$的保证率下，政府预留水量为 11.38 亿～13.93 亿 m^3；2030 水平年，$P=50\%$的保证率下，政府预留水量为 10.29 亿～12.69 亿 m^3。抚河流域虽然增加了政府预留水量，提高了宏观调控能力，但缺乏对政府预留水量如何使用和再次分配的明确规定。

7.5.2　政府预留水量分配实践的启示

在初始水权分配理论发展初期，分配范围基本是流域或区域的多年平均水资源量，分配对象主要是生活、生产、生态用水。按照这种方法得到的初始水权分配方案其实难以有效实施，由于水文不确定性及其他水环境事故的发生，导致实际可用水量远远低于多年平均水资源量。另外，社会经济发展的节奏加快，各区域发展战略的不断调整，经常产生新增用水，所以按照多年平均水量分配初始水权的模式缺乏足够的灵活性，难以及时地调节区域间、行业间以及生态环境与社会经济间的用水矛盾。在初始水权分配中有必要增加预留水量，以体现水资源服务目标的多样性。

现阶段已经出现因没有分配政府预留水量而出现找水困难的案例。新疆独山子石化公司（以下简称“独石化”）位于新疆维吾尔自治区克拉玛依市独山子区，隶属于中国石油天然气股份有限公司，是集大型炼油、化工、精细化工一体化的综合性石化企业。2008 年，国家投放 1500 亿元在独山子石化公司 1000 万 t 炼油、120 万 t 乙烯工程上，它是中国和哈萨克斯坦共和国能源合作战略的重要组成部分，也是解决国家石油来源多元化的需要。新疆维吾尔自治区水权结构中没有政府预留水量，无论是民众，还是政府部门、新疆生产建设兵团，均习惯于按照已有的水量分配比例划分水权，因此也无法重新分配政府预留水量。最后，经过多方多次协商，沙湾县和新疆生产建设兵团农八师答应各解决一半独石化的新增需水量，但独石化必须对沙湾县和新疆生产建设兵团农八师给予合理补偿。该案例说明初始水权分配可能会对经济社会的发展产生瓶颈效应，通过政府预留水量的再分配将会成为解决这一瓶颈效应的主要途径。

根据国外水权制度实践，水权既要具有稳定性，同时也要具有灵活性。在水资源使用权有效期内，各流域、各区域难免会发生水源突发污染事故或者干旱自然灾害导致应急用水需求发生，或者由于经济发展战略调整而增加新增用水需求，各流域水权分配时基于对未来水平年用水需求的合理预测来分配水权，而各流域经济发展是带有周期性和波动性的，导致预测出的合理未来发展用水与未来实际用水之间有波动差额，当预测出的部分未来发展用水严重小于未来实际用水需求量时，应该有备用水量予以支援，所以有必要增加预留水量的分配。

7.6　政府预留水量优化配置方法的选择

政府预留水量优化配置实质上是水权优化配置问题，水权优化配置方法可以被政府预留水量优化配置所运用。本节研究了非线性多目标规划、随机规划、模糊数学规划和区间线性规划等方法及其在政府预留水量优化配置中的适用性。

7.6.1　非线性多目标规划及其适用性

多目标优化的思想萌发于1776年经济学的效用理论。1896年，经济学家Pareto在经济福利理论的著作中提出了多目标优化问题，并引进了Pareto最优解的概念。V Neuman和Morgenstern（1953）指出，多目标情形是几个相互冲突的最优化问题，该问题难以用传统数学方法来解决。Arrow等（1958）将多目标规划推广到一般的拓扑向量空间中，Johnsen（1968）系统地提出了多目标决策模型。

由于现实社会的复杂性和多样性决定了多目标优化问题的普遍性，多目标规划已成为最优化理论的一个重要分支。目前，求解非线性多目标规划问题的主要方法有以下几种：

（1）评价函数法。利用评价函数把多目标最优化转化为一个单目标问题进行求解。如线性加权和法、极大极小法、理想点法等。

（2）交互优化法。这种方法不直接使用评价函数的表达式，而以分析者的求解和决策者的抉择相结合的人机对话的求解方法。

（3）分层求解法。按目标函数的重要程度进行排序，然后按这个排序依次进行单目标的优化求解，以最终得到的解作为多目标优化的最优解。

政府预留水量规模和结构优化配置是政府预留水量优化配置面临的两大核心问题。在水权总量已知的情况下，如何将其合理地配置到国民经济水权、生态环境水权和政府预留水量，以及在政府预留水量规模已知的情况下如何将其合理地配置到发展预留水量和应急预留水量，并保证最终配置的结果最优将是需要研究的重点。在这个优化配置过程中，包含多个配置对象、目标和多个配置原则，多目标非线性规划可以很好地解决政府预留水量规模和结构优化配置的多目标问题和非线性约束条件问题。

7.6.2　随机规划及其适用性

随机规划是运筹学的一个重要分支，是含有随机变量的数学规划。Dantzig（1960）和Charnes（1976）建立了几种随机规划模型。20世纪60年代末，Wets（1966）刻画了两阶段问题目标函数的性质；Borell（1974）和Prekopa（1980）对概率约束规划可行解的凸性做了研究。求解随机规划问题的方法有Kall（1994）的逼近方法和Ermoliev

(1983) 的随机拟次梯度法等。

随机规划先后发展为三个分支，分别为期望值模型、机会约束规划以及相关机会规划。美国经济学家Dantzig在1955年首次提出期望值模型，这是一种在期望约束条件下，能够使目标函数的期望值最优化的有效方法。Charnes和Cooper于1959年提出机会约束规划，是在一定的概率意义下达到最优的理论。刘宝碇教授于1998年对相关机会约束理论进行改进，使事件的机会在随机环境下达到最优。

随机规划是处理随机性数据的一类数学规划方法，它的特点在于其系数中引进了随机变量，使得随机规划的实用性和实践性比确定性数学规划更加优越。政府预留水量配置系统是一个复杂的系统，通常有多样性、多功能性、多维性及多准则性，并带有随机参数。对于这种系统中出现的随机变量，对于不同的管理目的与技术要求，采用的方法自然也不同，随机规划可以很好地解决政府预留水量配置的分布问题、期望值问题及概率约束规划问题。

7.6.3　模糊数学规划及其适用性

长期以来，精确数学和随机数学被广泛应用于自然界不同事物运动规律的描述，但客观世界、客观事物往往不是精确的，而是存在大量的模糊现象。在面临日趋复杂的各个系统时，人文、社会学科及其他"软科学"存在明显的数学化和定量化趋势，正是这种趋势让模糊性的数学处理问题成为社会关注的焦点。

决策中不确定的现象有随机现象和模糊现象两类。随机变量被用来描述、刻画随机现象的量；而模糊变量被用来描述、刻画模糊现象的量。含模糊参数的规划就是模糊规划。模糊规划和随机规划都可以用来处理不确定性，因此也被称为不确定性规划。

随着水源地的不断缩减和水源污染日趋严重，多水源供水成为解决城市用水问题的必要手段。政府预留水量配置从一定程度上来说可以理解为多水源供水系统，可以采用以供水成本最小或经济效益最大为目标函数建立数学模型，并用相应算法求解得出最优配置。但是由于实际的配置过程中存在多种形态的不确定性，使得传统的确定性优化模型求解方法不再适用。

7.6.4　区间线性规划及其适用性

区间规划与模糊规划和随机规划不同，它关于参数不确定性的表示方式是区间集合。因此，当参数的上、下界已明确时，区间规划就可以进行不确定性的描述。关于区间规划理论的研究目前已取得较多的成果。Inuiguchi等（1995）对目标函数含有区间数的线性模型进行了深入研究；在此基础上，Chanas等（1999）利用区间数序关系实现了从原始问题向两目标优化问题的转换；此外，达庆利和刘新旺（1999）在研究目标函数含有区间数的基础上，还同时研究了约束条件含有区间数的线性模型，并创新性地提出了基于模糊约束满意度的模型求解方法；张吉军（2001）分别对区间线性规划问题的保守可能解、保守必然解、冒进可能解和冒进必然解等进行了解释；Sengupta等（2001）提出了利用α水平下的可接受指标来求解区间满意解的有效方法；史加荣等（2005）依据区间数两两比较的可能度，对区间线性规划问题的可能有效解和可能弱有效解分别进行了定义，同时提出了有效的求解算法；牛彦涛等（2010）从可能度的涵义出发，对区间线性规划的最优解、有效解、弱有效解的内涵及其存在的条件进行了分析和研究。上述研究成果有力地推进了区间线性规划的研究，丰富并完善了区间线性规划理论。但是，上述方法也存在一个明显的不足，那就是当参数在区间内任意变化时，利用这些方法求得的解也可能不是可行解。

由于统计资料可能存在主观性，所以参数用区间或者模糊数来描述更合适。将区间线性规划与传统随机规划相结合，得到有效的水量分配模型，同时根据已知数据的上、下限可以将模型转化成上限和下限的子模型，将模糊信息的不确定性从系统中消除，易于计算。该方法能有效地处理区间、模糊、随机等不确定性，对政府预留水量配置具有一定启示。

第8章　政府预留水量耦合优化配置模型

8.1　需求视角下政府预留水量规模优化配置模型

8.1.1　配置研究思路及影响机理

1. 需求视角下政府预留水量规模优化配置研究思路

政府预留水量与国民经济用水、生态环境用水，同属初始水权体系的重要组成部分。政府为有效应对突发事件以及不可预见因素引起的非常规水资源需求，在水权初始配置时须预留一定的水权份额。正是由于政府预留水量配置与初始水权配置之间的密切关系，本书将政府预留水量纳入初始水权优化配置的框架之中，通过分析初始水权的最优配置方案去获得政府预留水量的最优规模。

由于初始水权优化配置的复杂性和特殊性，目前相关研究主要集中在初始水权的定义、思想、转换、管理等理论方面，对实际可操作性方面的研究较少，主要是初始水权优化配置原则和配置方法的研究。从配置原则来看，可以将不同学者提出的配置原则概括为三类，即指导思想类、具体分配类和补充类。不同原则侧重点有所不同，在配置实践中，考虑所有原则既不科学也不现实，应该结合我国国情和实际需要提出初始水权优化配置原则。从配置方法来看，根据选择指标的多少，将其划分为单指标模型和多指标模型。其中，单指标配置模型从不同角度体现初始水权优化配置原则，方法比较简单，由于片面强调某一个方面的重要性，导致得出的优化配置方案不能被广泛地接受；多指标配置模型从不同角度考虑，从而得出的优化配置方案更加全面和合理，但是在指标体系构造上，各层次是一种简单的单向关系，不能形成反馈。

基于以上分析，本章首先从人口规模、水生态文明等角度分析初始水权优化配置的影响因素；其次，分析初始水权优化配置原则，包括用水安全保障原则、政府预留原则、可持续原则、公平性原则和效率性原则；再次，基于满意度函数构建政府预留水量规模优化配置模型；最后，利用遗传算法对政府预留水量规模优化配置模型进行求解，得出满意度最大的初始水权配置方案，从而获得最优的政府预留水量规模。政府预留水量规模优化配置模型的研究思路见图8.1。

2. 用水安全对政府预留水量配置的影响机理

为解决日益复杂的水资源问题，保障用水安全，促进经济社会发展与水资源、水环境承载能力相协调，我国实行最严格水资源管理制度，而该制度的核心是“三条红线”。确立了水资源开发利用的控制红线，就可以实现严格控制用水总量的过快增长，使水资源的开发控制在水资源的承载能力范围；确立用水效率控制红线，着力提高用水效率、遏制用水浪费，促进节水型社会的建设；确立水功能区限制纳污红线，推进水资源的保护以及水污染防治，把入河湖排污的总量限制于水环境承载能力范围以内，以保证水资源可满足使

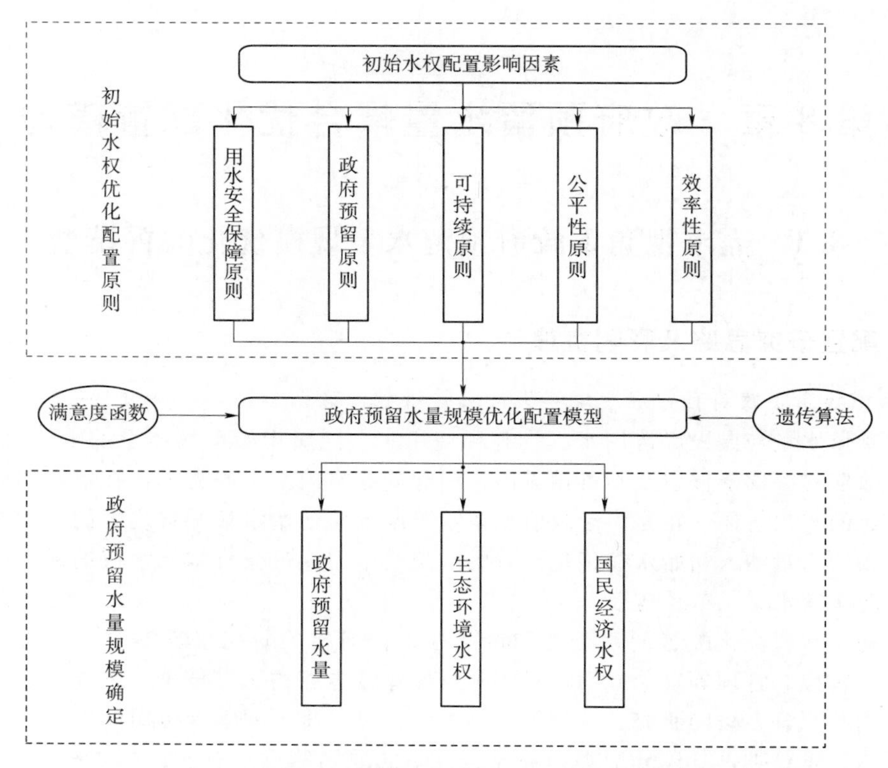

图 8.1　政府预留水量规模优化配置模型的研究思路

用功能要求。“三条红线”是从水量、水质和用水效率等维度出发进行宏观总量控制和微观定额管理，确保经济社会发展用水需求不超出水资源承载能力范围和水环境承载能力范围，从而达到用水安全的状态。用水安全对政府预留水量的影响主要体现在以下三个方面：

（1）用水总量控制红线需全面考虑水资源承载能力，是对取水的各省区（自治区）采取的用水总量宏观控制措施。这是主要的控制因素，强化用水总量控制管理的约束力。各省区（自治区）根据水资源禀赋条件、历年国民经济用水和生态环境用水情况以及对可能出现的紧急情况的预测，按照用水总量控制的动态比例确定预留水量，因此，用水总量控制对预留水量的大小具有直接决定作用。

（2）用水效率控制需全面体现节水理念和节水方式。用水效率的提高意味着水资源重复利用率的改善，将有利于用水量投入的减少，会降低预留水量用于发展用水需求的可能性，与此相对的是，用于应急用水的水量会增加。

（3）水功能区限制纳污量的确定体现水质改善的要求。水质的改善意味着排污量的减少，反映用水效率的提高，带来用水量的减少，会降低预留水量用于发展用水需求的可能性；同时，水质改善表明受污染水量的减少，间接增加了可用于国民经济和生态环境的水量，也会带来预留水量用于发展用水需求的可能性，都将增加用于应急用水的水量。

用水安全表现在水量和水质上，与严格水资源管理制度相契合，因此，用水安全对政

府预留水量分配的影响可以通过“三条红线”来反映。用水安全对政府预留水量配置的影响机理见图 8.2。

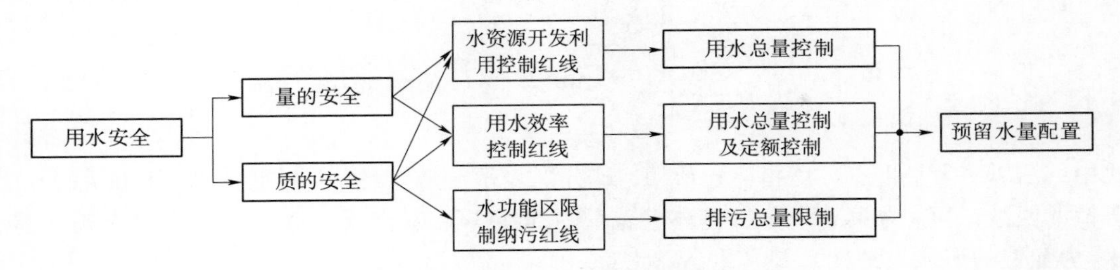

图 8.2　用水安全对政府预留水量配置的影响机理

8.1.2　初始水权优化配置基本原则

初始水权配置涉及社会、经济、环境等多个方面，配置方案必须充分考虑满足粮食安全、基本生活用水、基本生态用水的需要，并能充分体现社会公平、效率优先，预防突发事件和不可预见因素带来的影响。

参考既有文献中的初始水权配置原则（表 8.1），本书确定的初始水权分配具体原则为：用水安全保障原则、可持续原则、公平性原则和效率性原则、政府预留原则。初始水权配置系统可以看成是政府预留水量子系统、国民经济水权子系统和生态环境水权子系统的复合体。

表 8.1　初始水权配置原则

配置类别	具体原则
指导思想类	可持续原则；基本用水保障原则；合理有效利用原则；注重综合效益原则；安全原则
具体分配类	基本生活用水保障原则；基本生态用水保障原则；粮食安全保障原则；占用优先原则；人口优先原则；面积优先原则；水源地优先原则；有效性原则；可持续性原则；留有余量原则
补充类	可行性原则；灵活性原则；政治和公众接受原则（公众信任原则、民主协商原则）；权利义务相统一的原则；地下水所有权的相对性和绝对性原则；有限期使用原则

1. 用水安全保障原则

用水安全保障原则主要包括基本生活用水保障、基本生态用水保障和粮食安全保障三个方面。

（1）基本生活用水保障原则。基本生活用水包括城市居民的生活用水、农村居民的生活用水以及牲畜用水。基本生活用水总量的确定及配置参数表达式为

$$W_D = \sum_{i=1}^{n} W_{D_i} = \sum_{i=1}^{n} (Q_{D_{i1}} P_{i1} + Q_{D_{i2}} P_{i2}) \tag{8.1}$$

$$W_D = W'_D \tag{8.2}$$

式中：n 为参与水量配置的分区数量；W_{D_i} 为第 i 个分区基本生活用水量；$Q_{D_{i1}}$、$Q_{D_{i2}}$ 分别为第 i 个分区城市和农村的基本生活用水定额；P_{i1}、P_{i2} 分别为第 i 个分区城市和农村人口数；W_D 为流域（地区）基本生活用水量；W_D' 为配置的流域（地区）基本生活用水量。

（2）基本生态用水保障原则。生态用水主要包括基本生态用水和适宜生态用水两部分。基本生态用水总量的确定及配置参数表达式为

$$E^{t+1}(Index) - E^{t}(Index) \geqslant 0 \tag{8.3}$$

$$F(W_E) = F(\sum_{i=1}^{n} W_{E_i}) = \min[E^{t+1}(Index) - E^{t}(Index)] \tag{8.4}$$

$$W_E = W_E' \tag{8.5}$$

式中：$Index$ 为水生态环境指标；E^{t+1}、E^{t} 分别表示流域（地区）在时刻 $t+1$ 和 t 的水生态情况函数；W_{E_i} 为第 i 个分区基本生态需水量；W_E 为流域（地区）基本生态需水量；W_E' 为配置的流域（地区）基本生态需水量。

（3）粮食安全保障原则。保障我国的粮食安全和社会稳定始终是水资源配置中需要优先考虑的目标，不仅需要考虑经济效益，还需要考虑社会效益。基本粮食生产用水量要得到优先保障。根据地区基本粮食生产指标、平均粮食亩产以及灌溉定额，计算得到基本粮食保障用水总量。基本粮食用水保障程度原则上要大于95%。基本粮食安全保障用水总量的确定及配置参数表达式为

$$W_{C_i} = w_i \min(C_i) \tag{8.6}$$

$$RBS = \min(RBS_i) = \min\left(\frac{W_{R_i}}{W_{C_i}}\right) \geqslant 95\% \tag{8.7}$$

式中：W_{C_i} 为第 i 个分区基本粮食生产需水量；w_i 为第 i 个分区单方粮食生产需水量；$\min(C_i)$ 为第 i 个分区基本粮食生产要求；W_{R_i} 为第 i 个分区配置的社会经济水权量（不包括基本生活、生态水权）；RBS_i 为第 i 个分区基本粮食用水保障程度，取所有分区中最小的基本粮食保证程度代表流域（地区）基本粮食保障情况。

2. 可持续原则

流域生态环境需水主要包括基本生态用水和适宜生态用水两个部分。可持续原则的参数表达式为

$$E^{t+1}(Index) - E^{t}(Index) > 0 \tag{8.8}$$

$$F(W_{SD}) = F(\sum_{i=1}^{n} W_{SD_i}) = \max[E^{t+1}(Index) - E^{t}(Index)] \tag{8.9}$$

$$0 < \frac{W_{SD}'}{W_{SD}} \leqslant 1 \tag{8.10}$$

式中：W_{SD_i} 为第 i 个分区适宜生态需水量；W_{SD} 为流域（地区）适宜生态需水总量；W_{SD}' 为配置的流域（地区）适宜生态需水总量。

3. 公平性原则

水量分配公平性原则相对复杂，内涵也比较丰富，目标是在不同区域之间、社会各阶层之间的各方利益情况下，对水资源在不同行业之间、不同时段之间和不同地区之间进行合理分配，具体包括占用优先原则、人口优先原则、面积优先原则和水源地优先原则四个子原则，各个原则都体现了不同意义上的公平性，为了能够保障水权配置的相对公平，需要进行综合考虑。

1）占用优先原则。占用优先原则指基于现状用水结构进行总水量配置，是被国外广泛认可并且使用的一项基本水量配置原则。占用优先原则的参数表达式为

$$\min\left(\frac{W_{R_i}}{W_{O_i}}\right)/\max\left(\frac{W_{R_i}}{W_{O_i}}\right)=1 \tag{8.11}$$

式中：W_{R_i} 与式（8.7）含义相同；W_{O_i} 为第 i 分区现状社会经济用水量（不包括基本生活用水量和生态用水量）。

式（8.11）右侧值为 1，表示各分区的配置水量与现状需水量比值均一致，实现了按照各分区现状用水量比重进行配置。

（2）人口优先原则。人口数量也是公平性原则的重要影响因素，人口优先原则的参数表达式为

$$\min\left(\frac{W_{R_i}}{P_i}\right)/\max\left(\frac{W_{R_i}}{P_i}\right)=1 \tag{8.12}$$

式中：P_i 与式（8.1）含义相同。

式（8.12）右侧值为 1，表示各分区的配置水量与人口比值均一致，实现按照各分区人口比重进行配置。

（3）面积优先原则。我国地域辽阔，水资源时空分布不均，根据地区面积进行水量配置是公平性原则之一。面积优先原则的参数表达式为

$$\min\left(\frac{W_{R_i}}{A_i}\right)/\max\left(\frac{W_{R_i}}{A_i}\right)=1 \tag{8.13}$$

式中：A_i 为第 i 个分区的面积。

式（8.13）右侧值为 1，表示各分区的配置水量与面积比值均一致，实现按照各分区面积比重进行配置。

（4）水源地优先原则。水源地上游具有天然取水优势，会占用较高比例水量。水源地优先原则符合流域现状用水秩序，是公平性原则应该考虑的内容。水源地优先原则的参数表达式为

$$\min\left(\frac{W_{SR_i}}{W_{S_i}}\right)/\max\left(\frac{W_{SR_i}}{W_{S_i}}\right)=1 \tag{8.14}$$

式中：W_{SR_i} 为第 i 个分区配置的地表社会经济水量（不包括基本生活、生态水量）；W_{S_i} 为第 i 个分区产地表水量。

式（8.14）右侧值为 1，表示各分区的水量与产水量比值均一致，实现按照各分区产水量比重进行配置。

4. 效率性原则

实现资源高效利用是进行资源配置或资源管理的重要目的之一。因而，在配置水资源使用权的时候，必须考虑配置方案的效率。一般按单方水 GDP 产值进行水量配置，要求将水量全部配置给水资源利用效益最高的地区。通常，公平性原则与效率性原则会发生冲突，在水量配置过程中，公平性原则应该优先于效率原则。效率原则的参数表达式为

$$\left[\sum_{i=1}^{n}\left(W_{R_i}\frac{G_i}{W_{O_i}}\right)-\sum_{i=1}^{n}W_{R_i}\min\left(\frac{G_i}{W_{O_i}}\right)\right]/\left[\sum_{i=1}^{n}W_{R_i}\max\left(\frac{G_i}{W_{O_i}}\right)-\sum_{i=1}^{n}W_{R_i}\min\left(\frac{G_i}{W_{O_i}}\right)\right]=1 \tag{8.15}$$

式中：G_i 为第 i 个分区国内生产总值。

式（8.15）右侧值为1，表示将水量配置给水资源利用效率最高的分区。

5. 政府预留原则

政府预留原则的参数表达式为

$$RGS = \frac{W'_G}{W_G} \tag{8.16}$$

式中：W'_G 为配置的流域政府预留水量；W_G 为流域政府预留水量；RGS 为政府预留水量保障程度。

初始水权配置影响因素及基本原则见图8.3。

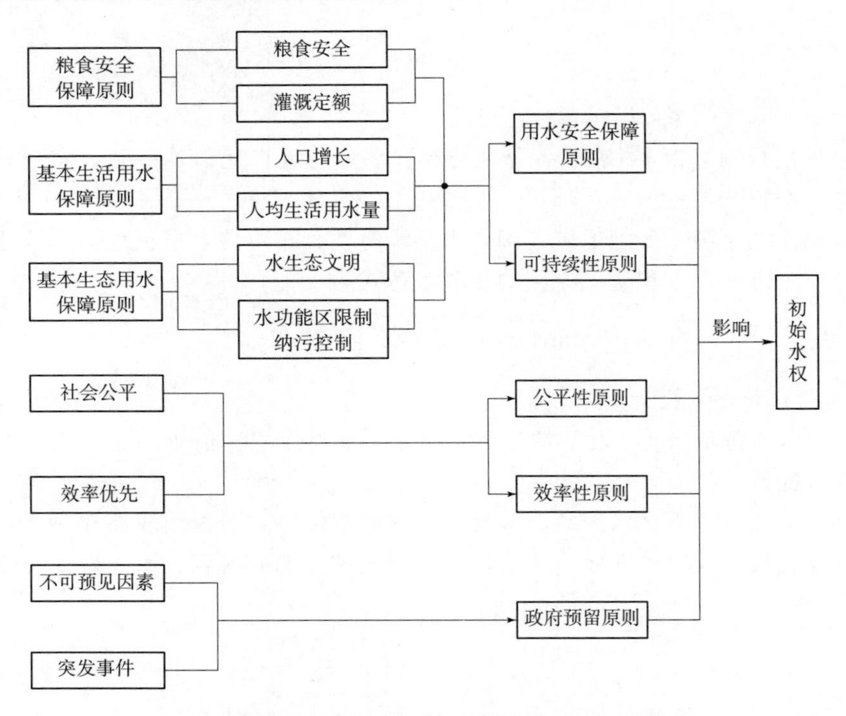

图8.3　初始水权配置影响因素及基本原则

8.1.3　政府预留水量规模优化配置模型构建

由于水资源的多用途性以及利用形式的多样性，水量配置过程需要保障基本生活用水、基本生态用水、维持可持续发展、确保公平、提高用水效率以及政府预留原则，属于多目标的决策问题。生态环境可持续的目标要求尽量满足生态用水，往往与社会经济生活用水产生矛盾；公平性原则要求水量配置公平，但是与水量配置向用水效率高的地区和产业倾斜产生矛盾，效率和公平难以兼顾；同时，社会经济用水、生活用水以及政府预留水量配置也会产生矛盾。

综合协调水量配置的多种目标，给出相对优化的水量配置方案，是水量配置模型构建的主要内容。本章采用多目标优化方法，构建政府预留水量规模优化配置模型。以满意度函数的形式量化配置原则，求解各原则综合满意度最大的水量配置方案，作为最优的初始水权配置方案，从而得到最优的政府预留水量规模。

1. 目标函数

采用加权方法将多目标问题转化为单目标问题，且权重系数均大于 0，从而保证加权后的单目标问题最优解就是五个原则下多目标问题的非劣解，加权后以综合满意度最大为初始水权配置模型目标函数，即

$$\max S = \omega_1 RBS + \omega_2 RGS + \omega_3 RES + \omega_4 RFS + \omega_5 RHS \tag{8.17}$$

式中：RBS 为用水安全保障原则满意度函数；RGS 为政府预留原则满意度函数；RES 为可持续原则满意度函数；RFS 为公平性原则满意度函数；RHS 为效率性原则满意度函数。

（1）用水安全保障原则满意度函数。考虑到基本生活用水保障原则和基本生态用水保障原则的强制约束性，本章将两者纳入模型约束条件予以考虑，所以用水安全保障原则满意度函数仅考虑粮食安全保障原则，为

$$RBS_i = \begin{cases} \dfrac{W_{R_i}}{W_{C_i}} & (W_{R_i} < W_{C_i}) \\ 1 & (W_{R_i} \geqslant W_{C_i}) \end{cases} \quad (i = 1, 2, \cdots, n) \tag{8.18}$$

$$RBS = \begin{cases} 1 & [\min(RES_i) = 1] \\ \dfrac{\min(RBS_i) - 0.95}{1 - 0.95} & [0.95 < \min(RBS_i) < 1] \\ 0 & [\min(RES_i) \leqslant 0.95] \end{cases} \tag{8.19}$$

式中：RBS 为基本粮食用水保障原则满意度，如果分区配置水量小于粮食安全需水的 95%，则原则未得到满足；W_{C_i} 为第 i 个分区基本粮食生产需水量；W_{R_i} 为第 i 个分区配置的社会经济水权量（不包括基本生活和生态用水量）。

（2）政府预留原则满意度函数。政府预留原则满意度函数式为

$$RGS = \begin{cases} \dfrac{W_G'}{W_G} & (W_G' < W_G) \\ 1 & (W_G' \geqslant W_G) \end{cases} \tag{8.20}$$

式中：RGS 为政府预留原则满意度；W_G' 为配置的流域政府预留水量；W_G 为流域政府预留水量。

（3）可持续原则满意度函数。可持续原则满意度函数式为

$$RES = \begin{cases} \dfrac{W_{SD}'}{W_{SD}} & (W_{SD}' < W_{SD}) \\ 1 & (W_{SD}' \geqslant W_{SD}) \end{cases} \tag{8.21}$$

式中：W_{SD}' 为配置的流域适宜生态用水量；W_{SD} 为流域适宜生态用水量。

（4）公平性原则满意度函数。由于公平性原则包括现状、人口、面积、产水量因素，所以采用加权平均的方式，建立公平性原则满意度函数，进行公平性内部子原则的评价，为

$$RFS = \sum_{j=1}^{4} \delta_j RFS_j = \delta_1 RFS_1 + \delta_2 RFS_2 + \delta_3 RFS_3 + \delta_4 RFS_4 \tag{8.22}$$

式中：δ_j（j=1，2，3，4）为公平性子原则满意度权重系数；RFS_j（j=1，2，3，4）为

公平性子原则的满意度。

1）占用优先原则。表达式为

$$RFS_1 = \min\left(\frac{W_{R_i}}{W_{O_i}}\right)/\max\left(\frac{W_{R_i}}{W_{O_i}}\right) \qquad (i = 1,2,\cdots,n) \tag{8.23}$$

式中：RFS_1 为占用优先原则满意度，如果水量按照各分区用水现状进行配置，则该原则满意度最大。

2）人口优先原则。表达式为

$$RFS_2 = \min\left(\frac{W_{R_i}}{P_i}\right)/\max\left(\frac{W_{R_i}}{P_i}\right) \qquad (i = 1,2,\cdots,n) \tag{8.24}$$

式中：RFS_2 为人口优先原则满意度，如果水量按照各分区人口比重进行配置，即各分区人均用水量一致，则该原则满意度最大。

3）面积优先原则。表达式为

$$RFS_3 = \min\left(\frac{W_{R_i}}{A_i}\right)/\max\left(\frac{W_{R_i}}{A_i}\right) \qquad (i = 1,2,\cdots,n) \tag{8.25}$$

式中：RFS_3 为面积优先原则满意度，如果水量按照各分区面积比重进行配置，则该原则满意度最大。

4）水源地优先原则。表达式为

$$RFS_4 = \min\left(\frac{W_{SR_i}}{W_{S_i}}\right)/\max\left(\frac{W_{SR_i}}{W_{S_i}}\right) \qquad (i = 1,2,\cdots,n) \tag{8.26}$$

式中：RFS_4 为水源地优先原则满意度，如果水量按照各分区产水量比重进行配置，则该原则满意度最大。

（5）效率性原则满意度函数。效率性原则满意度函数式为

$$RHS = \left[\sum_{i=1}^{n}\left(W_{R_i}\frac{G_i}{W_{O_i}}\right) - \sum_{i=1}^{n}W_{R_i}\min\left(\frac{G_i}{W_{O_i}}\right)\right]/\left[\sum_{i=1}^{n}W_{R_i}\max\left(\frac{G_i}{W_{O_i}}\right) - \sum_{i=1}^{n}W_{R_i}\min\left(\frac{G_i}{W_{O_i}}\right)\right] \tag{8.27}$$

式中：RHS 为效率性原则满意度，如果将水量配置给单方水量 GDP 最大的分区，则该原则满意度最大。

2. 约束条件

（1）基本生活用水保障约束。

$$W_D' \geqslant W_D = \sum_{i=1}^{n} W_{D_i} \tag{8.28}$$

（2）基本生态用水保障约束。

$$W_E' \geqslant W_E = \sum_{i=1}^{n} W_{E_i} \tag{8.29}$$

（3）水量平衡约束。

$$W_D' + W_E' + W_{SD}' + W_G' + \sum_{i}^{n} W_{R_i} \leqslant W_T \tag{8.30}$$

式（8.28）～式（8.30）中：W_D、W_D'分别为流域（地区）基本生活需水量及配置量；W_E、W_E'分别为流域（地区）基本生态需水量及配置量；W_{SD}'为流域（地区）适宜生态需

水配置量；W'_G为流域（地区）政府预留配置量；W_{R_i} 为第 i 个分区配置的社会经济水权量（不包括基本生活和生态水权量）；W_T 为流域（地区）水资源总量。

（4）非劣解约束。表达式为

$$\begin{cases} \omega_j \geqslant 0 \quad (j=1,2,3,4) \\ \sum_{j=1}^{5} \omega_j = 1 \\ \delta_j \geqslant 0 \quad (j=1,2,3,4,5) \\ \sum_{j=1}^{4} \delta_j = 1 \end{cases} \tag{8.31}$$

（5）非负约束。表达式为

$$W_D' \geqslant 0, W_E' \geqslant 0, W_{SD}' \geqslant 0, W_G' \geqslant 0, W_{R_i} \geqslant 0 \quad (i=1,2,\cdots,n) \tag{8.32}$$

3. 模型求解

本章所建立的政府预留水量规模优化配置模型是一个有约束的非线性多准则优化模型，需要通过合适的非线性优化算法来求解。评价算法最重要的衡量标准之一是收敛速度。通常求解非线性优化问题（NLP）的算法可以分为两类：一类是数学规划法，对于无约束变量的 NLP 问题，常用最速下降法、共轭方向法、变尺度法和牛顿法等方法，对于带有约束的 NLP 问题，常用拉格朗日乘子法、罚函数法、序贯二次规划法、可行方向法和复合形法等；另一类是随机搜索法，常用进化算法（Evolutionary Algorithm，EA）的范畴，包括遗传算法（GA）、模拟退火（SA）、微粒群（POS）以及混沌优化（CAO）等方法。

数学规划法有成熟的理论基础，但算法复杂，且只能对可行域为凸集的问题保证能得到最优解，随机搜索法相对来说则算法简单，易于编程，并且对问题的可行域没有限制。本章利用随机搜索法对模型进行求解，综合考虑模型对算法精度、收敛速度以及通用性的要求，选择遗传算法来进行模型的求解。

遗传算法最初由美国学者 John Holland 创建，从生物界自然选择和自然遗传机制借鉴而来，它具有高度并行、随机、自适应等特点，已经被广泛用于系统优化。遗传算法首先会随机给出多个满足约束条件的初始可行簇，然后进行随机搜索，经过选择、交叉、变异等过程后产生下一代种群，并进行多次迭代，经过数次迭代后，计算结果趋于稳定，最终获得最优解。迭代次数越多，计算结果越精确。在实际计算过程中，会提前预设好最大迭代次数，并在完成迭代次数后，算法停止并给出最优解。

（1）遗传算法基本运算过程如下。

1）初始化。设置迭代次数并将迭代次数计数器清零，并生成初始可行簇。

2）个体评价。计算可行簇中每个染色体的适应度。

3）选择运算。将选择算子作用于群体，在每个染色体的适应度评估基础上，选择最优化的染色体，将其遗传至下一代或者通过交叉运算产生新的染色体然后继续向下遗传。

4）交叉运算。将交叉算子作用于群体。根据给定的交叉概率进行单点交叉操作，将两个父代染色体的部分结构进行替换重组，同时生成子染色体。

5）变异运算。将变异算子作用于群体。每代群体经过选择、交叉、变异运算之后都会生成下一代群体。

6）终止条件判断。当迭代次数等于预设的最大迭代次数时，计算过程中止，最优解为迭代过程中适应度最大的染色体个体。

遗传算法流程见图 8.4。

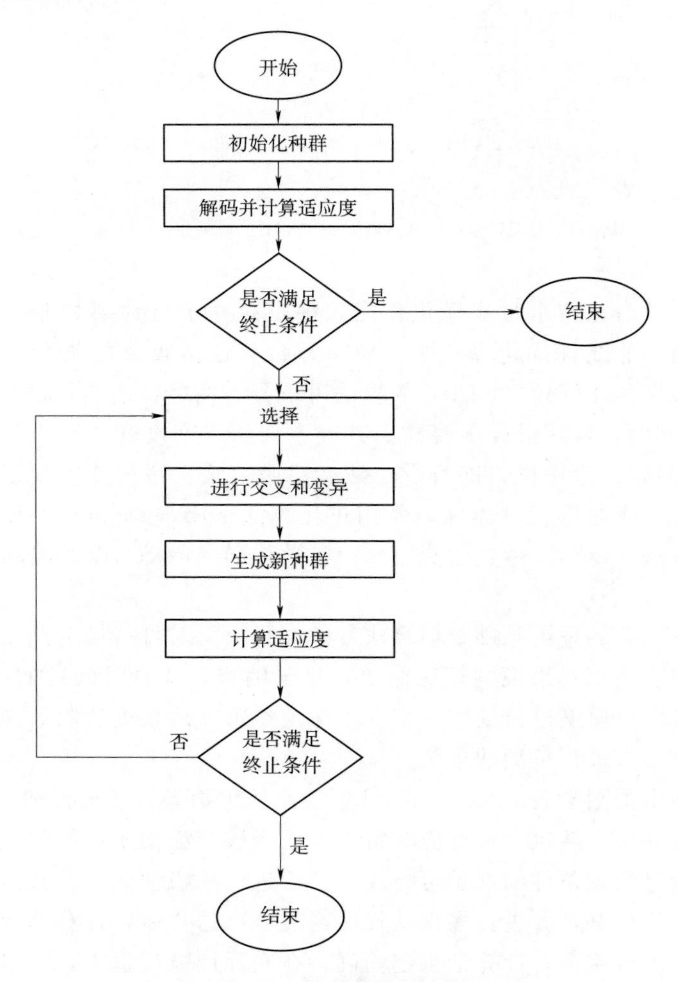

图 8.4　遗传算法流程图

（2）政府预留水量规模优化配置数学模型步骤如下。

1）确定研究对象并进行分区。首先确定模型的研究对象，一般包括研究范围内的全部空间，本章将流域作为单元进行研究，也可以对需要继续向下配置的高级别行政区进行研究，要求行政区已经确定获得使用权；然后对该研究对象进行分区，可以按照行政区作为划分依据，也可以将有同一种特征或者属性作为划分依据对研究对象进行分区。

2）确定研究对象的水资源量 W_T。这里的水资源量可以是地表水资源量或地下水资源量，通过查阅文献、实地调研或者向专家咨询等方法获得数据。

3）确定原则权重系数 ω_j 和 δ_j。采用专家调查法或者案例分析法确定原则权重系数；

对没有明确获得的权重系数采取过半数、几何平均值、算术平均值等准则，结合特征向量法或对数最小二乘法等方法计算获得。

4）求解模型得到政府预留水量最优规模。构建政府预留水量规模优化配置模型，采用遗传算法进行求解，计算得到政府预留水量规模优化配置方案。政府预留水量规模优化配置模型计算流程见图 8.5。

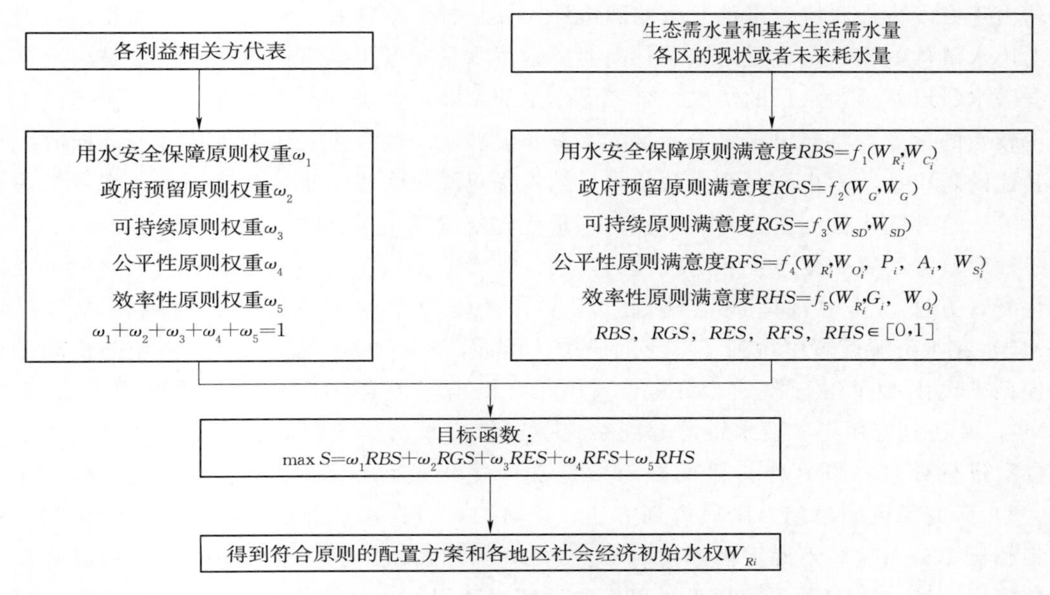

图 8.5　政府预留水量规模优化配置模型计算流程

8.2　供需耦合视角下政府预留水量结构优化配置模型

在确定了政府预留水量的规模之后，采取的配置结构是能否发挥政府预留水量预期效果的关键。本章在阐述政府预留水量结构优化配置需要解决的基本问题之后，分析了政府预留水量优化配置框架和逻辑思路，引入了区间两阶段随机规划方法，以系统总收益最大为目标，构建了政府预留水量结构优化配置模型。

8.2.1　需解决的基本问题

政府预留水量结构优化配置的目的是实现水资源的可持续利用，保证社会经济、资源、生态环境的协调发展。随着社会经济的快速发展和人口的不断增长，水资源需求量增加和水资源减少的矛盾日益突出，如果对水资源的需求达到了大自然所能提供的上限，水资源短缺将成为社会经济发展的一个主要障碍，并带来一系列严重的问题。

复杂性问题、随机性问题是本章研究政府预留水量优化配置模型需要重点解决的问题。

1. 复杂性

政府预留水量结构优化配置是一个极其复杂的系统。与其他复杂系统需要分析很多不确定参数类似，在政府预留水量结构优化配置过程中因系统自变量和因变量很多，变量之间关系复杂，使政府预留水量配置系统成为一个多层次、多目标的综合系统，这些复杂性直接或间接导致水资源、水环境与社会经济发展的不确定性信息的存在。

2. 随机性问题

由于突发事件和应急事件发生的随机性，并且各个事件对水量的需求不尽相同，因此各类用水事件的需水量也是未知的；而两类预留水量向各用水事件供给的水量是由决策者根据需水量以及预留水量的情况综合考虑作出的判断，如果判断的水量与实际需求的水量发生较大的偏差，将会出现供给不足或水资源浪费等问题带来一定的损失。与此同时，很多其他的随机性因素也会为政府预留水量结构优化配置带来干扰，如降雨量、突发水污染事件等，这些随机性因素都对政府预留水量优化配置提出了新的要求。

针对资源配置中复杂性和随机性的问题，学者们提出了很多基于这两个因素的水资源优化配置方法，其中区间线性规划（ILP）、模糊数学规划（FMP）和随机数学规划（SMP）在水资源配置中得到了广泛的应用。例如，Stedinger 等（1984）应用随机动态规划模型来优化水库运行模式。Huang（1996）提出了一种区间参数水质管理模型（IP-WM），并将其应用于农业水资源分配系统中以解决水污染控制问题，该模型可以对不确定参数进行处理，将其作为区间数有效地加入优化过程计算中并得到解决方案。Li 等（2008）研究了区间模糊多阶段规划方法（IFMP），以在水资源配置中加入离散区间、模糊集和概率分布这些不确定因素进行研究。Gu 等（2013）建立了区间的多阶段联合概率整数规划方法（IMJIP），该模型可以有效地解决区间数和概率分布问题，它还可以反映多阶段规划的特定阶段之间的联动和动态变化。

8.2.2　研究框架

1. 配置事件的提出

基于前文分析，政府预留水量属于一种拥挤型准公共产品。基于政府预留水量的特征，本章从需求主体研究应急预留水量和发展预留水量，其中在应急预留水量中，突发应急需求是原因，国民经济应急预留水量需求、生态环境应急预留水量需求、水市场应急预留水量需求是结果，而引发应急预留水量需求这一结果的用水事件可以归为两类，即水源地突发水污染公共安全事件和区域干旱自然灾害事件；在发展预留水量中，重大发展需求是原因，规避发展风险预留水量、流域协调发展预留水量和国家重大发展战略预留水量是结果，而引发发展预留水量这一结果的用水事件可以归为两类，即人口的增长和异地迁移和地区发展战略调整带来的水量激增。应急预留水量需求和发展预留水量需求与用水事件类型的因果对应关系分别见图 8.6 和图 8.7。

2. 配置思路

如何将政府预留水量配置到四类用水事件，采取如下配置思路：通过案例推理法及专家调查法，从“需求”的角度预测出该四类用水事件所需的水量，再从“供给”的角度分析流域初始水权中政府预留水量的可配置量，通过区间两阶段随机规划方法，优化政府预

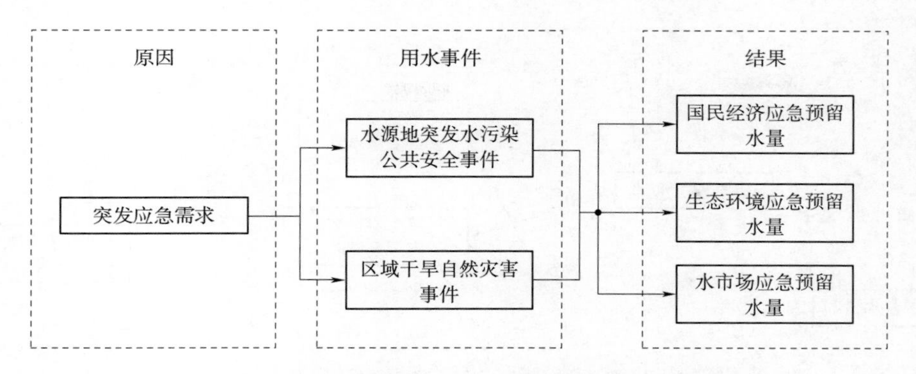

图 8.6　应急预留水量需求与用水事件类型的因果对应关系

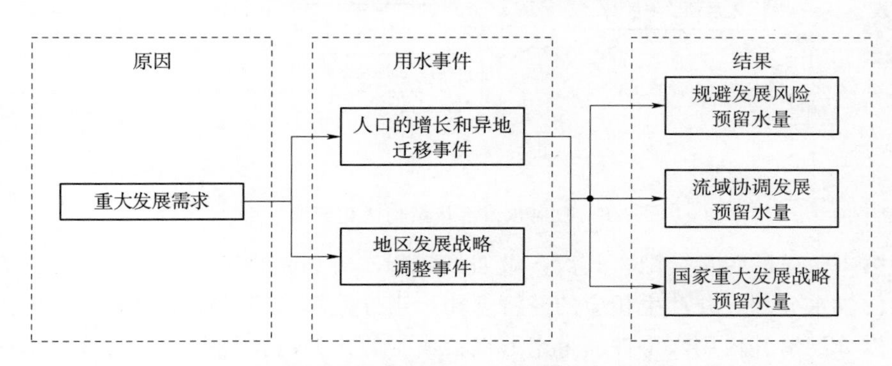

图 8.7　发展预留水量需求与用水事件类型的因果对应关系

留水量在应急预留水量和发展预留水量中的配置结构。本章需将应急预留水量和发展预留水量配置到四类用水事件中，由于应急预留水量和发展预留水量的不确定，因此具有随机性。一直以来，应急预留水量和发展预留水量之间的关系都是相对独立的，即一定水量如果提前作为应急预留水量划分下去，那么该水量只可以作为应急使用，不可以挪为他用，同理，如果一定水量提前作为发展预留水量划分下去，那么该水量只可以作为发展使用，不可以挪为他用。本章考虑到政府预留水量的公共产品属性，在政府预留水量结构优化配置时加入合作原则，使得在必要的情况下，发展预留水量与应急预留水量之间可以有一定的“合作”，即水量可以在一定程度上进行共享。同时，由于应急预留水量的自身特性，使其优先性远大于发展预留水量，因此，在本章的合作原则分析中，只局限于发展预留水量向应急预留水量的供给，而应急预留水量原则上是不允许向发展预留水量进行挪用的。政府预留水量结构优化配置思路见图 8.8。

发展预留水量向后延伸的四条实线代表该水量可以供给四个需水事件，而应急预留水量向后延伸的实线代表应急预留水量的供给方向，两条虚线代表应急预留水量不可向发展事件提供水量供给。

本章在设置优化目标时，除配水效益外，还要考虑分配水量的成本。本章基于政府预留水量的特性，将配水成本视为一种机会成本，即实际分配水量和所需水量之间的期望差值。

本章将通过构建两阶段模型获得优化配置方案。首先需要预先判断每类用水事件的需

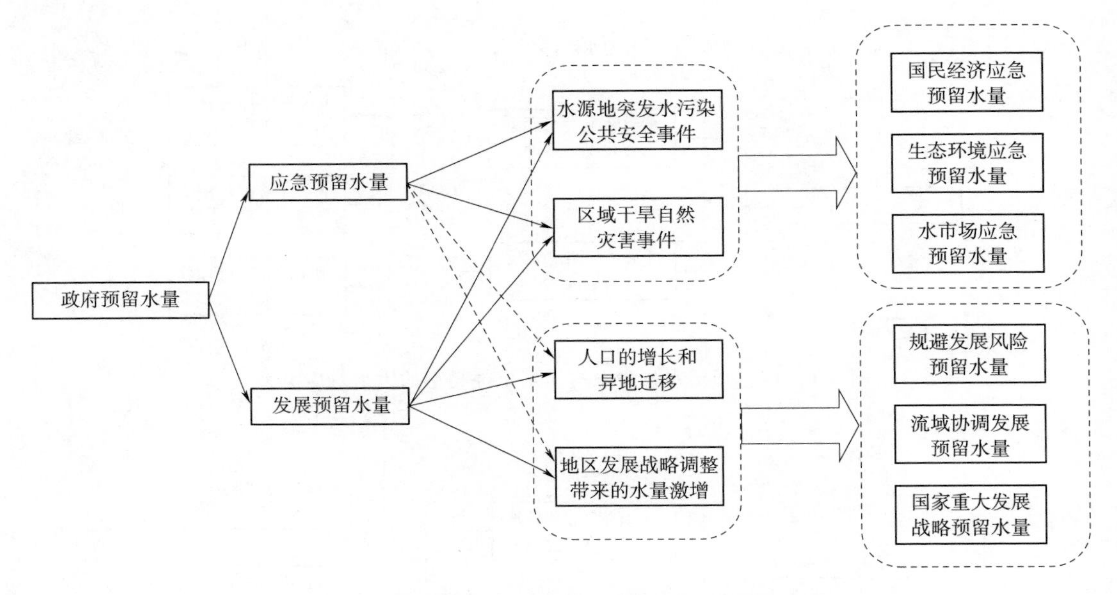

图 8.8　政府预留水量结构优化配置思路

水量，即第一阶段的水量分配。其次，做如下判断，当水资源多余或者不足时，需要进行第二阶段的供水分配，并产生相应的经济惩罚：当分配水量超过需水量时，会因为多余的水量本可以分配给其他用水事件而带来的机会成本的损失而导致惩罚；当分配水量达不到需水量的要求时，会因为水量的不足而造成实际损失，这种损失在本章也视为一种惩罚。因此，本章要在满足应急水量的条件下对水量进行合理分配，并使系统的总收益最大。

8.2.3　逻辑思路

1. 两阶段随机规划方法的引入

在政府预留水量优化配置系统中，如果水资源分配目标定得较高，有可能带来更多的收益，但是在水资源短缺时有可能由于供水量达不到目标带来更高的惩罚；相对的，如果降低水资源分配目标可以降低缺水时的惩罚，但是会直接减少水资源收益。近年来，学者们通过研究，认为两阶段随机规划模型可以更加有效地解决这个问题。在众多数学方法中，两阶段随机规划（TSP）作为一个有代表性的随机规划方法被学者们提出，它可以很好地分析政策方案并且可以将不确定性因素转化为已知概率分布的随机变量。两阶段随机规划方法实质是指在一个随机事件发生后，该方法可以采取应对措施来对配置模型进行修正。在两阶段随机规划方法中，决策变量可分为两种：一种是在随机事件发生之前事先确定的决策变量；另一种则是在不确定事件发生后的追溯变量。决策者首先制定策略（第一阶段），然后，在不确定事件发生并且不确定因素变成已知变量后，决策者会再采取对应策略（第二阶段）来减少该事件造成的负面“损失”。

因此，两阶段随机规划方法在处理政策制定和不合理的计划造成的相关经济惩罚的关系的时候非常有效。过去数十年间，两阶段随机规划方法在各个领域都得到了广泛的应用，其中也包括水资源配置管理。如 Pereira 和 Pinto（1985）提出了一种基于 Benders 分

解算法的多阶段随机规划方法，该系统可以以周或月为单位适时确定每个阶段每个水热系统水分配的最优决策，并在巴西的37个水电站得到应用。Wang和Adams（1986）建立了一个两阶段随机规划框架，该框架由一个实时模型和一个稳态模型组成，通过周期性马尔可夫过程来处理随机数据，可以在实时模型中随时做出当前情况下的最佳决定。Eiger和Shamir（1991）建立了一个多阶段随机规划模型，将不确定性解释为机会约束，在没有达到预期供水需求时理解为机会成本的损失并会受到惩罚，随机变量用离散概率处理，最后通过一系列二次规划求出最优解并做出案例分析。Lu等（2009）将两阶段随机规划的方法应用于农业水资源优化配置，实现了地下水和地表水的联合调度。Chen等（2010）将两阶段随机规划应用于综合能源和环境系统中二氧化碳的排放问题。

两阶段随机规划方法有自己独特的优势，可以很好地处理不确定性，然而它在处理目标函数和约束条件里的模糊信息时会存在一些问题。两阶段随机规划方法需要所有不确定参数的概率分布，然而有些参数不能直接用概率来表示。换句话说，并不是所有的不确定信息都可以在现实世界中用概率分布，即使存在这样的分布，也很难将它们在大规模优化模型中表示出来。

2. 区间两阶段随机规划方法的引入

作为另一种典型的数学规划方法，区间数学规划（IMP）可以有效地解决已知不确定区间的上限值和下限值但分布未知的不确定具体数值这一类问题。因此，将区间数学规划和两阶段随机规划有效地结合就可以很好地解决两阶段随机规划所不能解决的区间分布问题。国内外学者对区间两阶段随机规划方法（ITSP）也做了不少研究。Maqsood等（2005）使用区间两阶段随机规划模型来解决不确定参数下的水资源配置问题。Li等（2006）将区间模糊多阶段方法应用到水资源管理，然后又建立了区间两阶段随机二次规划模型，应用于水质管理。Lu等（2008）将联合概率理论应用到区间两阶段规划模型中，并将其应用到空气质量管理中。Li和Huang（2012）提出了一个区间参数两阶段随机非线性规划方法（ITNP），并应用于解决水资源配置决策时出现的水资源配置与经济利益的矛盾关系。Fan等（2015）提出一个不确定因素下两阶段随机规划模型来解决区间参数概率分布的水资源分配问题。

3. 政府预留水量结构优化配置模型的逻辑结构

政府预留水量结构优化配置可以看做一个效益期望值最大化的问题，为解决这个问题，本节结合两阶段随机规划和区间随机规划两种方法的优势，运用区间两阶段随机规划的方法，在满足各用水需求的情况下，以系统收益最大为目标，建立区间两阶段随机规划模型，将应急预留水量和发展预留水量在不同需求之间进行优化配置，提高水资源的利用效率。政府预留水量结构优化配置模型的逻辑结构见图8.9。

该模型不仅可以将参数中的不确定性和复杂性转化为区间值和概率密度，而且还可以获得水资源分配比例和系统总效益之间的最大收益策略。当预先设定的水量较高，即达到了较高的水平，如果既定的目标可以实现，将产生更多的净收入和惩罚风险，同时产生更高数额的经济处罚；相反，如果既定的目标没有达到，较低的预分配水量会导致较少的经济处罚，但同时获得净收入也会更少。基于区间两阶段随机规划模型政府预留水量优化配置模型可以面对水资源短缺的客观情况，制定一个理想的政府预留水量分配方式以达到系统总收益最高。

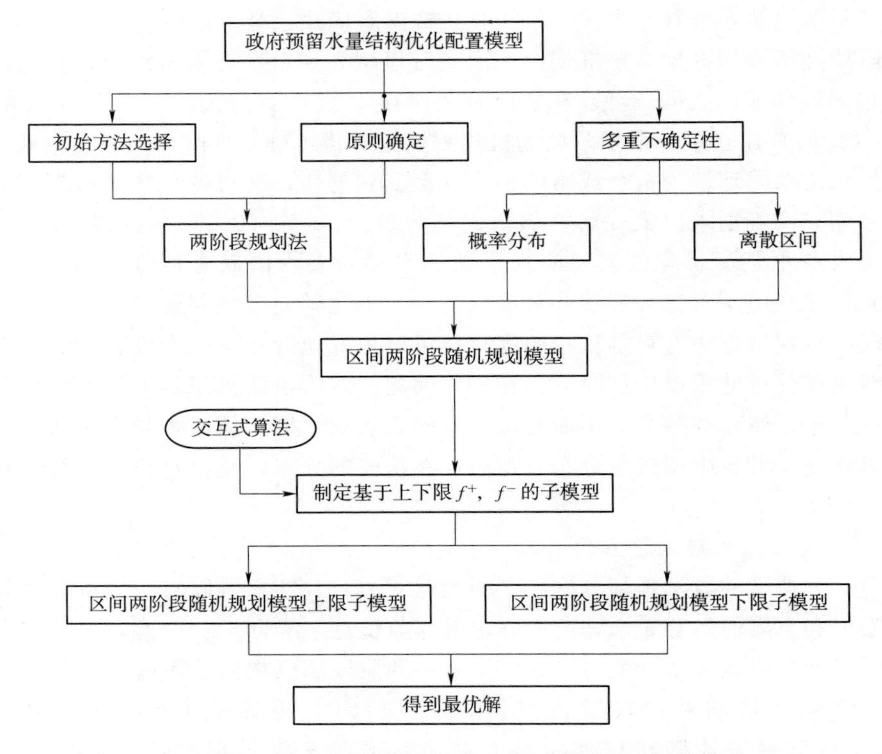

图 8.9　政府预留水量结构优化配置模型的逻辑结构

8.2.4　配置原则

在流域初始水权配置中，政府是公众利益的代表，通过管理政府预留水量履行社会职能，有效地保护水生态环境、促进水权市场健康发展和规避初始水权配置产生的风险，为社会经济的可持续发展、国家重大发展战略的调整以及国防建设等提供必要的保障。本节基于政府预留水量的公共产品属性，从用水安全的视角，提出政府预留水量结构优化配置原则，概括为以下四个方面。

1．公平性原则

在不同配水主体之间实现公平，可以有效地保障用水安全，避免水事纠纷。政府预留水量作为一种准公共产品，是为了满足特定条件下、一定范围内的社会共同需求而存在的，与社会发展密切相关。这种社会共同需求一旦得到满足将会带来利益共享，最终将促进社会的发展。

政府预留水量结构优化配置的公平性原则包括人口优先原则和占用优先原则。公众的基本生活用水需求，基于各地区的人口比例（人口优先）进行预留水量的配置，平等地配置每个人的基本生活用水，做到以人为本。当国家重大发展战略发生调整时，为了满足战略调整新增的用水需求，政府可基于现状实际用水比例（占用优先）进行预留水量的配置，既符合物权法的精神，又方便操作。

2. 可持续性原则

实现水资源的可持续利用，是保障国家经济安全和生态安全的根本。可持续性原则的本质是实现代际间资源分配的合理性。它对远期与近期之间、后代和当代之间水资源的使用提出要求，必须是协调发展、公平开采及利用，而不可以有掠夺性或者破坏性。政府预留水量可以用来满足干旱灾害或者突发水污染公共安全事件的供水危机下的应急用水需求，以及未来国家重大发展战略调整的新增用水需求。政府预留水量对于国民经济发展以及国家安全保障是极其重要的资源，同时，也是用来保障水生态环境和社会经济的可持续发展的物质基础。可持续性原则既包括生态可持续原则，又包括社会发展可持续原则。

3. 有效性原则

最严格水资源管理制度规定了用水效率控制红线，其根本就是通过对水资源利用效率的提高，达到保障用水安全的目的。有效性包含了环境效益以及社会效益，是确保经济、环境、社会三者之间能够协调发展的综合利用效益，而不仅仅是单纯追求经济效益。为了满足社会公众基本需求，保障社会公共利益，在政府预留水量配置过程中，应该优先考虑社会发展目标，追求社会效益最大化，在此基础上，可以结合实际情况决定是否考虑环境与经济目标，对各个目标之间的竞争性和协调性进行考察，从而实现真正意义上的有效性原则。

4. 合作原则

政府预留水量在应急预留和发展预留两大用途之间如何实现有机协调，关系到政府预留水量的利用效率以及用水安全。政府预留水量结构配置环境的内部要素和外部条件都会随着时间、空间的变化而动态变化。水资源状况作为结构配置环境的内部要素始终处于动态变化的过程，如天然来水量变化、河流水质变化、水生态环境变化等。此外，结构配置环境的外部条件也并不是一成不变，如节水新技术的发展、产业结构改变以及国家发展战略调整等。受到多方面不可控因素的影响，政府预留水量结构优化配置方案往往不能很好地满足特殊水情下或新发展战略下水资源配置的要求，政府需要实时调整国民经济应急预留水量、生态环境应急预留水量和水市场应急预留水量配置的优先顺序和相应供给量，实现三者之间的相互合作和有机协调。

借鉴初始水权的配置原则，构建政府预留水量结构优化配置原则，具体过程见图 8.10。首先，选定公平性原则和可持续性原则，其中公平性原则着重考虑人口优先原则和占用优先原则，可持续性原则拓展为生态可持续原则和社会发展可持续原则。其次，基于政府预留水量的公共产品属性，本书又提出了有效性原则和合作原则。有效性原则不同于初始水权分配的效率性原则，不再是单纯地追求经济上的效率，而是优先追求社会效益的最大化，同时可根据实际情况决定是否考虑环境目标和经济目标（在图 8.10 中用虚线所表示），对各个目标之间的竞争性和协调发展的程度进行考察，从而在真正意义上实现“有效性”。

8.2.5　数学模型

1. 模型描述

政府预留水量结构优化配置的目的是确定不同水源的供水量，满足应急和发展的用水

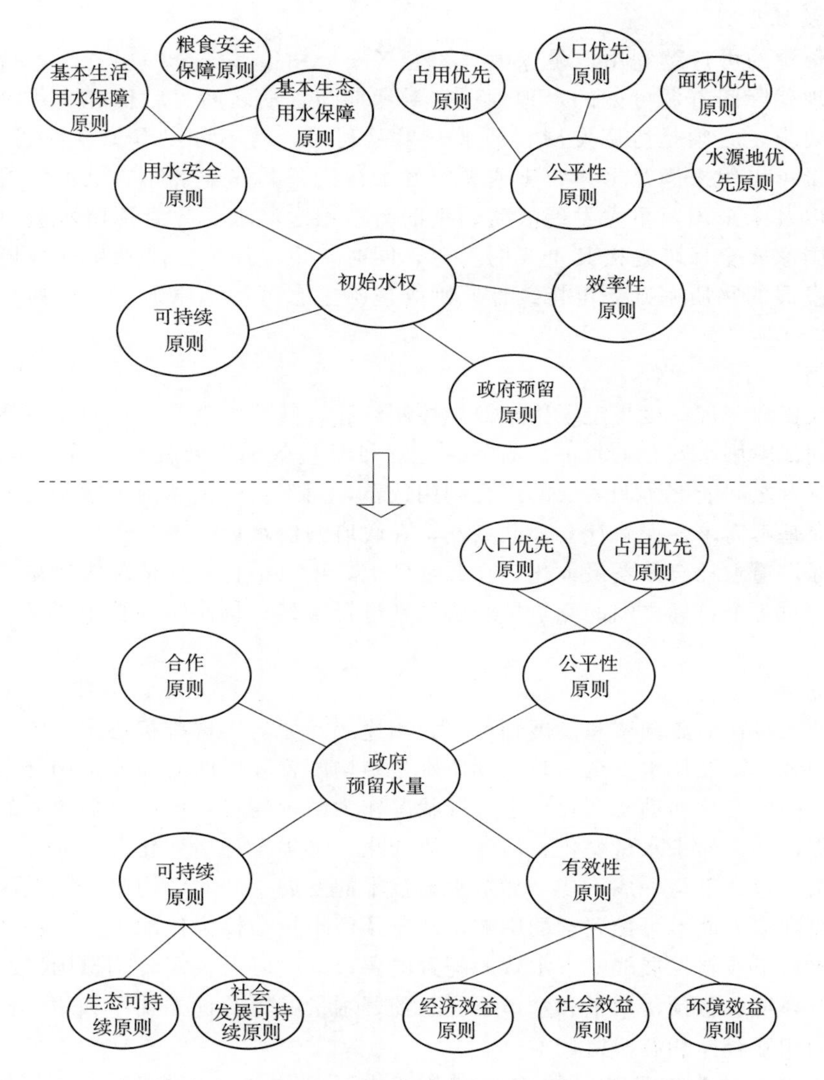

图 8.10　初始水权和政府预留水量结构的配置原则

需求，同时尽量降低用水成本，并使系统收益最大。

本章分以下两个阶段完成结构配置过程：

第一阶段：以研究区域已获得的政府预留水量总量上限为约束，基于估算出的四类用水事件的需水量区间，建立相应的收益函数。

第二阶段：判断是否存在因水资源短缺而导致发展预留水量和应急预留水量不能满足四类用水事件的用水需求，并通过缺水量建立缺水惩罚函数，调整用水事件的配水量，以最终实现结构优化配置。

通过两个阶段建立政府预留水量结构优化配置两阶段随机规划模型。利用区间两阶段随机规划方法在处理多阶段、多种来水频率和多种选择条件下以概率形式描述不确定信息的优势，以政府预留水量总量为配置对象，以发展预留水量和应急预留水量配置过程中产

生经济效益为第一个阶段，承认供水不足而导致的机会成本损失或经济损失为第二个阶段，并根据供水过程的缺水量和缺水惩罚系数产生相应的经济惩罚。以经济效益最优为目标函数，基于政府预留水量结构优化配置原则建立约束条件，从而构建政府预留水量结构优化配置模型，最优化配置政府预留水量。

本章将应急预留水量和发展预留水量分别理解为供水水源，将四类用水事件理解为需水单位，将政府预留水量结构优化配置问题转化成一个不确定性条件下多水源联合供水问题，以此为基础建立模型进行优化配置，得出政府预留水量如何分配给四类用水事件的解决方法。

2. 目标函数

由于水资源分配系统是一个复杂的系统，其中包含很多不确定的因素，决策者很难对政府预留水量如何分配给应急预留水量和发展预留水量做出准确的预测，故政府预留水量 W 是不确定的；用水方式的不同导致每单位用水量所获得的利润 T 也是不确定的；不足的或盈余的水量带来的损失以及若用在别的地方带来的盈利而导致的水量不足惩罚系数 C 也是不确定的。为了表示这种不确定性，本章引入区间参数对水资源系统中的不确定性进行表征，在本章中以“+”表示配置参数及变量的上限值，以“－”表示配置参数及变量的下限值（如代表 i 水源，j 需水事件分配水量的上下限区间），结合两阶段随机规划方法，构建区间两阶段随机规划模型，政府预留水量结构优化配置模型目标函数为

$$\max f^{\pm} = Benefit^{\pm} - Cost^{\pm} \tag{8.33}$$

其中

$$Benefit^{\pm} = \sum_{i=1}^{I}\sum_{j=1}^{J} T_{ij}^{\pm} W_{ij}^{\pm} \tag{8.34}$$

$$Cost^{\pm} = E\left(\sum_{i=1}^{I}\sum_{j=1}^{J} C_{ij}^{\pm} S_{ij}^{\pm}\right) \tag{8.35}$$

式中：$f^{\pm}$ 为总系统收益，元；$W_{ij}^{\pm}$ 为第 i 种水源、第 j 类用水事件的计划配置水量，万 m^3；$T_{ij}^{\pm}$ 为第 i 种水源、第 j 类用水事件的每单位水量所获得的收益，元；$C_{ij}^{\pm}$ 为第 i 种水源、第 j 类用水事件的水量不足惩罚系数，元/万 m^3；$S_{ij}^{\pm}$ 为第 i 种水源、第 j 类用水事件的缺水量，万 m^3；i 为不同水源，$i=1$，2，分别代表应急预留水量水源和发展预留水量水源；j 为不同用水事件，$j=1$，2，3，4，$j=1$ 代表水源地突发水污染公共安全事件，$j=2$ 代表区域干旱自然灾害事件，$j=3$ 代表人口的增长和异地迁移事件，$j=4$ 代表地区发展战略调整事件；E 为数学期望函数。

目标年份的预测水量 W 是第一阶段的决策变量，缺水量 S 是第二阶段的决策变量，受当年来水量和降雨量的影响，较难确定。所以本章将预测年份不同来水量情况下的缺水量按离散函数处理，并假设不同来水量水平出现的概率为 P_h，其中 $h=1,2,3$，当 $h=1$ 时来水频率较低，此时水量较多，缺水量较少；当 $h=2$ 时来水频率适中，此时水量较多，缺水量适中；当 $h=3$ 时来水频率较高，此时水量较少，缺水量较多。此时，区间两阶段随机规划模型为

$$\max f^{\pm} = \sum_{i=1}^{I}\sum_{j=1}^{J} T_{ij}^{\pm} W_{ij}^{\pm} - \sum_{i=1}^{I}\sum_{j=1}^{J} C_{ij}^{\pm}\left(\sum_{h=1}^{H} P_h S_{ijh}^{\pm}\right) \tag{8.36}$$

式中符号意义同前。

3. 约束条件

本章根据政府预留水量结构优化配置的公平性原则、可持续性原则、有效性原则和合

作原则，构建基于用水安全的政府预留水量结构优化配置模型，约束条件中需体现这四条原则。除此之外，政府预留水量结构优化配置还受到一些宏观和客观条件的约束。其中，约束条件的具体量化过程如下：

（1）宏观约束条件。

1）最大可分配水量约束。在政府预留水量结构优化配置过程中，无论采用何种配置方案，各用水事件分配的用水量之和不得超过最初分配的政府预留水量的总水量。约束条件为

$$\sum_{i=1}^{I}\sum_{j=1}^{J} W_{ij}^{\pm} \leqslant W_{\max}^{\pm} \tag{8.37}$$

2）应急预留水量和发展预留水量最大可用水量约束。由于合作原则的特性，突发应急需求的需水事件可以获得发展预留水量的供水，突发应急需求的需水事件配置到的总水量可能会多于应急预留水量的总量。但是，应急预留水量向突发应急需水的用水事件配水的总量，以及发展预留水量向重大发展需求用水事件配水的总量均不能超过这两类水量的总量，也就是应急预留水量和发展预留水量最大可用水量，约束条件为

$$\sum_{j=1}^{4}(W_{1j}^{\pm} - S_{1j}^{\pm}) \leqslant W_{应}^{\pm} \tag{8.38}$$

$$\sum_{j=1}^{4}(W_{2j}^{\pm} - S_{2j}^{\pm}) \leqslant W_{发}^{\pm} \tag{8.39}$$

式中：$W_{应}^{\pm}$为政府预留水量中预先配置给应急预留水量的总量，万 m^3；$W_{发}^{\pm}$为政府预留水量中预先配置给发展预留水量的总量，万 m^3。

（2）基于公平原则的约束条件。

1）应急预留水量和发展预留水量比例约束。水资源应急管理是保障社会经济发展、地区安全，以及百姓生活、生存的现实需求，而发展预留水量则是为了规避未来发展风险、保障流域协调发展和国家重大发展战略调整与布局，在总量约束的条件下，两者之间需有一个合适的配比，以使政府预留水量发挥其最大的效益。约束条件为

$$\begin{cases} W_{应}^{\pm} + W_{发}^{\pm} \leqslant W_{\max}^{\pm} \\ W_{应}^{\pm} = \alpha_{应} W_{\max}^{\pm} \\ W_{发}^{\pm} = \alpha_{发} W_{\max}^{\pm} \\ \alpha_{应} + \alpha_{发} = 1 \end{cases} \tag{8.40}$$

式中：$\alpha_{应}$ 为应急预留水量的配比系数；$\alpha_{发}$ 为发展预留水量的配比系数。

式（8.40）可以简化为

$$\alpha_{应} W_{\max}^{\pm} + \alpha_{发} W_{\max}^{\pm} \leqslant W_{\max}^{\pm} \qquad (\alpha_{应} + \alpha_{发} = 1) \tag{8.41}$$

2）不同用水事件配置水量约束。本书讨论的用水事件包括水源地突发水污染公共安全事件、区域干旱自然灾害事件、人口的增长和异地迁移及地区发展战略调整带来的水量激增四类用水事件。每个事件用水相对独立但由于政府预留水量总量的约束，每类用水事件均受到最低用水保障、可持续发展、效率最优等多个条件的制约，因此不同用水事件的配置水量在总预留水量的占比也有限制，约束条件为

$$W_{ij}^{\pm} = \gamma_{ij} W_{\max}^{\pm} \tag{8.42}$$

$$\sum_{i=1}^{I}\sum_{j=1}^{J} \gamma_{ij} = 1 \tag{8.43}$$

式中：γ_{ij} 为各用水事件配置水量占政府预留水量总量的百分比。

（3）基于可持续性原则的约束条件。政府预留水量配置过程应体现可持续性原则，尊重预留水量现状和历史分配情况，以预留水量的可持续利用来保障水生态环境和社会经济的可持续发展。保障措施是使各用水事件配置到的预留水量与其历年配置到的平均预留水量相比，变化幅度控制在一定的范围内。约束条件为

$$|W_{ij}^{\pm} - \overline{W}_{ij}^{\pm}| \leqslant \lambda_{ij}^{\pm} \widetilde{W}_{ij}^{*} \qquad (0 < \lambda_{ij}^{-} < \lambda_{ij}^{+} < 1) \tag{8.44}$$

式中：$\overline{W}_{ij}^{\pm}$ 为多年政府预留水量配置量的平均值，万 m^3；$\lambda_{ij}^{\pm}$ 为矫正系数，代表政府预留水量的配置量 $W_{ij}^{\pm}$ 与历年配置到的平均政府预留水量 $\overline{W}_{ij}^{\pm}$ 之间的差异，控制在该事件基准年的某个百分比之内，$\lambda_{ij}^{\pm}$ 越小，体现社会经济发展可持续性效果越显著，$\lambda_{ij}^{\pm}$ 越大，说明社会经济发展可持续性效果越不好，其取值范围将根据具体情况而定。

（4）基于有效性原则的约束条件。政府预留水量配置过程应体现有效性原则。在经济快速发展的同时，干旱自然灾害和突发水污染事件等引起的供水危机日趋严峻，供水安全受到严重威胁，因此，为了保障公共利益，在政府预留水量配置过程中，除了经济效益外，环境效益是必须考虑在内的因素。为了应对生产生活活动产生的废污水，需预留一定比重的水量用于保障水体健康，约束条件为

$$\sum_{i=1}^{I}\sum_{j=1}^{J} W_{ij}^{\pm} \leqslant (1-\beta) W_{\max}^{\pm} \qquad (0 \leqslant \beta \leqslant 1) \tag{8.45}$$

式中：β 为政府预留水量中用于保障水体健康的水量占总水量的系数比。

（5）基于合作原则的约束条件。当发生干旱灾害或突发水污染事件时，水资源的供需关系出现矛盾，相对来说，发展预留水量在此时的重要性是小于应急预留水量的，这是合作原则的体现。而同时，应急预留水量主要是解决生态环境方面的缺水，应急预留水量分配的多也对环境效益的提高有明显效果，因此在供水危机下应优先满足应急用水，所以发展预留水量可以在必要时向应急突发需水事件提供水量供应。反观之，若重大发展需求用水事件用水量得不到满足而应急预留水量尚有结余时，由于应急突发事件对应急预留水量需求的优先级高于重大发展事件，所以应急预留水量在任何时候都不会向重大发展需求用水事件进行供给。约束条件为

$$\sum_{j=3}^{4} W_{1j}^{\pm} = 0 \tag{8.46}$$

此约束条件保证了 W_{13} 和 W_{14} 的取值始终为 0，即当使用应急预留水量进行供水时，如果配置目标是重大发展事件，则供水量为 0，贯彻了合作原则。

（6）其他约束条件。目标年份的预测水量以及目标年份缺水量均不能为负，且要求目标年份的水量不足量不得超过预先配置的水量总量，即

$$0 \leqslant S_{ij}^{\pm} \leqslant W_{ij}^{\pm} \tag{8.47}$$

根据前文的分析，可知需要求解的政府预留水量结构优化配置模型的目标函数和约束条件为

$$\max f^{\pm} = \sum_{i=1}^{I}\sum_{j=1}^{J} T_{ij}^{\pm} W_{ij}^{\pm} - \sum_{i=1}^{I}\sum_{j=1}^{J} C_{ij}^{\pm}\left(\sum_{h=1}^{H} P_h S_{ijh}^{\pm}\right) \tag{8.48}$$

其中

$$
\begin{cases}
W_{\max}^{\pm} \leqslant \varepsilon_h^{\pm} W_{总} \quad (0 \leqslant \varepsilon_h^{\pm} \leqslant 1) \\
\sum_{i=1}^{I} \sum_{j=1}^{J} W_{ij}^{\pm} \leqslant W_{\max}^{\pm} \\
\sum_{j=1}^{4} (W_{1j}^{\pm} - S_{1j}^{\pm}) \leqslant W_{应}^{\pm} \\
\sum_{j=1}^{4} (W_{2j}^{\pm} - S_{2j}^{\pm}) \leqslant W_{发}^{\pm} \\
\alpha_{应} W_{\max}^{\pm} + \alpha_{发} W_{\max}^{\pm} \leqslant W_{\max}^{\pm} \quad (\alpha_{应} + \alpha_{发} = 1) \\
W_{ij}^{\pm} = \gamma_{ij} W_{\max}^{\pm} \\
\sum_{i=1}^{I} \sum_{j=1}^{J} \gamma_{ij} = 1 \\
| W_{ij}^{\pm} - \overline{W}_{ij}^{\pm} | \leqslant \lambda_{ij}^{\pm} \widetilde{W}_{ij}^{*} \quad (0 < \lambda_{ij}^{-} < \lambda_{ij}^{+} < 1) \\
\sum_{i=1}^{I} \sum_{j=1}^{J} W_{ij}^{\pm} \leqslant (1-\beta) W_{\max}^{\pm} \quad (0 \leqslant \beta \leqslant 1) \\
\sum_{j=3}^{4} W_{1j}^{\pm} = 0 \\
0 \leqslant S_{ij}^{\pm} \leqslant W_{ij}^{\pm} \\
i = 1,2,3; j = 1,2,3,4; h = 1,2,3
\end{cases}
\tag{8.49}
$$

4. 相关参数率定

(1) 目标函数相关参数的率定。

1) 决策参数 $C_{ij}^{\pm}$ 的确定。对四个用水事件盈余或惩罚系数的确定作如下假设：由于预留水量盈余或惩罚带来的成本很难衡量，因此，可以使用预留水量用于社会经济发展所产生的收益来表示，其中，第一类、第三类和第四类预留水量利用 GDP 与用水总量的比值表示，第二类预留水量利用农业产值与农业用水量的比值表示。

具体测算时，利用流域长序列 GDP、农业产值、用水总量和农业用水量等基础资料拟合预留水量惩罚系数拟合曲线，再分别测算四类用水事件盈余或惩罚系数的具体数值。

2) T_{ij} 的确定。设定单位用水量所获收益值小于水量单位不足的惩罚值，即

$$
T_{ij} = \delta C_{ij} \quad (0 < \delta < 1) \tag{8.50}
$$

式中：δ 为调节系数。

基于流域的实际情况结合专家意见法估测得到 T_{ij}。

(2) 约束条件相关参数的率定。

1) β 的率定。保障水体健康的水量占预留水量比重的确定与生产生活活动产生的废污水密切相关，根据稀释比重确定该种水量的比重，从而保证水体达到一定的水质要求。由于 β 的相关数据收集难度较大，可通过类比历年生态环境用水量占总用水量的比重推算 β 的值。

2) $\alpha_{应}$、$\alpha_{发}$ 以及 γ_{ij} 的率定。当政府预留水量确定时，需要在应急预留水量和发展预留水量之间进行配置，同时需要在四类用水事件之间进行配置。可结合历年预留水量在应急

预留水量和发展预留水量之间的配置以及在四个用水事件的配置情况，确定规划年应急预留水量和发展预留水量占政府预留水量总量的比重，并考虑合作原则（发展预留水量可以补给突发应急需求事件）以及求得的（$\alpha_{应}$，$\alpha_{发}$）的值来确定四类用水事件占政府预留水量的比重。

3）$\lambda_{ij}^{\pm}$的率定。矫正系数数值体现的是保障流域各地区社会经济发展连续性的效果，取值范围将根据流域有数据可查的历年政府预留水量分配具体情况确定。

5．模型求解

在上述模型中，$W_{ij}^{\pm}$是以区间形式表示的不确定数值，很难判断$W_{ij}^{\pm}$取何值时系统成本最小，也就是总用水成本$f^{\pm}$达到最小值，因此不能直接利用线性规划的方法对其求解。引入另一决策变量Z_{ij}，且$Z_{ij}\in[0,1]$，令$W_{ij}^{\pm}=W_{ij}^{-}+\Delta W_{ij}Z_{ij}$，式中$\Delta W_{ij}=W_{ij}^{+}-W_{ij}^{-}$。当$Z_{ij}=1$时，$W_{ij}^{\pm}$取其上限值，此时若各用户用水需求满足可获得相对较高的净效益，但用水需求不能满足的风险也相对变大，一旦不能满足需求将产生较大惩罚。当$Z_{ij}=0$时，$W_{ij}^{\pm}$取其下限值，获得的净效益较少，但同时风险也较小。ΔW_{ij}是确定值，通过引入决策变量Z_{ij}便可求得最优值Z_{ijopt}，从而得到$W_{ij}^{\pm}$的最优$W_{ijopt}^{\pm}=W_{ij}^{-}+\Delta W_{ij}Z_{ijopt}$，确定系统成本最小时的供水量值$W_{ij}^{\pm}$，并以此为已知通过求解模型的上限值，求得$f_{opt}^{+}$和$S_{ijopt}^{+}$，并最终确定政府预留水量结构优化配置方案。当$W_{ij}^{\pm}$为确定值时，该模型可以变为两个确定的子模型，分别符合目标函数值的下限和上限。这种转变过程以交互式运算法则为基础，最终可以为目标函数值和决策变量提供稳定的区间解。模型中目标函数为目标收益值最大，所以首先进行符合目标下限的子模型求解，求解目标下限值的子模型和约束条件为

$$\max f^{-}=\sum_{i=1}^{I}\sum_{j=1}^{J}T_{ij}^{-}(W_{ij}^{-}+\Delta W_{ij}Z_{ij})-\sum_{i=1}^{I}\sum_{j=1}^{J}C_{ij}^{-}\left(\sum_{h=1}^{H}P_{h}S_{ijh}^{-}\right) \tag{8.51}$$

其中

$$\begin{cases}W_{\max}^{-}\leqslant\varepsilon_{h}^{-}W_{总} & (0\leqslant\varepsilon_{h}^{-}\leqslant1)\\ \sum_{i=1}^{I}\sum_{j=1}^{J}(W_{ij}^{-}+\Delta W_{ij}Z_{ij})\leqslant W_{\max}^{-}\\ \sum_{j=1}^{4}(W_{1j}^{-}-S_{1j}^{-})\leqslant W_{应}^{-}\\ \sum_{j=1}^{4}(W_{2j}^{-}-S_{2j}^{-})\leqslant W_{发}^{-}\\ \alpha_{应}W_{\max}^{-}+\alpha_{发}W_{\max}^{-}\leqslant W_{\max}^{-} & (\alpha_{应}+\alpha_{发}=1)\\ W_{ij}^{-}=\gamma_{ij}W_{\max}^{-}\\ \sum_{i=1}^{I}\sum_{j=1}^{J}\gamma_{ij}=1\\ \left|(W_{ij}^{-}+\Delta W_{ij}Z_{ij})-\overline{(W_{ij}^{-}+\Delta W_{ij}Z_{ij})}\right|\leqslant\lambda_{ij}^{-}\widetilde{W}_{ij}^{*} & (0<\lambda_{ij}^{-}<1)\\ \sum_{i=1}^{I}\sum_{j=1}^{J}(W_{ij}^{-}+\Delta W_{ij}Z_{ij})\leqslant(1-\beta)W_{\max}^{-} & (0\leqslant\beta\leqslant1)\\ \sum_{j=3}^{4}W_{1j}^{-}=0\\ 0\leqslant S_{ij}^{-}\leqslant W_{ij}^{-}+\Delta W_{ij}Z_{ij}\\ i=1,2,3;j=1,2,3,4;h=1,2,3\end{cases} \tag{8.52}$$

对于该模型来说，S_{ij}^- 和 Z_{ij} 是决策变量，该模型的解为 S_{ijopt}^-、Z_{ijopt}，可以求出最佳配水目标 $W_{ijopt}^+ = W_{ij}^- + \Delta W_{ij} Z_{ijopt}$，将其代入模型可以求得 f_{opt}^-。

同理，可以构建符合目标上限的子模型和约束条件为

$$\max f^+ = \sum_{i=1}^{I}\sum_{j=1}^{J} T_{ij}^+ (W_{ij}^- + \Delta W_{ij} Z_{ij}) - \sum_{i=1}^{I}\sum_{j=1}^{J} C_{ij}^+ \left(\sum_{h=1}^{H} P_h S_{ijh}^+\right) \tag{8.53}$$

其中

$$\begin{cases} W_{\max}^+ \leqslant \varepsilon_h^+ W_{总} \quad (0 \leqslant \varepsilon_h^+ \leqslant 1) \\ \sum_{i=1}^{I}\sum_{j=1}^{J} (W_{ij}^- + \Delta W_{ij} Z_{ij}) \leqslant W_{max}^+ \\ \sum_{j=1}^{4} (W_{1j}^+ - S_{1j}^+) \leqslant W_{应}^+ \\ \sum_{j=1}^{4} (W_{2j}^+ - S_{2j}^+) \leqslant W_{发}^+ \\ \alpha_{应} W_{\max}^+ + \alpha_{发} W_{\max}^+ \leqslant W_{\max}^+ \quad (\alpha_{应} + \alpha_{发} = 1) \\ W_{ij}^+ = \gamma_{ij} W_{\max}^+ \\ \sum_{i=1}^{I}\sum_{j=1}^{J} \gamma_{ij} = 1 \\ \left| (W_{ij}^- + \Delta W_{ij} Z_{ij}) - \overline{(W_{ij}^- + \Delta W_{ij} Z_{ij})} \right| \leqslant \lambda_{ij}^+ \widetilde{W}_{ij}^* \quad (0 < \lambda_{ij}^+ < 1) \\ \sum_{i=1}^{I}\sum_{j=1}^{J} (W_{ij}^- + \Delta W_{ij} Z_{ij}) \leqslant (1-\beta) W_{\max}^+ \quad (0 \leqslant \beta \leqslant 1) \\ \sum_{j=3}^{4} W_{1j}^+ = 0 \\ 0 \leqslant S_{ij}^+ \leqslant W_{ij}^- + \Delta W_{ij} Z_{ij} \\ i = 1,2,3; j = 1,2,3,4; h = 1,2,3 \end{cases} \tag{8.54}$$

对于该模型来说，S_{ij}^+ 是决策变量，该模型的解为 S_{ijopt}^+、Z_{ijopt}，将其代入模型可以求得 f_{opt}^+。将两个子模型合并，得到区间两阶段随机规划模型为

$$f_{opt}^{\pm} = [f_{opt}^-, f_{opt}^+], S_{ijopt}^{\pm} = [S_{ijopt}^-, S_{ijopt}^+], Z_{ij} = Z_{ijopt}$$

其中：i=1，2，3；j=1，2，3，4；h=1，2，3。

最优水分配计划为

$$F_{ijopt}^{\pm} = W_{ijopt}^{\pm} - S_{ijopt}^{\pm}$$

综合以上分析，可得在不同来水频率 h 情况下，规划年政府预留水量结构优化配置方案 $Q_h = (F_{ijopt}^{\pm})$，其中 i、j、h 分别代表水源（应急预留水量和发展预留水量）、用水事件（四类用水事件）和不同来水频率，i=1，2，3；j=1，2，3，4；h=1，2，3。

第9章 政府预留水量耦合优化配置决策系统

由于我国大多数流域的水权配置过程管理中仍沿用传统“多龙治水”的管理模式，容易造成信息传输不畅以及传递错误率高等情况，在处理大量数据的时候效率低下。因此，需要构建一个标准的、资源共享的决策支持平台以解决水资源管理力量不足的问题。本章目的在于构建一个高效、灵活的政府预留水量耦合优化配置决策支持系统。该系统是集历史案例收集、归整，案例数据提取，遗传算法分析和 Matlab 成图辅助分析等为一体的自动化处理、存储系统。

9.1 政府预留水量耦合优化配置决策系统功能分析

9.1.1 决策系统构建目的

政府预留水量的规模优化配置和结构优化配置是一个复杂的过程，由于多种不确定性，会对分配结果的准确性造成影响。在实际过程中，可能产生各种不同类型的信息，将会进一步影响分配的有效性和准确性，能否充分、及时、准确地处理和利用这些信息，合理分配流域初始水权，做出科学的取水决策，直接关系到用水户的取用水安全和最终利益，也关系到流域水资源的可持续利用问题。

决策系统的构建应首先进行系统的功能分析，定义总体要求，确认目标用户群体及主要功能模块要求；其次提供系统的架构和实现技术；然后对每一个功能模块进行设计分析；最后通过实际应用提供系统的具体使用说明，以方便目标群体更好地使用该系统。最终目的是构建一个高效的、灵活的政府预留水量耦合优化配置决策支持系统，达到政府预留水量的最优化配置，在保障用水安全的同时，还可以带来较好的经济收益以及其他社会效益，提高水资源的配置效率。

9.1.2 决策系统基本功能

政府预留水量耦合优化配置系统的目标是在一个特定流域或区域内，对有限的、不同形式的水资源进行科学合理的配置。基于初始水权配置的几项原则，以各原则综合满意度最大为配置目标，求出水量优化配置方案及政府预留水量的最优规模；通过系统进行政府预留水量结构优化配置分析；以系统总收益最高为目标，充分考虑应急预留水量和发展预留水量的随机性和不确定性，根据政府预留水量配置原则的约束，提供一定程度的自动化处理，方便相关人员做出最优化的政府预留水量结构优化配置决策。其主要具备以下功能：

（1）建立五大模块，进行自动化信息处理。

（2）提供人际交互界面，方便各项信息的录入与输出。

(3) 以系统的方式对总水量及政府预留水量、经济收益、配置方法三项主要内容的存储。

(4) 实时调取数据库中案例，查询已有的水量分配情况。

(5) 对水量分配方案进行优化配置，并给出最优分配方案。

在决策系统的构建过程中，除了决策支持的功能外，还需要具备完善的数据库管理维护功能，以便历史数据的读入以及计算结果的存储，数据库系统具备的主要功能包括：①数据库的安全控制及用户权限管理等功能；②数据库的检索功能；③数据维护及更新功能。

政府预留水量耦合优化配置系统功能见图9.1。

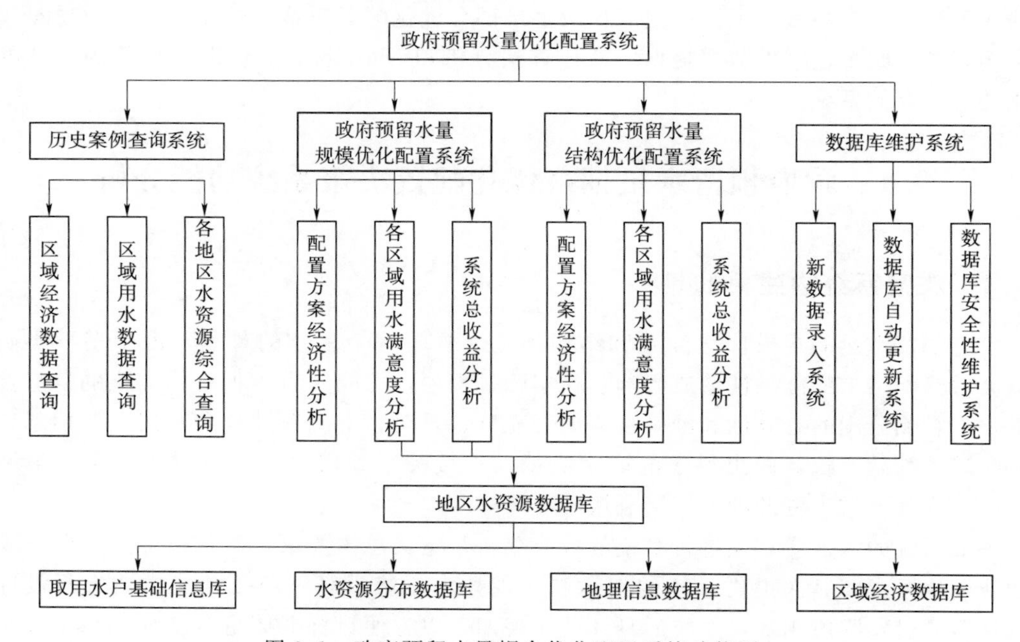

图9.1　政府预留水量耦合优化配置系统功能图

9.1.3　决策系统目标用户群体

该配置系统主要包括政府预留水量的数据库及优化配置系统，因此针对的适用人群主要包括如下：

(1) 数据库开发人员。开发人员是数据库技术支持人员，负责数据库的开发、维护等工作。

(2) 政府预留水量配置研究人员。政府预留水量配置研究人员对政府预留水量耦合优化配置系统的使用体现在两个方面：首先，水量配置研究人员针对现有文献的研究，寻找出尚未录入数据库的符合条件的数据，并录入数据库中，使数据库内容更加丰富，为配置效果提供更多依据；其次，随着时代的发展和技术的进步，政府预留水量配置研究人员针对新的配置参数，与过去的研究进行对比，看是否存在不同的结论，若发现过去的证据已经过时，可以进行数据库内容的修改；最后，研究人员在研究过程中可能使用的数据可以

从数据库中很容易查询出，并以一张统计表的形式体现。

（3）政府预留水量配置人员。采用更先进、更准确及更完备的信息化手段，可以使配置人员高效、准确地完成区域政府预留水量的优化配置，在系统收益最大的情况下给出各用水事件的最优配水量。

（4）政策制定人员。政策制定者可以根据水量的实际有效性和经济性，针对典型的水量分配不均或者经济性不够的问题，制定相应的政策措施，以保障流域用水安全和系统收益最大化。

9.1.4 决策系统主要功能模块设计

为了实现政府预留水量配置优化系统的功能，本书设计了五个主要功能模块，分别是数据计算模块、数据接口模块、数据存储模块、数据处理模块和数据查询模块。

1. 数据计算模块

数据计算模块是整个决策系统的核心。通过接口模块获得初始数据后，再通过建立好的区间两阶段随机规划模型函数，采用遗传算法对其进行计算，经过多次迭代获得系统的解。并通过接口模块与Matlab软件进行对接，对模型进行二次计算，验证结果并给出最后显示界面。

2. 数据接口模块

数据接口模块是数据库的基础。由于在确定政府预留水量的过程中，需要进行大量的检索、判断、文字处理等工作，目前计算机尚无能力自主完成，需要借助研究人员进行历史的检索，在研究完历史水量分配数据后，输出至数据库中，最终形成区域性甚至国家性的总数据库，方便未来的计算及后续研究。同时，在计算模块计算完毕后，还需通过接口模块与Matlab软件对接获得二次计算的结果。因此，该模块负责人机交互，以及数据的输入输出。

3. 数据存储模块

数据存储模块要系统化存储总水量及政府预留水量、经济收益、配置方法等各项内容，实现有序存储，便于检索的功能。因此，首先要设计不同类型数据的表示方法；其次，对不同的内容设计不同的存储表，不重复，并满足三范式的要求；最后，利用表之间的相关字段建立表间关系。

4. 数据处理模块

数据处理模块负责数据库内不同类型数据的处理，包括表内数据计算及表间联动。数据处理模块能够有效地降低研究人员的工作时间，提高自动化程度。

5. 数据查询模块

数据查询模块的功能是对数据库内已有的内容进行查询和使用。因此，该模块要设计不同的数据查询方法来查询不同类型的数据，方便其他使用该数据库的研究人员查询区域的水资源分配案例数据。

9.2　政府预留水量耦合优化配置决策系统构建

9.2.1　决策系统的架构

本书从交互、处理、存储三个层面对政府预留水量耦合优化配置系统进行系统架构，见图9.2。

1. *交互层*

交互层是数据库使用者与数据库进行交互的工作界面。用户可以在这个界面上进行各地区水量配置、经济等内容的查询，也能进行删除、增加数据等操作。

2. *处理层*

处理层是对输入数据进行整理、加工、计算，并将数据以有利于传播利用和存储的方式输出的实现层级。配置系统的处理层由数据接口、数据存储、数据处理和数据查询五大功能模块构成。

3. *存储层*

存储层用以存储初始数据及存放经过处理的系统化数据，是数据的“仓库”。其中包括取水用户初始数据库、水资源分配数据库、地理信息数据库及区域经济数据库。

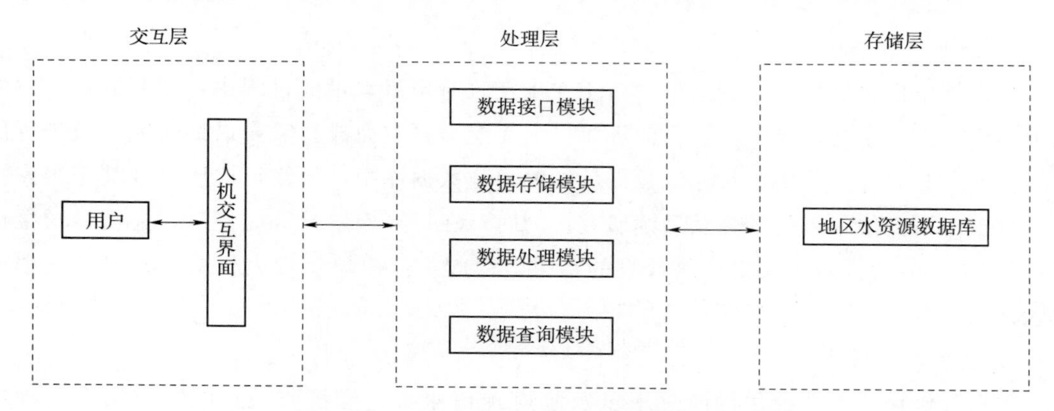

图9.2　政府预留水量耦合优化配置系统架构

9.2.2　决策系统的实现技术

政府预留水量耦合优化配置决策系统的平台构建采用Visual Studio 2015软件进行开发。Visual Studio 2015集成了多种软件开发工具，可用于大型程序设计以及大批量数据的程序化处理，是一款适合用于决策系统架构的开发工具包产品。政府预留水量耦合优化配置决策系统使用C#语言开发。C#语言是微软公司发布的一种面向对象的高级程序设计语言，具备可读性强、运行效率高等优点，是系统开发的首选语言。政府预留水量耦合优化配置决策系统中的数据库系统采用的是Microsoft Office Access 2010软件（以下简称Access 2010），该软件不仅界面友好、操作简易，而且提供了强大的设计工具，如表设计器，查询设计器，窗体设计器等。

通过C#程序得出运算结果之后，系统引入Matlab 2010软件进行对数据进行二次计算。Matlab 2010拥有出色的数据计算、数值分析以及数据可视化功能。决策系统引入Matlab 2010软件有两点目的：一是Matlab 2010软件的作图功能非常完善，可以提供直观的可视化图表，方便政府预留水量配置人员对计算结果有更加直观的认识；二是因为程序使用的遗传算法需进行多次迭代计算，存在一定的系统误差，引入第三方软件更有利于对误差的判断以及对结果的检验。

该系统对计算机的需求如下：

（1）操作系统：Windows 8.1（×86和×64）；Windows 8（×86和×64）；Windows 7 SP1（×86和×64）；Windows Server 2012 R2（×64）；Windows Server 2012（×64）；Windows Server 2008 R2 SP1（×64）。

（2）CPU：1.6GHz及以上。

（3）Ram：1GB及以上。

（4）硬盘空间：20GB及以上。

（5）与DirectX 9兼容的视频卡，其显示分辨率为1024×768或更高。

9.3　政府预留水量耦合优化配置决策系统功能模块设计

9.3.1　数据计算模块

本书的两个系统都是通过遗传算法实现，以下分别为遗传算法的种群初始化代码、适应度函数确定代码、遗传算子选择操作代码、遗传算子变异操作代码和遗传算子交叉运算代码。

1. *种群初始化代码*

```
/// <summary>
/// 初始化种群
/// </summary>
/// <param name="tempPOPSIZE">种群规模</param>
/// <param name="tempMAXGENS">迭代次数</param>
/// <param name="tempPXOVER">种群交叉率</param>
/// <param name="tempPMUTATION">基因变民率</param>
/// <param name="tempReaderpath">数据获取路径</param>
/// <param name="tempMyWindows">窗口句柄</param>
public population（int tempPOPSIZE，int tempMAXGENS，double tempPXOVER,）
    double tempPMUTATION ，string tempReaderPath，MyWindows tempMyWindows)
{
    POPSIZE=tempPOPSIZE；
    MAXGENS=tempMAXGENS；
    PXOVER=tempPXOVER；
    PMUTATION=tempPMUTATION；
    readerPath=tempReaderPath；
```

```
MyWindows=tempMyWindows;
isFirstWrite=true;
myRandom=new Random (unchecked ( (int) DateTime. Now. Ticks));
myChrosome=new Chrosome [POPSIZE+1];
newChrosome=new Chrosome [POPSIZE+1];
ReadDataSet ();
for (int i=0; i<=POPSIZE; i++)
    {
        myChrosome [i] =new Chrosome (PMUTATION);
        newChrosome [i] =new Chrosome (PMUTATION);
    }
    for (int i=0; i<NVARS; i++)
    {
        for (int j=0; j<POPSIZE; j++)
        {
            myChrosome [j], Fitness=0;
            myChrosome [j], RFitness=0;
            myChrosome [j], CFitness=0;
            myChrosome [j], SetIOneLowe (i, lbound [i]);
            myChrosome [j], SetIOneUpper (i, ubound [i]);
            myChrosome [j], SetIOneGen (i, myChrosome [j], RandValue (
            my Chrosome [j], GetIOneLower (i), myChrosome [j], GetIOneUpper (i)));
        }
        }
    }
```

2. 适应度函数确定代码

```
public void ChrosomeEvaluate ()
{
    double [] x=new double [WATERNUMS+1];

    for (int i=0; i<WATERNUMS; i++)
        x [i+1] =this. GetIOneGen (i);

    for (int i=0; i<2; i++)
        for (int j=0; j<4; j++)
            this. fitness-=t [i] [j] * w [i] [j] -c [i] [j] * s [i] [j];
}
```

3. 遗传算子选择操作代码

```
///<summary>
///遗传算子选择操作（采用轮盘赌方法选择适应度较高个体）
```

```
///</summary>
public void PopulationSelect ()
{
    double sum=0
    for (int i=0; i<POPSIZE; I++)
    {
        sum+=myChrosome [i] . Fitness;
    }
    for (int i=0; i<POPSIZE; i++)
    {
        myChrosome [i] . CFitness=myChrosome [i] . Fitness/sum;
    }
myChrosome [0] . CFitness=myChrosome [0] . RFitness;
    for (int i=1; i<POPSIZE; i++)
{
    myChrosome [i] . CFitness=myChrosome [i-1] . CFitness+myChrosome [i]
. RFitness;
}
for (int i=0; i<PoPSIZE; i++)
{
    int val= (int) myRandom. Next (0, 1000000000);
    double p=val%1000000000/1000000000;
    if (p<myChrosome [0] . CFitness)
        newChrosome [i] . CopyChrosome (myChrosome [0]);
    else
    {
        for (int j=0; j<POPSIZE; j++)
            if (p>=myChrosome [j] . CFitness&&p<myChrosome [j+1] . CFitness)
                newChrosome [i] . CopyChrosome (myChrosome [j+1]);
    }
}
for (int i=0; i<POPSIZE; i++)
    myChrosome [i] . CopyChrosome (nesChrosome [i]);
}
```

4. 遗传算子变异操作代码

```
///<summary>
///遗传算子变异操作
///</summary>
public void PopulationMutate ()
```

```
{
    for (int i=0; i<POPSIZE; i++)
    {
        myChrosome [i] . ChrosomeMution ();
    }
}
```

5. 遗传算子交叉运算代码

```
///<summary>
///遗传算子交叉运算
///</summary>
public void PopulationCrossover ()
{
    int i, mem, one=-1;
    int first=0
    double x;
    for (mem=0; mem<POPSIZE; ++mem)
    {
        x=myRandom. Next (0, 1000000000) /1000000000;
        if (x<PXOVER)
        {
            ++first;
            if (first%2==0)
                PopulationXover (one, mem);
            else
                one=mem;
        }
    }
}
```

9.3.2 数据接口模块

系统的数据接口模块包含人机交互和软件交互两块。在政府预留水量耦合优化配置决策系统中，由于前期在数据库并不十分完整的情况下或者有尚未更新的数据的情况下，有一些数据必须人工输入，因此设计人机交互界面。

从软件交互方面来看，本书采用 Matlab 2010 软件进行二次计算并做图，因此还需要与 Matlab 2010 软件相应的数据接口，即软件交互接口。系统与 Matlab 2010 交互的数据接口模块代码如下：

```
void callByMatlab ()
{
    //在此处进行调用 matlab 生成的 DLL 文件
    waterGA. WaterGA m=new waterGA ();
    //定义下限数组
```

```
    MWArray LB=new MWArray;
    //定义上限数组
    MWArray UB=new MWArray;

    //从数据文件中读取下限上限数组
    file.read (LB);
    file.read (UB);
    //调用matlab的GA算法函数
    m.ga (ChrosomeEvaluate, WATERNUMS, [], [], [], [], LB, UB);
}
```

数据接口模块示意见图9.3。

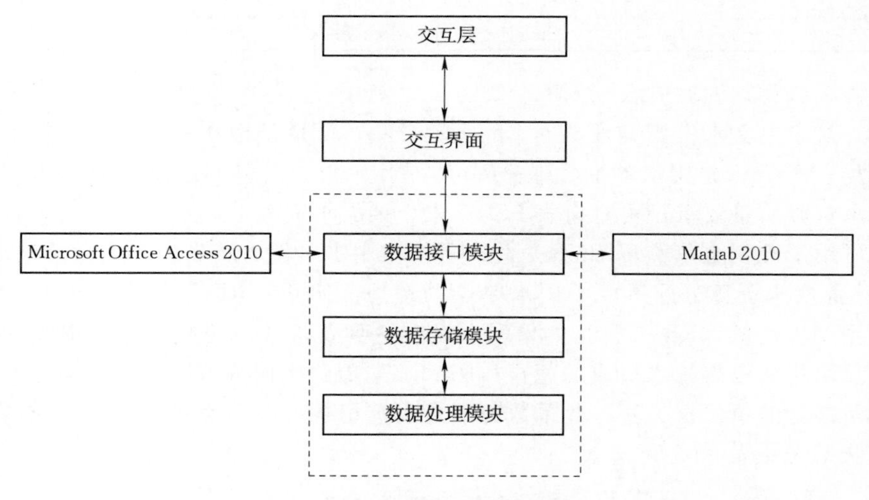

图9.3 数据接口模块示意图

在结果的输出上，首先，通过窗体直观输出系统的计算结果；其次，将相关参数输入Matlab 2010软件，通过Matlab 2010软件做图，然后将图像传回系统并在窗体中显示出来；最后，将计算结果直接写入数据库。

9.3.3 数据存储模块

政府预留水量的数据存储模块包括水量、收益和配置方法三个部分，采用Access 2010进行数据的存储。在Access 2010中，数据的存储采用“表”的形式。“表”又称为数据表，是Access 2010中存储数据的基本单位，也是操作整个数据库工作的基础，同时是所有查询、窗体的数据来源。

水量的存储表包括了上游来水总量、各分配区域满足生产生活的推荐需水量、各分配区域的最小需水量等，是整个系统的核心区域，需要单独的存储空间和完备的、标准的存储过程。其中Type字段是指一个水资源分配事件中的编号，在相同编号下的水资源可以共同参与分配，与区域收益及配置方法对应，即数据库中查询出所有Type一样的数据都是一个分配事件中的信息；WID是某个水资源的编号，每个水资源对应一个编号，相互不重复；Name 是指这个水资源对应的名称，如河流名称、水库名称等；Info 则是对应的水资源的相关信息描述；Quality 是该水资源的水质，可以通过此字段进行筛选符合条件的水资源；Min 是指该水资源的最小可用水资源量；Max 是指该水资源的最大可用水资源量。水量的存储表见表 9.1。

表 9.1　　水量的存储表

字段名称	数据类型	字段类型	是否索引	描　述
Type	Number	String	是	水资源参与分配编号
WID	Number	Integer	是	水资源编号
Name	Text	String	是	水资源名称
Info	Text	String	否	水资源基本信息
Quality	Text	String	是	水资源质量分级
Min	Text	String	是	最小可用水资源量
Max	Text	String	是	最大可用水资源量

分配各区域收益表对应水资源的分类方式，其中 Type 字段是指一个水资源分配事件中的编号，对应上文水资源编号及下文的配置方法；RID 是用水单位编号，每个用水单位编号不重复；Rname 是用水单位名称；RInfo 是用水单位的基本信息；RQuality 是用水单位所需的水资源质量要求，可对应表 9.1 搜索，如果水资源水质不符合用水单位需求，该水资源不可用于此用水单位；Rmin 是此次事件中用水单位为满足生产生活的最小需水量；Rmax 是指此次水资源分配事件中用水单位的理想需水量；Rlose 是指此次输水事件中单位输水的预期损耗量；Rlack 是指如果配水没有达到要求，单位缺水量的损失系数，该系数与缺水总量相乘可得缺水造成的惩罚；Rmore 是指此次输水事件中，如果分配水量超过要求，浪费部分的单位损失量，此系数与浪费水量相乘可得到浪费水量所造成的损失。分配各区域收益表见表 9.2。

表 9.2　　分配各区域收益表

字段名称	数据类型	字段类型	是否索引	描　述
Type	Number	String	是	水资源参与分配编号
RID	Number	Integer	是	用水单位编号
RName	Text	String	是	用水单位名称
RInfo	Text	String	否	用水单位基本信息
RQuality	Text	String	是	用水单位所需水资源质量
RMin	Text	String	是	用水单位所需最小水资源量
RMax	Text	String	是	用水单位所需最大水资源量
RLose	Text	String	是	输送用水单位的水资源损耗比例
RLack	Text	String	是	单位缺水量损失系数
RMore	Text	String	是	单位浪费水量损失系数

水资源配置方法见表 9.3。表 9.3 所表示的是某一个或者几个水源向一个或者多个用水单位的输水配置方法。字段 Type 是指一个水资源分配事件中的编号，对应上文的 Type；MID 是指参与分配的用水单位编号；MName 是指参与分配的用水单位名称；MMin 是指用水单位的需水量；Mwater 是指该配置方法下对该用水单位的配水量；MGain 是指在该配水情况下，该单位的所得收益；MLose 是指该配水情况下，该单位由

于配水过剩或者配水不足所导致的系统损失；MProfit 是指系统总收益。

表 9.3　　水资源配置方法表

字段名称	数据类型	字段类型	是否索引	描　述
Type	Number	String	是	水资源参与分配编号
MID	Number	Integer	是	用水单位编号
MName	Text	String	是	用水单位名称
MMin	Text	String	是	用水单位需水量
MWater	Text	String	是	用水单位配水量
MGain	Text	String	是	用水单位所得收益
MLose	Text	String	是	用水单位水量损失收益
MProfit	Text	String	是	系统总收益

系统数据的存储靠相关人员通过可视化界面输入数据，水资源变动录入界面见图 9.4。

9.3.4　数据处理模块

本系统的数据处理模块主要包括表内计算和表间联动两个模块。

1. 表内计算

政府预留水量耦合优化配置决策系统利用 Access 2010 数据库的排序、计算等功能进行表内计算。表内计算可以将数据在表内实体化，使配置人员可以很直观地看出某个分配方法的收益。水资源配置方法表中，用水事件因水量配置不够导致的经济惩罚即为缺水量与水量不足惩罚系数的乘积，用水单位经济效益为计划配置水量与单位水量收益的乘积。

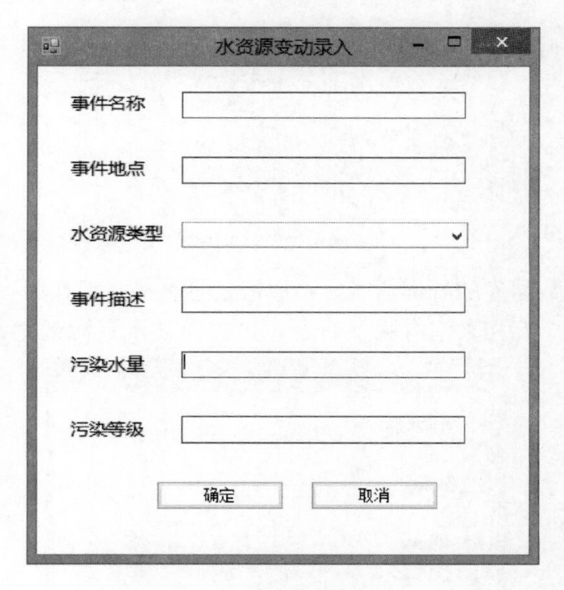

图 9.4　水资源变动录入界面

2. 表间联动

不同表间内容相互关联，表之间的关系通过公共属性实现。数据库根据表之间的关系连接各表。通过相关字段可以实现表与表之间的联系。在数据库的关系中存在三类关系，即一对一、一对多和多对多关系。其中，一对一关系指父表中的主键与子表的外键一一对应；一对多关系指一个表中的某一条记录与另外一个表中的多个记录相关联；多对多关系指一个表中的某一条记录与另外一个表中的多条记录相关联。通过一对一、一对多和多对多的关系，可以实现表间联动，确保数据库将某一表中的变动反映到相关联的其他表中。政府预留水量耦合优化配置系统数据库中表与表的关系见图 9.5。

9.3.5　数据查询模块

在数据库的实际使用过程中，并不是简单查看某一个表中的数据，而是把相关联的多个表中的数据一起调出使用，甚至要把数据经过计算后使用。面对庞大的数据量，要使用

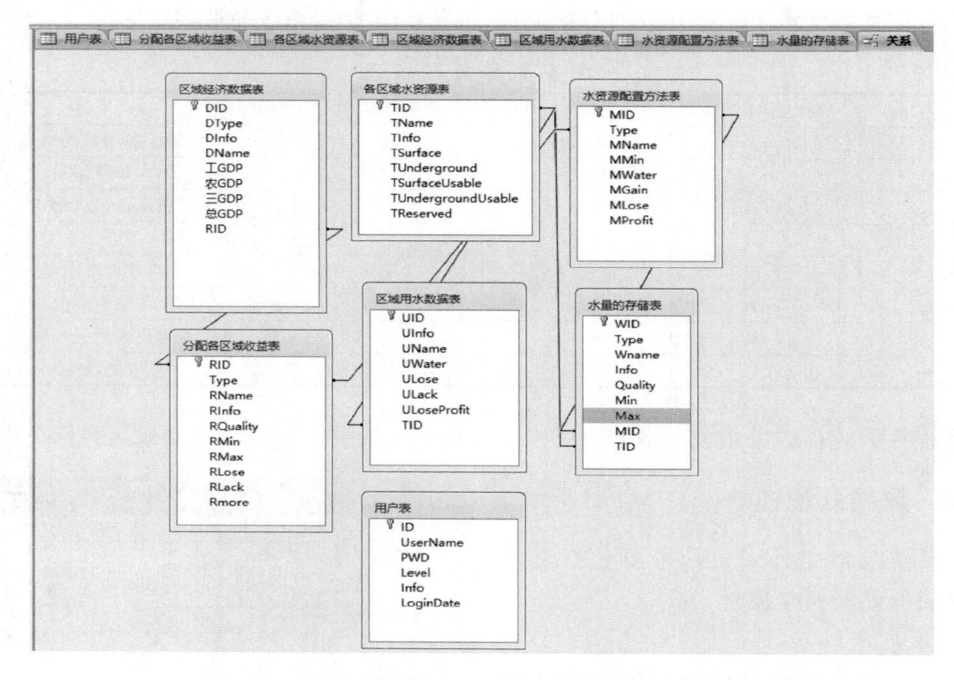

图 9.5　政府预留水量耦合优化配置系统数据库中表与表的关系

数据库的查询功能，将所需信息直接显示在同一张表上。在本数据库中，查询的字段来自多个互相之间有联系的表，如查询某水资源的情况或者某配置方案涉及的水资源和用水事件等，都可根据需要查询。在表更新之后，查询的结果也会随之改变，减小使用人员的操作时间。本书设计的系统数据历史案例查询界面包括查询类别、事件地点、污染等级、事件发生时间、影响水量、水资源类型等几种查询条件。系统数据历史案例查询界面见图 9.6。

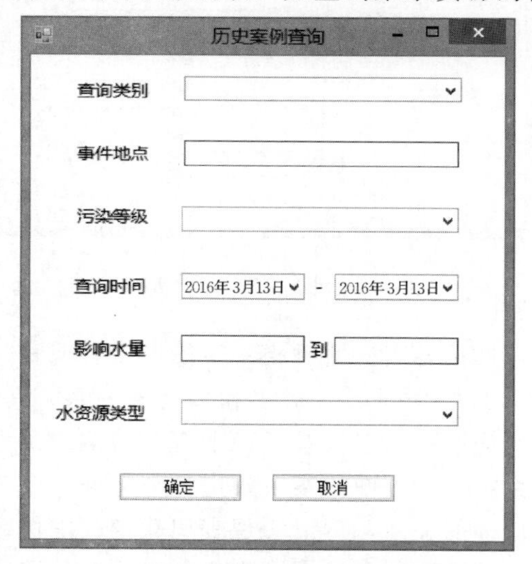

图 9.6　系统数据历史案例查询界面

9.3.6　数据更新模块

随着政府预留水量研究的增多，参数数量和数据量也会随之增大。这些新的数据须在数据库中尽快更新，才能使系统的使用范围更广、计算结果更加准确，从而使得使数据库发挥最大作用。

数据的增加、删除和修改是政府预留水量耦合优化配置系统的基本功能之一。由于数据库中的各个表是联动的，因此随意的增减某一表的数据，会导致表间数据的不一致，以至于计算结果的不精确。因此，必须及时对与更新表有关联的所有表进行更新。为方便操作，决策系统提供可视界面，通过数据接

口与数据存储模块之间进行数据传输。数据库的维护人员通过可视界面，对数据库中的数据进行各项操作。

9.3.7　系统的权限管理

由于表是联动的，在使用过程中对决策系统的更改可能会造成数据库的损坏，由于数量较大，错误不易排查。因此，针对不同的适用人群，应当开辟不同的使用权限，防止此类问题的发生。数据库的创建、管理、更新维护、使用由不同的人负责。本书将系统的使用人员分成三个等级。

第一等级为系统开发人员。系统开发人员为数据库工程师，拥有最高的权限，负责数据库的开发、模块设计、存储表的设计，以及表间关系的修改等。同时，他们负责将政府预留水量耦合优化配置研究与使用人员的专业需求在数据库内实现，帮助安全管理研究人员进行诸如交互界面的设计、更改，字段的增减等与安全管理相关的操作。

第二等级为安全管理研究人员。安全管理研究人员为领域内专家，有经验的使用者等。其主要负责数据的更新，增加新的水资源数据和地区经济数据等内容。因此，这类人员拥有对数据库的内容进行增加、删除、修改的权限。同时，为了保证数据库与最新的研究成果相匹配，安全管理研究人员要与系统开发人员协同升级数据库，提出水资源配置的最新需求，并由系统开发人员实现该需求。

第三等级为系统的一般使用人员。这类人员一般为政府或者地方负责政府预留水量配置的人员，不具备对数据库的增加、修改、删除等操作，仅拥有查询的权限，以防止不正当的操作导致数据库损坏。

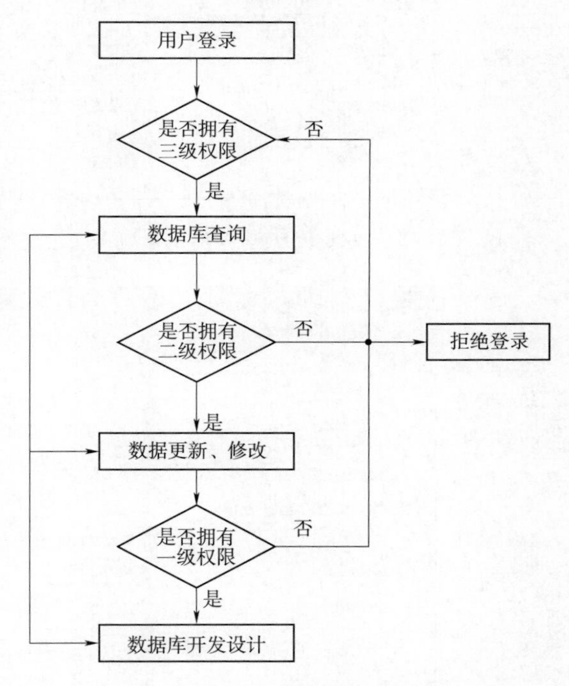

图9.7　系统的权限管理示意图

因此，政府预留水量耦合优化配置决策系统开发了权限管理系统，以用户ID和密码作为判断用户等级的依据，对不同等级的操作人员授予不同的管理使用权限。系统的权限管理示意见图9.7。

9.4　政府预留水量耦合优化配置决策系统操作流程

在政府预留水量耦合优化配置系统中，很多信息数据库并未提前录入，因此需要人工录入。录入时，按照系统提供的人机交互界面，根据要求输入相关信息，包括种群个体数、种群迭代次数、种群变异率、种群交叉率以及导入数据集。其中导入数据集可直接输

入，也可从数据库已有信息导入。政府预留水量规模优化配置决策系统和结构优化配置决策系统计算模块的初始界面分别见图9.8和图9.9。

图9.8　政府预留水量规模优化配置决策系统计算模块的初始界面

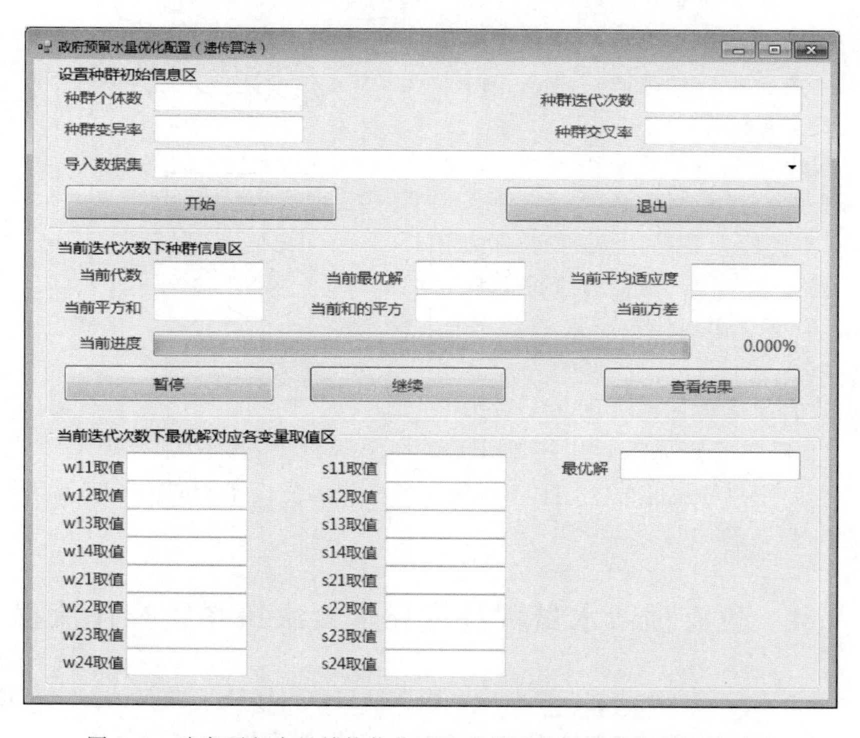

图9.9　政府预留水量结构优化配置决策系统计算模块的初始界面

在初始界面中，首先输入遗传算法计算的参数，包括种群个体数、种群迭代次数、种群变异率以及种群交叉率，然后可以选择手工输入数据或者从数据库中导入相关数据。点击“开始”按钮，系统开始计算最优解及最优解对应的各变量取值区间。

在迭代过程中，当前迭代次数下的最优解及对应的各变量取值区间都在动态变化，直至系统接近最优解变化，各变量速度开始变慢，变化精度开始加大，变化趋于稳定。在计算完毕后，决策系统会给出最优解以及最优解的各变量取值。如果还需要对数据有更精确的需求，只需要调整上面种群初始信息中的几个参数并再次计算即可。

等计算完全结束时，点击“查看结果”按钮，则弹出新窗口。在此窗口中，显示出计算得到的最优解，同时系统自动对 Matlab 2010 软件进行调用并进行二次计算。通过 Matlab 2010 软件的计算结果及生成的图像均在窗体下方显示，供政府预留水量耦合优化配置人员参考。政府预留水量规模优化配置决策系统和结构优化配置决策系统计算结果界面分别见图 9.10 和图 9.11。

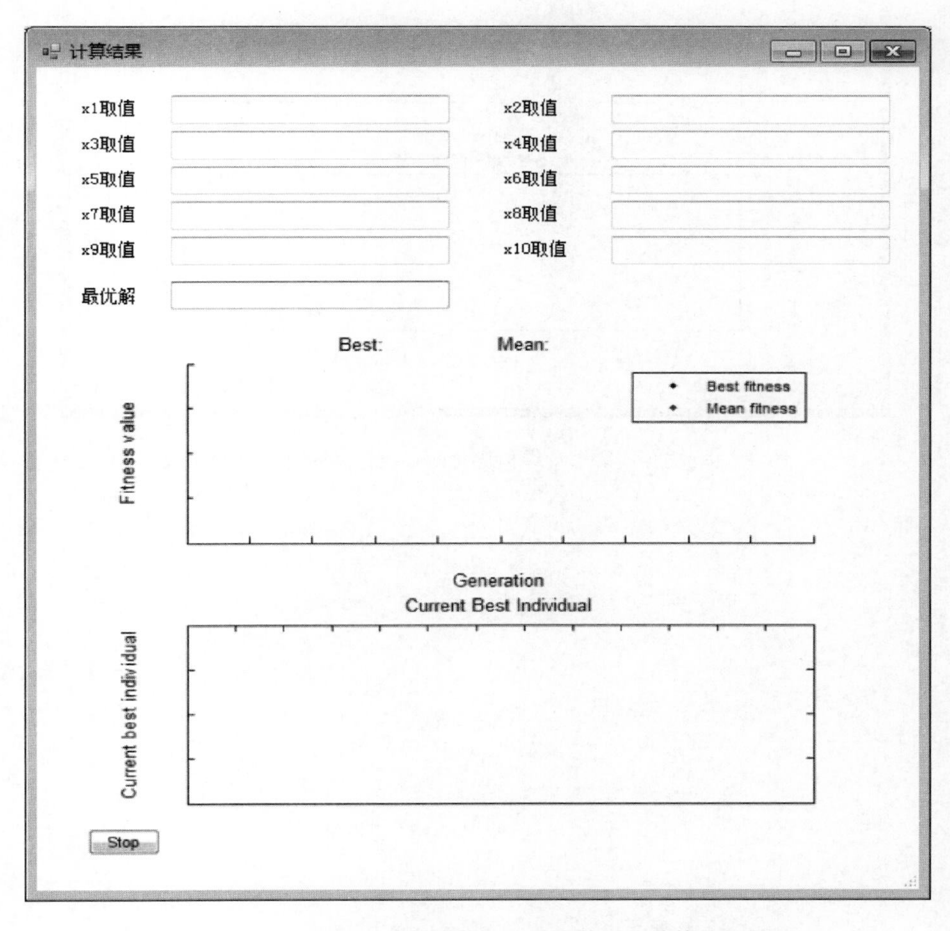

图 9.10 政府预留水量规模优化配置决策系统计算结果界面

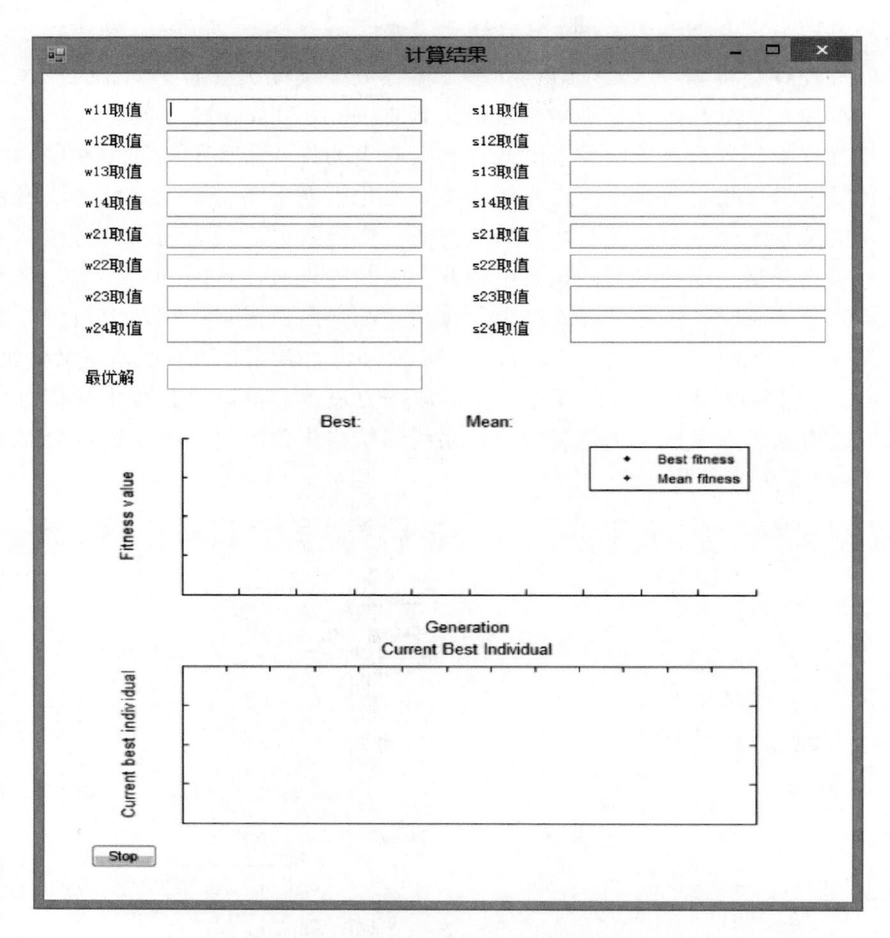

图 9.11　政府预留水量结构优化配置决策系统计算结果界面

第 4 部分　系统协调耦合配置研究

第 10 章　流域初始水权配置系统的协调耦合进化模型

协同学是研究协同系统从无序到有序演化规律的新兴综合性学科。协同系统是指由许多子系统组成的，能以自组织方式形成宏观的空间、时间或功能有序的开放复合系统。耦合是一个物理学概念，它是指两个（或两个以上）的体系或运动形式之间通过各种相互作用而彼此影响的现象，是在各子系统间的良性互动下，相互依赖、相互协调、相互促进的动态关联关系。本章拟采用协同耦合的方法研究省区初始水权与流域级政府预留水量两个子系统的协调度，进而提出流域初始水权配置系统的水量和结构调整策略。

省区初始水权配置和流域级政府预留水量配置子系统的耦合与协调，其作用在于应对水资源约束，有效地解决水环境恶化和提高流域水资源利用效率等。系统耦合（coupling）是一个物理学概念，本章所述的流域初始水权配置系统耦合是指省区初始水权配置和流域级政府预留水量配置两个子系统及要素之间相互作用、彼此影响的现象。流域初始水权配置系统协调是指省区初始水权配置和流域级政府预留水量配置两个子系统之间的一种良性关联，体现了配合得当、和谐一致、良性促进的关系。

将流域初始水权配置系统分成省区初始水权和流域级政府预留水量配置两个子系统，面向最严格水资源管理制度约束，研究基于子系统协调耦合的流域初始水权配置进化模型。首先，分析省区初始水权量和流域级政府预留水量的依存关系，构建用水总量、污水排放量和用水效率判别准则，并在此基础上建立耦合协调性判别准则，判断子系统预配置方案间的耦合协调性；其次，针对预配置方案不协调的情形，提出子系统水权量增加或减少方向及水权量需调整的省区集合；之后，以耦合协调性最佳为目标，从控制用水总量等方面建立约束条件，构建水权配置量调整的优化决策模型，求解模型并对调整后水权配置方案重新进行判别，直至最终获得满足所有判别准则的方案。结果表明，模型和算法具有可行性和有效性。

10.1　多目标协同学的基本原理

10.1.1　多目标决策理论

多目标决策是从 20 世纪 70 年代中期发展起来的一种决策分析方法。决策分析是在系统规划、设计和制造等阶段为解决当前或未来可能发生的问题，在若干可选的方案中选择和决定最佳方案的一种分析过程。多目标决策问题最显著的特点是目标之间的不可公度性和目标之间的矛盾性。不可公度性是指各个目标没有统一的度量标准，比较难于比较；矛盾性是指如果去改善某个目标的值，可能会使方案中的另一目标变坏。

流域初始水权配置正是一个多目标决策问题。首先，流域初始水权的配置涉及多个决策者（一般包括流域管理机构、各区域利益代表者、用水户等），每个决策者有不同的偏好；其次，在配置过程中，既要考虑人的生活用水需求，又要考虑生产、生态环境用水需求；既要考虑水资源利用效率，又要考虑配置结果的公平性；既要考虑提高流域现阶段的经济发展水平，又要考虑保持流域的可持续发展能力。这些目标之间具有明显的相互矛盾性，比如公平与效率之间，提高经济发展水平与可持续发展之间都是相互对立的。因此，流域初始水权配置是一个典型的多目标决策问题。

由于多目标决策问题目标之间的矛盾性，在求解多目标问题时，通常以非劣解或满意解来代替最优解。多目标决策主要有以下方法：

（1）化多为少法。流域初始水权配置的目标很多，包括基本生活用水保障、粮食安全、水资源利用高效性、生态环境保护、地区安定等。一般可以将这些目标分类归纳为少量的目标，如社会目标、经济目标、生态目标等。这种化多为少的方法可以简化现实问题，便于用简单的决策方法求解。

（2）分层序列法。将流域初始水权配置的所有目标按其重要性程度依次排序，先求出实现最重要目标的最优解，然后在保证前一目标最优解的前提下依次求下一目标的最优解，直到求得最后一个目标的最优解为止。

（3）直接求非劣解法。可以请流域管理机构或水资源管理领域专家给出一组非劣解（即非劣配置方案），然后按事先确定好的评价标准从中找出一个满意的配置方案。

（4）目标规划法。对于流域初始水权配置的每一个目标都事先给定一个期望值，然后在满足水权配置的相应约束条件下，找出与目标期望值最接近的配置方案。

（5）多属性效用法。将流域初始水权配置的各个目标均用表示效用程度大小的效用函数表示，通过效用函数构成多目标的综合效用函数，以此来评价各个可行配置方案的优劣。

（6）层次分析法。将流域初始水权配置的目标按照从总体到细节的原则，把目标逐层分解得到子目标，求得子目标与决策方案之间的数量关系。

（7）其他方法。此外，还有多目标群决策法和多目标模糊决策法等。

10.1.2　协同理论

协同学的创立者是联邦德国斯图加特大学教授、著名物理学家哈肯，代表作是 1976 年发表的《协同学导论》。其在研究激光的过程中发现激光是一种典型的、远离平衡态时的由无序转化为有序的现象，基于许多不同领域中非平衡有序结构形成的现象，哈肯发现，一个由大量子系统所构成的系统，在一定条件下，子系统之间通过非线性的相互作用产生协同现象和相干效应，使系统形成有一定功能的自组织结构，在宏观上便产生了时间结构、空间结构或时空结构。协同学主要是研究远离平衡态的开放系统在与外界有物质与能量交换的情况下，如何通过自己内部协同作用，自发地出现在时间、空间和功能上的有序结构的理论。它以现代科学的最新成果——系统论、信息论、控制论、突变论等为基

础，吸取了耗散结构理论的大量营养，采用统计学和动力学相结合的方法，通过对不同领域的分析，提出了多维相空间理论，建立了一整套的数学模型和处理方案，在微观到宏观的过渡上，描述了各种系统现象从无序到有序转变的共同规律。自 1977 年哈肯的《协同学导论》问世以来，协同理论的发展和应用取得了很大的成就。1983 年出版的《高等协同学》一书，标志着协同学的微观理论走向成熟。Peter A. Coming（1998）在总结管理发展趋势的基础上，提出了“协同——一个崭新的管理理念”。目前，协同学的研究和应用范围日益广泛，已由自然科学系统扩大到社会科学系统。

协同度指系统要素或者系统之间相互协作的和谐程度。由协同学知道，系统在相变点的内部变量可以分为快、慢弛豫变量两类，系统从无序走向有序的机制关键在于系统内部变量（慢弛豫变量）之间的协同作用。协同度是系统自组织能力的体现和反应。在水资源系统中，受到有限的水资源量的制约，各个用水户之间必然存在着差异性的水资源分配关系，这种关系是否和谐，关系到区域水资源系统的可持续发展。协同度正是衡量这种关系的量化指标。

根据参照体的不同，可以分别从时间尺度上和空间尺度上对协同度进行计算。通过对时间尺度上的比较，可以判断水资源利用系统的纵向发展变化；通过对空间尺度上的比较，可以判断流域初始水权系统的横向差异，从而促使流域初始水权系统配置向更加有序的方向转化。

10.1.3　多目标协同理念

流域初始水权配置涉及社会经济、人口、资源、生态环境等多个方面，是典型的多目标优化决策问题。要实现流域初始水权配置的效益最大化，主要从社会、经济、生态三个方面进行衡量。

（1）在社会方面，要实现社会和谐，保障人民安居乐业，最小化缺水率和因缺水导致的冲突矛盾事件数量。

（2）在经济方面，要尽量满足各行业的生产用水需求，实现区域经济的可持续发展，保障经济的稳步增长，提高人民的生活水平。

（3）在生态方面，要维持基本的生态用水，实现生态环境的良性循环，保障良好的人居环境。但是，长期以来，对生态用水需求重视程度不够，流域初始水权配置中很少考虑生态环境的用水需求。有些河流在正常来水年份甚至全部水量都被引入灌区，导致河流断流、湖泊沼泽萎缩、地下水位下降、植被枯死、大片生物栖息地消失等问题，生态环境日益脆弱。有专家提出，生态耗水量不应低于总用水量的 50％，而目前我国大部分流域都在 10％～30％。

流域初始水权配置既要兼顾公平、效率和可持续发展又要保障各区域的良好发展。如前所述，流域可视为由若干个区域子系统组合而成的大系统。根据协同理论，不论在系统间，还是在系统内部，均存在着协同作用，这种协同作用能使系统在临界点发生质变——从无序变为有序，从混沌中产生某种有序结构。由于系统与外界之间存在着物质或能量交换，流域各区域内部与区域之间均存在协同作用，即流域各区域的初始水权分配量的变化相互影响，进而导致各用水部门或行业的发展变化，因此各区域之间及区域内部均存在着社会经济生态发展互相影响的相干关系。通过协同作用，在某临界点，流域初始水权的和谐配置将使得流域呈现出各区域内部行业协同发展，同时各区域之间也协同发展的良性状态，进而从整体上实现流域内社会、经济、生态全面和谐发展的总体目标。

10.1.4　耦合理论

耦合是两个事物通过某种方式相互作用而形成的系统，当两个或两个以上的具有耦合潜力的系统通过各种能量流在系统中输入和输出，就会形成高级别结构功能体的耦合系统。系统发生耦合需要满足三个条件：一是子系统之间需要具有内在联系；二是子系统之间具有物理和能量上的异质性；三是要有联系各子系统的耦合途径。按照耗散结构理论，自组织发展系统的各个子系统是一个动态涨落的交互耦合过程，时间组织性决定了耦合系统是一个演变的动态演化系统，偶然性的随机涨落是演变的重要机制。

耦合理论在不同领域已经具有较成熟的研究成果。在生态系统学中，耦合是两种或两种以上系统要素之间的相互作用，通过演变过程得到其最后的发展结果。系统耦合在生态系统内的生态位、时间和空间三个维度上起作用，表现为相互依存、相互促进的关系，并扩大系统的生产和生态功能。计算机领域的耦合理论是从耦合度的角度来论述，用来衡量多个模块间的相互联系，主要分为独立耦合、数据耦合、控制耦合、公共耦合及内容耦合等几种不同的耦合方式。

协同耦合配置系统是将供给、需求、环境等子系统中相互影响、相互作用的各个要素耦合起来，以确保系统的协同演化。初始水权配置系统中，需求子系统和供给子系统的耦合打破了原有子系统之间的条块分割，系统内部的各个主体将不再是各自独立的运作模式，而是将各个主体的结构功能和运作机制进行耦合形成一个有机整体。这个有机整体可以协调和消除在初始水权配置过程中供给和需求之间的矛盾，使得整个系统达到和谐和协调发展的目标。

在初始水权配置过程中，供给子系统和需求子系统各自的耦合元素所产生的相互影响的程度定义为流域初始水权配置供需耦合协调度，其数值大小反映初始水权配置系统的协调和谐程度。

10.2　系统协调度评价模型

10.2.1　系统协调的数学描述

系统的协调是指在系统内部的自组织和来自外界的调节组织的作用下，其各个组成子系统之间的和谐共存，以实现系统的整体效应。由协同学可知，任何系统的自组织规律与他组织效应都服从于协同学的支配原理，以协同学理论研究系统的协调特征，有助于完善系统协调的理论基础。“协调”是指系统之间或系统组成要素之间在发展演化过程中彼此的和谐一致。为实现协调而对系统采取的若干调节控制活动称为对系统施加的“协调作用”。所有可能的协调作用及其遵循的相应程序与规则称为“协调机制”。系统之间或系统组成要素之间在发展演化过程中彼此和谐一致的程度称为“协调度”。

协同学对系统演化过程的描述采用随机微分方程。求解演化方程的方法主要是解析方法，即用数学解析方法求出序参量的精确或近似的解析表达式和出现不稳定的解析判别式。在分析不稳定时，常常用数学中的分岔理论，在有序存在的特殊情况下也可应用突变论。

协同学描述系统演化过程的随机微分方程的一般形式为

$$q(X,t) = N[q(X,t), \nabla, \alpha, X, t, F] \tag{10.1}$$

式（10.1）是一个关于 q 及其不同阶导数的动力学方程或方程组，即微分方程。

分析式（10.1）特点如下：

（1）状态变量 q 数目很大。方程式（10.1）中的 q 表示系统的状态变量，它是空间坐标 $X=$（x，y，z）和时间 t 的函数，即

$$q = q(X,t) \tag{10.2}$$

对于不同的系统，q 代表不同的参量。由于协同学研究的是大量子系统组成的巨系统，所以描述它的行为需要的状态变量数目较大。令 q_1，q_2，…，q_n 为状态变量，它们是 X 和 t 的函数，即

$$q_i = q_i(X,t) \qquad (i = 1,2,\cdots,n) \tag{10.3}$$

为简便起见，常采用状态变量来表示，即

$$q(X,t) = (q_1, q_2, \cdots, q_n) \tag{10.4}$$

（2）非线性特性。状态变量的各阶导数与状态变量本身有关，反应系统内部不同因素的相互作用。由于研究的是自组织系统，而线性系统不可能出现自组织，所以基本演化方程是非线性的。

（3）依赖于外部控制变量 α、β。协同学研究开放的、大都是远离平衡态的系统，它们与环境有物质和能量的交换，演化行为受外部条件的影响或支配。当外界对系统的作用在一定时期内保持不变时，这种外部作用将以常量 α、β 等形式出现于演化方程中。

（4）包含涨落力 F。系统发生时间演化的动因不可完全预见，往往是变化的，导致涨落现象。涨落力 F 的基本来源有两个方面：一是经典力学的来源，或者由于对系统信息掌握不够，或者由于自由度太大而无法描述；二是量子力学的来源，由于原则上不能绝对精确地预见粒子的行为，量子涨落引起的 F 不确定是不可避免的。以上种种不确定性影响的总和，在演化方程中以涨落力 F 的形式出现，使得数学模型取随机微分的形式。

（5）由于当系统处于非均匀介质中时必须处理扩散或波传导等因素，空间导数应包含在基本方程中。

对于不同的具体系统，其中的一些项可以被忽略，演化方程就具有较为简单的形式。在很多情况下，可将模型式（10.1）简化为

$$q = N(q,a) + F \tag{10.5}$$

将其转化为更为直观的一阶线性微分方程为

$$q = aq + b(F)q + c(F) \tag{10.6}$$

式中：q 为支配系统发展变化的序参量，$q=$（q_1，q_2，…q_n）；F 为系统的涨落力。

当系统的涨落力 F 为零时，受涨落力影响的参量 b（F）、c（F）为零，即此时系统的发展变化完全取决于序参量的变化。

在上述变量参数的基础上，对耦合系统中的省区初始水权与流域级政府预留水量系统这两个子系统进行耦合协调度评价。

定义 1：设 U 为省区初始水权子系统序参量，U_{ij} 为省区初始水权序参量中第 i 个指标的第 j 个变量参数，对应的值为 x_{ij}（$i=1$，2，…，n；$j=1$，2，…，m；n 为省区初始水权的指标个数，m 为第 i 个指标中的变量参数个数）；同理，W 为流域级政府预留水量系统子系统序参量，W_{ij} 为流域级政府预留水量系统子系统序参量中第 i 个指标的第 j 个变量参数，对应的值为 y_{ij}（$i=1$，2，…，n；$j=1$，2，…，m；n 为流域级政府预留水量系统子系统的指标个数，m 为第 i 个指标中的变量参数个数）。

定义 2：设 α_{ij} 、β_{ij} 为省区初始水权子系统稳定临界点上序参量的上、下限值，η_{ij} 、ξ_{ij} 为流域级政府预留水量系统子系统稳定临界点上序参量的上、下限值，则省区初始水权子系统的有序功效模型和流域级政府预留水量系统子系统评价指标层有序功效模型分别为

$$U_{ij} = \frac{x_{ij} - \beta_{ij}}{\alpha_{ij} - \beta_{ij}} \qquad (i = 1,2,\cdots,n;j = 1,2,\cdots,m)$$

$$W_{ij} = \frac{y_{ij} - \xi_{ij}}{\eta_{ij} - \xi_{ij}} \qquad (i = 1,2,\cdots,n;j = 1,2,\cdots,m)$$

其中，由于 $\beta_{ij} \leqslant x_{ij} \leqslant \alpha_{ij}$，$\xi_{ij} \leqslant y_{ij} \leqslant \eta_{ij}$，所以 U_{ij} 和 W_{ij} 的范围是 0～1，即把 U_{ij} 和 W_{ij} 标准化；U_{ij} 和 W_{ij} 分别代表了 x_{ij} 和 y_{ij} 对其子系统贡献的大小，越接近 1 则贡献越大。

序参量 α、β 和 η、ξ 的确定参照各地基准年期值、规划时期值、对比标准值或理想值。

定义 3：λ_i 为省区初始水权子系统序参量中第 i 个指标的权重，λ_{ij} 为其中第 i 个指标的第 j 个变量参数的权重，U_i 为省区初始水权作业指标层的贡献值，U 为省区初始水权总作业层的综合贡献值，$i=1$，2，…，n；$j=1$，2，…，m；同理，δ_i 为流域级政府预留水量系统子系统序参量中第 i 个指标的权重，δ_{ij} 为其中第 i 个指标的第 j 个变量参数的权重，W_i 为流域级政府预留水量系统作业指标层的贡献值，W 为流域级政府预留水量系统总作业层的综合贡献值，$i=1$，2，…，n；$j=1$，2，…，m。则各子系统作业指标层的贡献模型分别为

$$U_i = \sum_{j=1}^{m} \lambda_{ij} U_{ij} \qquad (i = 1,2,\cdots,n) \tag{10.7}$$

$$W_i = \sum_{j=1}^{m} \delta_{ij} W_{ij} \qquad (i = 1,2,\cdots,n) \tag{10.8}$$

总作业层综合贡献模型为

$$U = \sum_{i=1}^{n} \lambda_i U_i , W = \sum_{i=1}^{n'} \delta_i W_i \tag{10.9}$$

其中，U 和 W 分别表示省区初始水权子系统和流域级政府预留水量系统子系统耦合系统有序度的贡献，并且 $\sum_{j=1} \lambda_{ij} = 1, \sum_{i=1} \lambda_i = 1, \sum_{j=1} \delta_{ij} = 1, \sum_{i=1} \delta_i = 1$，其中的权重由层次分析法确定。

定义 4：设 C 为省区初始水权与流域级政府预留水量系统的耦合协调度，借鉴物理学中的容量耦合概念及容量耦合系统模型，则省区初始水权与流域级政府预留水量系统的耦合协调度模型为

$$C=\left[\frac{UW}{(U+W)(U+W)}\right]^{1/2} \tag{10.10}$$

式（10.10）中，$0\leqslant C<1$，C 的值永远达不到理想值 1。

10.2.2　流域初始水权优化配置的协调机理

本节建立的流域初始水权配置整体模型体现了社会、经济和生态环境效益目标，是一个多目标优化问题，其非劣解对应着流域初始水权配置的标准，要求任一目标的改善不应以牺牲其他目标为代价。换言之，各配置方案要求水资源、社会目标、生态环境子系统协调发展，使流域初始水权系统达到一种整体、综合效益最优化，呈现出水资源高效利用、社会结构合理、经济健康发展和人口适度增长、社会公共福利公平、生态环境状况良好的稳定状况。因此，可以认为判别这种决策方案的依据之一就是流域初始水权配置方案的协调度。

系统协调度评价模型可以分为三类：一类是以综合变化协调度模型为基础的协调发展指数模型；二类是以灰色系统理论为基础的序列协调灰关联熵模型；三类是近年来发展起来的以协同学理论为基础的有序度模型。协调发展指数模型以系统演化与发展协调水平值的偏离大小反映协调度大小，是一种直观、简易和可行的方法，但系统水平协调值采用回归模型反映系统之间复杂的非线性关系尚存欠缺；灰关联熵模型建立在双序列的基础上；而有序度模型不具备上述特征。

1. 综合变化协调度模型理论方法

综合变化协调度的特征是以各系统间协调发展水平的相对变化程度来测度系统间的协调度。假设有 n 个系统，第 i 个系统的协调发展水平为 X_i（$i=1,2,\cdots,n$），这 n 个系统的整体协调发展水平为 X，各子系统的协调度为

$$D_i=\begin{cases}\exp\left(\dfrac{\mathrm{d}X_i}{\mathrm{d}t}-\dfrac{\mathrm{d}X}{\mathrm{d}t}\right) & \left(\dfrac{\mathrm{d}X_i}{\mathrm{d}t}<\dfrac{\mathrm{d}X}{\mathrm{d}t}\right)\\ 1 & \\ \exp\left(\dfrac{\mathrm{d}X_i}{\mathrm{d}t}-\dfrac{\mathrm{d}X}{\mathrm{d}t}\right) & \left(\dfrac{\mathrm{d}X_i}{\mathrm{d}t}>\dfrac{\mathrm{d}X}{\mathrm{d}t}\right)\end{cases} \tag{10.11}$$

式中：$\dfrac{\mathrm{d}X_i}{\mathrm{d}t}$ 为第 i 个系统的协调发展水平，为 X_i 随时间的变化率；$\dfrac{\mathrm{d}X}{\mathrm{d}t}$ 为 n 个复合系统随时间的变化率。

对于这 n 个系统，其整体协调度为

$$D=\sqrt[n]{\prod_{i=1}^{n}D_i} \tag{10.12}$$

也有学者将系统之间的协调度定义为

$$D=\frac{1}{[\mathrm{d}(X_a/X_b)/\mathrm{d}t]+1} \tag{10.13}$$

式中：X_a 为 a 系统的协调发展水平；X_b 为 b 系统的协调发展水平。

从式（10.13）可以看出，如果 a 系统和 b 系统是按一定的比例发展的，则 X_a/X_b 为常数，则 $D=1$，此时系统的协调度最高；如果 a 系统和 b 系统不是按一定比例发展的，

即 X_a/X_b 随时间有变化，则 $D\in[0,1]$，D 越大则系统的协调度越高，反之则越差。

2. 灰色关联度分析理论及方法

关联度是事物之间、因素之间关联性大小的量度。它定量地描述了事物或因素之间相互变化的情况，即变化的大小、方向与速度等的相对性。如果事物或因素变化的态势基本一致，则可以认为它们之间的关联度较大，反之，关联度较小。对事物或因素之间的这种关联关系，虽然用回归、相关等统计分析方法也可以做出一定程度的回答，但往往要求数据量较大、数据的分布特征也要求比较明显。而且对于多因素非典型分布特征的现象，回归相关分析的难度常常很大。相对来说，灰色关联度分析所需数据较少，对数据的要求较低，原理简单，易于理解和掌握，对上述不足有所克服和弥补。

灰色关联度分析的核心是计算关联度。一般说来，关联度的计算首先要对原始数据进行处理，然后计算关联系数，由此就可以计算出关联度。

（1）原始数据的处理。由于各因素各有不同计量单位，因而原始数据存在量纲和数量级上的差异，不同量纲和数量级不便于比较，或者比较时难以得出正确结论。因此，在计算关联度之前，通常要对原始数据进行无量纲化处理，其方法包括初值化、均值化等。

1）初值化。即用同一数列的第一个数据去除后面的所有数据，得到一个各个数据相对于第一个数据的倍数数列，即初值化数列。一般地，初值化方法适用于较稳定的社会经济现象的无量纲化，因为这样的数列多数呈稳定增长趋势，通过初值化处理，可使增长趋势更加明显。比如，社会经济统计中常见的定基发展指数就属于初值化数列。

2）均值化。先分别求出各个原始数列的平均数，再用数列的所有数据除以该数列的平均数，得到一个各个数据相对于其平均数的倍数数列，即均值化数列。一般说来，均值化方法比较适合于没有明显升降趋势现象的数据处理。

（2）计算关联系数。设经过数据处理后的参考数列为

$$\{X_0(t)\}=\{X_{01},X_{02},\cdots,X_{0n}\} \tag{10.14}$$

与参考数列作关联程度比较的 p 个数列（常称为比较数列）为

$$\{X_1(t),X_2(t),\cdots,X_p(t)\}=\begin{bmatrix} X^{11} & X^{12} & \cdots & X^{1n} \\ \vdots & \vdots & \vdots & \vdots \\ X^{p1} & X^{p2} & \cdots & X^{pn} \end{bmatrix} \tag{10.15}$$

式中：n 为数列的数据长度，即数据的个数。

从几何角度看，关联程度实质上是参考数列与比较数列曲线形状的相似程度。比较数列与参考数列的曲线形状接近，则两者间的关联度较大；反之，如果曲线形状相差较大，则两者间的关联度较小。因此，可用曲线间的差值大小作为关联度的衡量标准。将第 k（$k=1,2,\cdots p$）个比较数列各期的数值与参考数列对应期的差值的绝对值记为

$$\Delta_{0k}(t)=|X_0(t)-X_k(t)| \qquad (t=1,2,\cdots,n) \tag{10.16}$$

对于第 k 个比较数列，分别记 n 个 $\Delta_{0k}(t)$ 中的最小数 $\Delta_{0k}(\min)$ 和最大数 $\Delta_{0k}(\max)$。对 p 个比较数列，又记 p 个 $\Delta_{0k}(\min)$ 中的最小者为 $\Delta(\min)$，p 个 $\Delta_{0k}(\max)$中的最大者为 $\Delta(\max)$。这样 $\Delta(\min)$ 和 $\Delta(\max)$ 分别是所有 p 个比较数列在各期的绝对差值中的最小者和最大者。于是，第 k 个比较数列与参考数列在 t 时期的关联程度（常称为关联系数）计算式为

$$\zeta_{0k}(t)=\frac{\Delta(\min)+\rho\,\Delta(\max)}{\Delta(t)+\rho\,\Delta(\max)} \tag{10.17}$$

式中：ρ 为分辨系数，用来削弱 Δ（max）过大而使关联系数失真的影响，人为引入这个系数是为了提高关联系数之间的差异显著性，$0<\rho<1$。

可见，关联系数反映了两个数列在某一时期的紧密程度。例如，在使 $\Delta_{0k}(t)=\Delta(\min)$ 的时期，$\zeta_{0k}(t)=1$，关联系数最大；而在使 $\Delta_{0k}(t)=\Delta(\max)$ 的时期，关联系数最小。由此可知，关联系数变化范围为 $0<\zeta_{0k}(t)<1$。显然，当参考数列的长度为 n 时，由 p 个比较数列共可计算出 np 个关联系数。

（3）求关联度。由于关联信息分散，不便于从整体上进行比较。因此，有必要对关联信息作集中处理。求平均值是一种信息集中的方式，即用比较数列与参考数列各个时期的关联系数的平均值来定量反映这两个数列的关联程度，其计算式为

$$r_{0k}=\frac{1}{n}\sum_{i=1}^{n}\zeta_{0k}(t) \tag{10.18}$$

式中：r_{0k} 为第 k 个比较数列与参考数列的关联度。

不难看出，关联度与比较数列、参考数列及其长度有关。而且，原始数据的无量纲化方法和分辨系数的选取不同，关联度也会有变化。

（4）关联序。由上述分析可见，关联度只是因素间关联性比较的量度，只能衡量因素间密切程度的相对大小，其数值的绝对大小常常意义不大，关键是反映各个比较数列与同一参考数列的关联度哪个大哪个小。当比较数列有 p 个时，相应的关联度就有 p 个。按其数值的大小顺序排列，便组成关联序。关联序反映了各比较数列对于同一参考数列的“主次”“优劣”关系。

灰色关联度分析方法的运用之一就是因素分析。在实际工作中，影响一个经济变量的因素很多。但由于客观事物很复杂，人们对事物的认识有信息不完全性和不确定性，各个因素对经济总量的影响作用不是一眼就能够看清楚，需要进行深入的研究，这就是经济变量的因素分析。运用灰色关联度进行因素分析非常有效，而且特别适用于各个影响因素和总量之间不存在严格数学关系的情况。

3. 以协同学为基础的有序度模型理论方法

吴延熊（1999）提出的同步协调方程是基于协同学理论的有序度模型的主要代表。同步协调方程给出以实际发展水平与理性发展轨迹之间的空间距离度量协调程度的方法，但是没有给出如何确定理想发展轨迹的途径，也没有考虑子系统发展的决策偏好。本节在此基础上以水资源利用空间中的直线代表理想发展轨迹，并采用对水资源利用空间坐标轴的赋权方式表征决策者的发展偏好，提出一种带发展决策偏好的同步协调方程，建立了基于子系统有序度水平的协调度评价模型。

已知子系统 S_j（$j=1$，2，3）的有序度为 μ_j，发展决策偏好为 η_j，则理想发展轨迹应是由 μ_j（$j=1$，2，3）构成的三维空间的直线，即

$$\frac{\mu_1-Q_1}{\eta_1}=\frac{\mu_2-Q_2}{\eta_2}=\frac{\mu_3-Q_3}{\eta_3} \tag{10.19}$$

（1）$\mu_j(t)-\mu_j(t-1)>0$（$j\in\{1,2,3\}$，$t\in[t_0,T]$），即任意子系统在时段 t 的有序度均较 $t-1$ 时段有所提高，定义 $d(t)$ 为

$$d(t)=\frac{\sqrt{\boldsymbol{A}+\boldsymbol{B}+\boldsymbol{C}}}{\sqrt{\eta_1^2+\eta_2^2+\eta_3^2}} \tag{10.20}$$

其中

$$\boldsymbol{A}=\begin{vmatrix}\mu_2 & \mu_3\\ \eta_2 & \eta_3\end{vmatrix},\boldsymbol{B}=\begin{vmatrix}\mu_3 & \mu_1\\ \eta_3 & \eta_1\end{vmatrix},\boldsymbol{C}=\begin{vmatrix}\mu_1 & \mu_2\\ \eta_1 & \eta_2\end{vmatrix} \tag{10.21}$$

（2）存在 $j\in\{1,2,3\}$，使 $\mu_j(t)-\mu_j(t-1)<0$（$t\in[t_0,T]$）即在时段 t 至少存在一个子系统，其有序度较 $t-1$ 时段有所下降，此时无条件定义其协调度为 0，定义 $d(t)$为

$$d(t)=1 \tag{10.22}$$

根据上述两种情况，将 $d(t)$ 归一化为 $[0,1]$ 区间数并转化为正向测度，即

$$\sigma(t)=1-d(t) \tag{10.23}$$

式中：$\sigma(t)$ 为时段 t 的协调度。

$\sigma(t)$ 越大，表明系统协调程度越高；反之则越低。综合考虑了所有子系统，若一些子系统的有序度提高幅度较大，至少一个子系统有序度下降，则强制定义整个子系统根本不协调，体现为 $\sigma(t)=0$。

10.3　协调耦合配置的判别思路

探讨在最严格水资源管理“三条红线”的约束下，实现省区初始水权配置子系统和流域级政府预留水量配置子系统间有效耦合协调的流域初始水权配置调整模型，将通过“方案判别”和“方案调整”两个阶段来完成。

1. 第一阶段：方案判别

针对两个子系统预配置方案，从流域和省区两个层面判别两个子系统预配置方案是否存在协调性。通过建立单一和综合判别准则来完成。

（1）单一判别准则。

1）准则 a。用水总量判别准则，即用水总量是否满足控制红线要求。

2）准则 b。污水排放量判别准则，即污水排放量是否满足控制红线要求。

3）准则 c。用水效率判别准则，即用水效率是否满足控制红线要求。

（2）综合判别准则 d。

即耦合协调性判别准则。依据准则 a、准则 b、准则 c 的判别结果，构建耦合性协调判别准则，判别两个子系统预配置方案的协调性。

2. 第二阶段：方案调整

针对两个子系统预配置方案不协调的情形，调整配置方案。通过以下两个步骤来完成：

（1）依据耦合协调判别结果，甄别省区初始水权配置和流域级政府预留水量配置两子系统的水权配置量调整方向（增加或减少）；针对省区初始水权配置子系统，依据准则 a、准则 b、准则 c 的判别结果，确定调增或调减水权配置量的省区集合；针对流域级政府预留水量配置子系统，确定应急预留水量和发展预留水量的调整方向（增加或减少）。

（2）以耦合协调性最佳为目标，从控制用水总量规模、减少污水排放总量和保证用水

效率方面建立约束条件，构建水权配置量优化决策进化模型。将调整后的方案进行反馈，重新进行判别，直至最终获得满足子系统协调耦合的流域初始水权配置进化方案。

省区初始水权与流域级政府预留水量耦合协调判别思路见图 10.1。

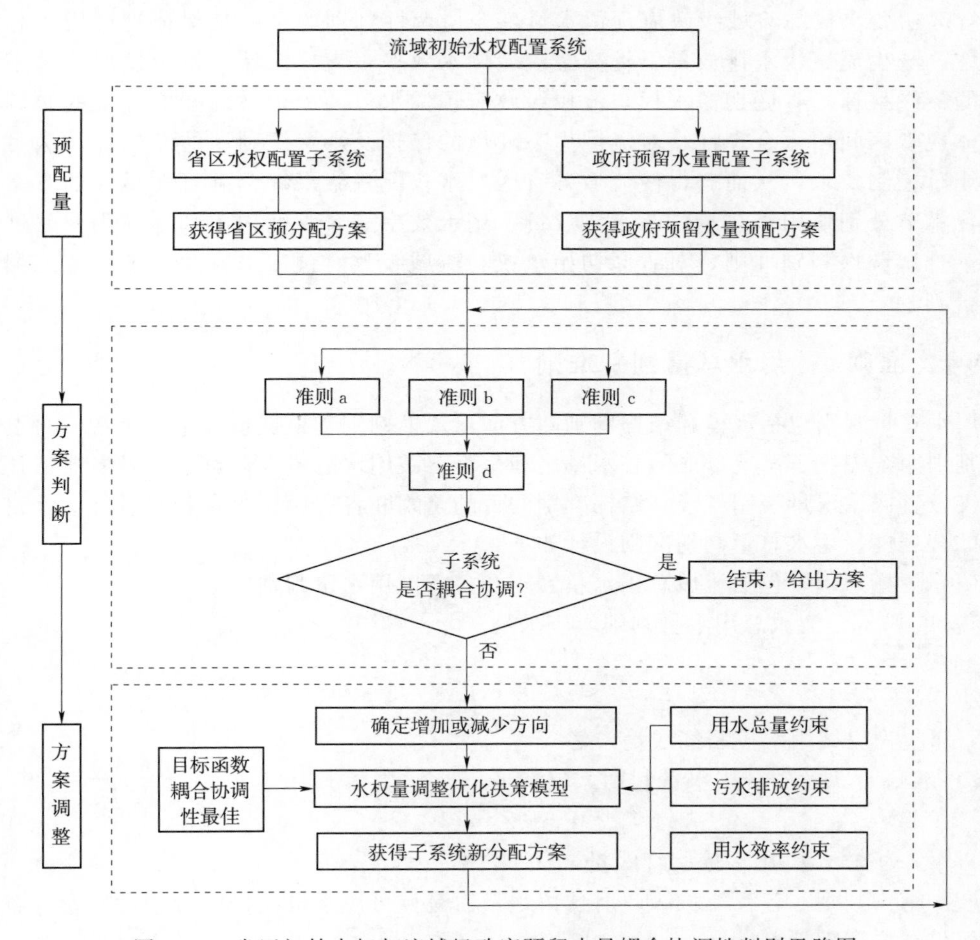

图 10.1 省区初始水权与流域级政府预留水量耦合协调性判别思路图

10.4 协调耦合配置的判别准则设计

设 D 为某流域的省区集，$D=\{d_1, d_2, \cdots, d_n\}$，省区初始水权配置子系统预配置方案为 $\{W_1, W_2, \cdots, W_n\}$，即省区 d_j 分配的水权量为 W_j；流域级政府预留水量配置子系统预配置方案为 $\{Y_1, Y_2\}$，其中，应急预留水量为 Y_1；发展预留水量为 Y_2。

在考察流域级政府预留水量子系统时，本节将基于案例分析法并结合相关发展规划，分析应急预留和发展预留水量的可能使用去向，从而将流域级政府预留水量进行分解，获得不同省区在综合考虑两个子系统后的实际用水总量，进而分析不同省区的污水排放量及用水效率。

设将 Y_1 和 Y_2 重新分解后，认为用水去向包括两大部分：一部分是流域公共消耗的部

分，记为 Z_g；另一部分是由不同省区消耗的部分，记为 Z_j，$j=1$，2，…，n。则有

$$Y_1 + Y_2 = Z_g + \sum_{j=1}^{n} Z_j \tag{10.24}$$

省区初始水权与流域级政府预留水量耦合协调性判别的目的是保证流域用水总量的合理性，减少流域污水排放量，提高全流域用水效率，支撑流域可持续发展。基于协调配置的最终目标，省区初始水权与流域级政府预留水量两个子系统配置方案的协调判别应该体现省区间用水合理性、对流域生态环境的保护及水资源利用的高效性，满足“三条红线”控制要求，从而获得使流域各省区对水权配置结果综合满意度最大的方案。基于此，本节分别从用水总量、污水排放量、用水效率三个维度构建判别准则，并进一步建立耦合协调性判别准则，对省区初始水权与流域级政府预留水量两个子系统的配置方案进行判别。

10.4.1　准则 a：用水总量判别准则

用水总量判别包括规模和结构判别两方面：规模判别是根据最严格水资源管理制度要求，判别两个配置子系统形成的总水量之和是否突破用水总量控制红线，及各省区用水量是否突破省区用水量控制红线；结构判别的目的是判断各省区用水量相对其社会经济发展水平的合理性。用水总量判别准则设计如下：

（1）规模判别。包括流域总用水量判别和各省区用水量判别。

1）准则 a_1。流域总用水量判别，应满足

$$\sum_{j=1}^{n} W_j + (Z_g + \sum_{j=1}^{n} Z_j) \leqslant W_{LH} \tag{10.25}$$

式中：W_{LH} 为流域用水控制红线量，亿 m^3。

2）准则 a_2。各省区用水量判别，应满足

$$W_j + Z_j \leqslant W_{jH} \tag{10.26}$$

式中：W_{jH} 为省区 d_j 用水控制红线量，$j=1$，2，…，n，亿 m^3。

（2）结构判别。包括流域级政府预留水量占流域可用水量比例的合理性，及各省区之间水权量结构合理性判别。

1）准则 a_3。流域级政府预留水量占流域可用水量比例的合理性判别，应满足

$$\alpha_{\min} \leqslant \frac{Z_g + \sum_{j=1}^{n} Z_j}{W_{LH}} \leqslant \alpha_{\max} \tag{10.27}$$

式中：W_{LH} 为流域用水控制红线量；$[\alpha_{\min}, \alpha_{\max}]$ 为流域级政府预留水量占流域可用水量比例的合理性区间。

2）准则 a_4。各省区之间的水权量结构合理性判别。设省区 d_j 人口数量为 H_{j1}、耕地面积为 H_{j2}、GDP 为 H_{j3}、现状供水量为 H_{j4}。测算“省区对”（d_j，d_k）的加权综合社会经济指标比为

$$\gamma_{(d_j, d_k)} = \sum_{q=1}^{4} \omega_q \frac{H_{jq}}{H_{kq}} \quad (q = 1,2,3,4) \tag{10.28}$$

式中：ω_q 为权系数，可结合省区实际情况和专家意见法得到。

省区 d_j 与省区 d_k 的配水量之比应与 $\gamma_{(d_j, d_k)}$ 之间保持一定的匹配关系。这种关系可描述为

$$\frac{W_j + Z_j}{W_k + Z_k} \in [\eta_{\min}\gamma_{(d_j, d_k)}, \eta_{\max}\gamma_{(d_j, d_k)}] \tag{10.29}$$

式中：j，$k=1$，2，…，n，$j \neq k$；$q=1$，2，3，4；$\eta_{\min}$、$\eta_{\max}$ 分别为省区水权量与综合社会经济指标匹配关系的下限和上限系数。

10.4.2　准则 b：污水排放量判别准则

污水排放量判别包括规模和结构判别两方面：规模判别是根据最严格水资源管理制度要求，判别省区初始水权使用后形成的污水排放量与流域级政府预留水量启用后形成的污水排放量之和是否突破污水总量控制红线，以及各省区的污水排放量是否突破区域污水排放量控制红线；结构判别目的是判断各省区污水排放量相对其社会经济发展水平的合理性。污水排放量判别准则设计如下：

（1）规模判别。包括流域污水排放总量判别和各地区污水排放量判别。

1）准则 b_1。流域污水排放总量判别，应满足

$$\sum_{j=1}^{n} Q_j (W_j + Z_j) + Q_g Z_g \leqslant Q_{LH} \tag{10.30}$$

式中：Q_j 为省区 d_j 单位污水排放系数；Q_g 为公共用水的单位污水排放系数；Q_{LH} 为流域污水排放量控制红线，亿 m^3。

2）准则 b_2。各省区污水排放判别，应满足

$$Q_j (W_j + Z_j) \leqslant Q_{jH} \tag{10.31}$$

式中：Q_{jH} 为省区 d_j 污水排放控制红线量，$j=1$，2，…，n，亿 m^3。

（2）结构判别。各省区之间的污水排放量结构合理性判别。

准则 b_3。省区 d_j 与 d_k 的污水排放量之比应与 $\gamma_{(d_j, d_k)}$ 之间保持一定匹配关系。这种关系可描述为

$$[Q_j (W_j + Z_j)]/[Q_k (W_k + Z_k)] \in [\theta_{\min}\gamma_{(d_j, d_k)}, \theta_{\max}\gamma_{(d_j, d_k)}] \tag{10.32}$$

式中：j，$k=1$，2，…，n，$j \neq k$；$\theta_{\min}$、$\theta_{\max}$ 分别为省区污水排放量与综合社会经济指标匹配关系的下限和上限系数。

10.4.3　准则 c：用水效率判别准则

用水效率判别包括流域和省区用水效率判别两方面：根据最严格水资源管理制度要求，判别流域初始水权配置的总用水效率是否满足用水效率控制红线，及各省区用水效率是否满足省区用水效率控制红线。用水效率控制指标一般包括万元工业增加值用水量下降率、农业灌溉水有效利用系数、城市再生水利用率。为操作方便，本节取综合指标“万元 GDP 用水量”作为用水效率判别指标。

（1）流域用水效率判别。准则 c_1：流域用水效率判别，应满足

$$\frac{\sum_{j=1}^{n} W_j + (Z_g + \sum_{j=1}^{n} Z_j)}{\mathrm{GDP}_L} \leqslant E_{LH} \tag{10.33}$$

式中：GDP_L 为流域 GDP 总量，亿元；E_{LH} 为流域单位 GDP 用水量控制指标，m^3/万元。

（2）省区用水效率判别。准则 c_2：省区用水效率判别，应满足

$$\frac{W_j + Z_j}{GDP_j} \leqslant E_{jH} \tag{10.34}$$

式中：GDP_j 为省区 d_j 的 GDP 总量，亿元；E_{jH} 为省区 d_j 的单位 GDP 用水量控制指标，m^3/万元。

10.4.4　准则 d：耦合协调性判别准则

依据准则 a、准则 b 与准则 c 的判别结果，构建的耦合协调性判别准则见表 10.1。

表 10.1　耦合协调性判别准则

判别结论	判别条件
不协调	准则 a_1、a_2、b_1、b_2、c_1、c_2 任一未通过
欠协调	准则 a_1、a_2、b_1、b_2、c_1、c_2 均通过；准则 a_3、a_4、b_3 任一未通过
协调	准则 a_1、a_2、a_3、a_4、b_1、b_2、b_3、c_1、c_2 均通过

10.5　协调耦合配置方案进化决策模型

针对两个子系统配置方案不协调或者欠协调的情形，调整进化配置方案。通过以下两个步骤来完成：

（1）依据耦合协调判别结果，甄别两个子系统配置水权量的调整方向。

1）考察 a_1、b_1、c_1 准则，如任一不满足，则应同时调低两个子系统的水权配置量。

2）当 a_1、b_1、c_1 准则均满足，但 a_2、b_2、c_2 准则任一不满足，则应减少省区 d_j 的水权量，定义 $d_j \in D$，D 为水权量需减少的省区集合。

3）当 a_1、b_1、c_1、a_2、b_2、c_2 准则均满足时，考察 a_3 准则判别结果，若政府预留水量占比 $(Z_g + \sum_{j=1}^{n} Z_j)/W_{LH} \leqslant \alpha_{\min}$，则反映其占比偏低，应增加政府预留水量，并减少省区水权配置总量；若政府预留水量占比 $(Z_g + \sum_{j=1}^{n} Z_j)/W_{LH} \geqslant \alpha_{\max}$，则反映其占比偏高，应减少政府预留水量，并增加省区水权配置总量。

4）考察 a_4 准则判别结果，若 $(W_j + Z_j)/(W_k + Z_k) \geqslant \eta_{\max}\gamma_{(d_j,d_k)}$，则定义 $d_j \in D$，D 为水权量需减少的省区集合；若 $(W_j + Z_j)/(W_k + Z_k) \leqslant \eta_{\min}\gamma_{(d_j,d_k)}$，则定义 $d_j \in G$，G 为水权量需要增加的省区集合。

（2）以耦合协调性最佳为目标，从控制用水总量规模、减少污水排放总量和保证用水效率等方面建立约束条件，针对流域级政府预留水量应增加，省区初始水权配置量应减少的情形，构建水权量优化决策进化模型。设调整量分别为 ΔW_j（j=1，2，…，n）。流域级政府预留水量调整后，公共用水量为 $Z_g + \Delta Z_g$，分解到各省区用水量分别为 $Z_j + \Delta Z_j$（j=1，2，…，n）。若省区 $d_j \in D$，则将 d_j 省区水权量调整为 $W_j - \Delta W_j$，令

$$P_1 = \left[\frac{(Z_g + \Delta Z_g) + \sum_{j=1}^{n}(Z_j + \Delta Z_j)^2}{W_{LH}} - \frac{\alpha_{\min} + \alpha_{\max}}{2}\right]^2 \tag{10.35}$$

$$P_2 = \sum_{k=1}^{n}\sum_{j=1}^{n}\left[\frac{(W_j - \Delta W_j) + (Z_j + \Delta Z_j)}{(W_k - \Delta W_k) + (Z_k + \Delta Z_k)} - \frac{(\eta_{\min} + \eta_{\max})}{2}\gamma_{(d_j,d_k)}\right]^2 \tag{10.36}$$

$$P_3 = \sum_{k=1}^{n}\sum_{j=1}^{n}\left\{\frac{Q_j[(W_j - \Delta W_j) + (Z_j + \Delta Z_j)]}{Q_k[(W_k - \Delta W_k) + (Z_k + \Delta Z_k)]} - \frac{(\theta_{\min} + \theta_{\max})}{2}\gamma_{(d_j,d_k)}\right\}^2 \tag{10.37}$$

建立目标函数，追求耦合协调性最佳，即有

$$\min Z = \omega_1 P_1 + \omega_2 P_2 + \omega_3 P_3 \tag{10.38}$$

建立约束条件为：

$$\Delta Z_g + \sum_{j=1}^{n}\Delta Z_j \leqslant \sum_{j=1}^{n}\Delta W_j \tag{10.39}$$

$$\sum_{j=1}^{n}(W_j - \Delta W_j) + [(Z_g + \Delta Z_g) + \sum_{j=1}^{n}(Z_j + \Delta Z_j)] \leqslant W_{LH} \tag{10.40}$$

$$(W_j - \Delta W_j) + (Z_j + \Delta Z_j) \leqslant W_{jH} \qquad (j = 1,2,\cdots,n) \tag{10.41}$$

$$\alpha_{\min} \leqslant \frac{(Z_g + \Delta Z_g) + \sum_{j=1}^{n}(Z_j + \Delta Z_j)}{W_{LH}} \leqslant \alpha_{\max} \tag{10.42}$$

$$\eta_{\min}\gamma_{(d_j,d_k)} \leqslant \frac{(W_j - \Delta W_j) + (Z_j + \Delta Z_j)}{(W_k - \Delta W_k) + (Z_k + \Delta Z_k)} \leqslant \eta_{\max}\gamma_{(d_j,d_k)} \qquad (j,k = 1,2,\cdots,n, j \neq k) \tag{10.43}$$

$$\sum_{j=1}^{n}Q_j[(W_j - \Delta W_j) + (Z_j + \Delta Z_j)] + Q_g(Z_g + \Delta Z_g) \leqslant Q_{LH} \tag{10.44}$$

$$Q_j[(W_j - \Delta W_j) + (Z_j + \Delta Z_j)] \leqslant Q_{jH} \qquad (j = 1,2,\cdots,n) \tag{10.45}$$

$$\theta_{\min}\gamma_{(d_j,d_k)} \leqslant \frac{Q_j[(W_j - \Delta W_j) + (Z_j + \Delta Z_j)]}{Q_k[(W_k - \Delta W_k) + (Z_k + \Delta Z_k)]} \leqslant \theta_{\max}\gamma_{(d_j,d_k)} \qquad (j,k = 1,2,\cdots,n, j \neq k) \tag{10.46}$$

$$\frac{\sum_{j=1}^{n}(W_j - \Delta W_j) + [(Z_g + \Delta Z_g) + \sum_{j=1}^{n}(Z_j + \Delta Z_j)]}{GDP_L} \leqslant E_{LH} \tag{10.47}$$

$$\omega_1 + \omega_2 + \omega_3 = 1 \tag{10.48}$$

$$\Delta Z_g \geqslant 0 \tag{10.49}$$

$$\Delta Z_j \geqslant 0 \qquad (j = 1,2,\cdots,n) \tag{10.50}$$

$$\Delta W_j \geqslant 0 \qquad (j = 1,2,\cdots,n) \tag{10.51}$$

式（10.35）～式（10.51）是一个单目标非线性规划模型，有很多求解方法，如遗传算法、蚁群算法等。本节采用 Matlab 7.01 软件进行编程计算，可获得相应的最优方案。

第5部分　实　证　研　究

第11章　实　证　分　析

大凌河流域是我国东北沿渤海西部诸河中较大的一条独流入海河流，跨越内蒙古自治区、辽宁省、河北省3个省级行政区域，包括辽宁省的锦州市、阜新市、朝阳市、盘锦市、葫芦岛市共五个地级市13个县（市、区）及内蒙古自治区通辽市、赤峰市和河北省承德市等部分地区。该流域是我国北方地区严重干旱地区之一。

目前，面向最严格水资源管理制度的要求，面对大凌河流域存在的水资源紧缺、用水矛盾突出等问题，流域内迫切需要加强水资源权属管理，以“三条红线”为控制基准，获得大凌河流域内各省区和流域级政府预留水量的水权量质耦合配置方案。同时，由于大凌河流域社会经济发展综合规划以及水资源综合规划等基础工作较为完善，因此，本书选取大凌河流域进行案例分析，试图通过分析计算，获得大凌河流域省区初始水权和政府预留水量的耦合配置方案。

11.1　流域背景介绍

11.1.1　自然概况

大凌河主脉贯穿辽西，东南汇入渤海，上游分南北两支，南支发源于辽宁省建昌县水泉沟，北支发源于河北省平泉县泉子沟，南北两支于辽宁省喀左县城附近汇合，流经朝阳市、北票市、义县、凌海等市（县），于凌海市的南圈河与南井子之间注入渤海，干流全长435km，主要支流有老虎山河、牤牛河、细河等。流域面积为23837km^2，其中辽宁省内面积为20285km^2，占全流域面积的85.1%；内蒙古自治区内面积为3075km^2，占全流域面积的12.9%；河北省内面积为477km^2，占全流域面积的2%。

大凌河流域属于温带季风气候，夏季高温多雨、空气潮湿，冬春两季气候干燥、降雨量少，一直以来有“十年九旱”之称。流域多年平均年降水量为400～600mm，且降水量年际变化显著，7、8两月为降水量集中的月份，多年平均年蒸发量为900～1200mm。

大凌河流域内多石山，风化及水土流失现象严重，植被覆盖差。大凌河是一条多沙河流，其中大凌河站多年平均输沙量达2143.43万t，平均含沙量为18.08kg/m^3，支流牤牛河九连洞站多年平均输沙量为774.6万t，平均含沙量达30.41kg/m^3。

11.1.2 大凌河流域水资源特征

1. 水资源分区

大凌河流域涉及辽宁省、内蒙古自治区和河北省，根据流域产汇流特性和行政区划，把大凌河流域划分为8个市级区。按这8个地市计算分区评价地表水资源量。地下水资源量是根据大凌河地形地貌与地层岩性特征，依据全省1∶20万区域水文地质普查报告、图件及部分地区1∶10万水文地质勘查资料，将流域划分为平原区和山丘区两大评价类型区；根据矿化度进一步把平原区划分为淡水区、微咸水及咸水区2个等级进行分区计算。由于该流域碳酸盐岩分布面积较小且不连续，岩溶除局部地区发育程度较高外，大部分地区发育程度较低，其地下水的水理性质及水力特征与一般山丘区基本类似，故未单独划分岩溶山区。

2. 降水量

大凌河流域多年平均降水量为116.01亿m^3，折合降水深为486.69mm；20%频率的降水量为136.78亿m^3，50%频率的降水量为114.16亿m^3，75%、95%频率的降水量依次为97.92亿m^3、77.49亿m^3。其中，辽宁省境内多年平均年降水量为101.05亿m^3。

大凌河流域内降水量空间分布不均匀，降水量由南、东南部向北、西北部逐渐减少，由600mm减少至400～450mm。同时，降水量年际变化显著，最大年降水量可达最小年降水量的2.2～5.9倍，降水量年变差系数为0.25～0.35。此外，降水量年内变化也很明显，6—9月为汛期，也是降水量的主要集中月份，期间降水量占年降水量的75%～80%。大凌河流域各市降水量的年内分配情况见表11.1。

表11.1　大凌河流域各市降水量的年内分配情况

省区	地市	计算面积/km^2	降水均值		不同频率降水量/亿m^3			
			亿m^3	mm	20%	50%	75%	95%
辽宁	锦州	2986	16.34	547.2	19.77	15.98	13.32	10.03
	阜新	3072	14.86	483.8	17.74	14.58	12.32	9.51
	朝阳	12989	62.74	483.0	74.91	61.55	52.01	40.15
	盘锦	37	0.22	588.5	0.27	0.21	0.17	0.12
	葫芦岛	1201	6.89	574.1	8.34	6.74	5.62	4.23
	小计	20285	101.05	498.2	121.46	98.93	83.06	63.36
内蒙古	赤峰	1699	6.64	390.8	7.83	6.54	5.61	4.44
	通辽	1376	5.79	420.8	6.92	5.68	4.80	3.71
河北	承德	477	2.53	530.4	3.04	2.47	2.08	1.58
合计		23837	116.01	486.69	136.78	114.16	97.92	77.49

3. 地表水资源量

大凌河流域多年平均年径流量为18.41亿m^3，折合径流深为77.2mm；20%频率的径流量为25.50亿m^3，50%频率的径流量为16.24亿m^3，75%、95%频率的径流量依次为11.10亿m^3、6.61亿m^3。辽宁省内多年平均年径流量为16.33亿m^3（折合径流深为

80.5mm)；20%、50%、75%、95%频率的径流量分别为23.24亿 m^3、13.83亿 m^3、8.92亿 m^3、5.06亿 m^3。大凌河流域各市径流量特征值见表11.2。

表11.2 大凌河流域各市径流量特征值

省区	地市	计算面积/km^2	降水均值		不同频率降水量/亿 m^3				
			亿 m^3	mm	20%	50%	75%	90%	95%
辽宁	锦州	2986	2.80	93.8	4.21	1.99	1.08	0.66	0.63
	阜新	3072	1.94	63.2	2.88	1.48	0.86	0.50	0.48
	朝阳	12989	9.77	75.2	13.31	8.77	6.18	3.98	3.79
	盘锦	37	0.04	108.1	0.06	0.03	0.02	0.01	0.01
	葫芦岛	1201	1.79	149.0	2.65	1.37	0.79	0.46	0.44
	小计	20285	16.33	80.5	23.24	13.83	8.92	5.31	5.06
内蒙古	赤峰	1699	0.93	55.0	1.29	0.82	0.56	0.36	0.34
	通辽	1376	0.76	55.3	1.05	0.67	0.46	0.28	0.27
河北	承德	477	0.38	80.1	0.56	0.31	0.19	0.11	0.10
合计		23837	18.41	77.2	25.50	16.24	11.10	6.94	6.61

年径流量的区域分布趋势与年降水量的分布趋势一致，但是径流量区域分布的不均匀性比降水量更加显著。由南、东南部的100mm减少至北、西北部的50mm。径流量年际分配也不均匀，年变差系数为0.62，其中朝阳站最大年径流量是最小年的8.9倍。径流量年内变化较大，7—9月为径流量的主要集中期，占年径流量的70%。

大凌河北支、老虎山河、牤牛河等支流发源于内蒙古自治区和河北省，这些支流又作为辽宁省的来水量。1956—2000年，内蒙古多年平均进入辽宁省境内的水量为1.49亿 m^3，进入河北省的为0.34亿 m^3。1956—2000年，大凌河多年平均入海水量为13.61亿 m^3，大凌河口是其水量主要排泄口。

4. 地下水资源量

山丘区与平原区之间存在重复计算的地下水资源量，扣除重复计算量后大凌河流域多年平均年地下水资源量为9.67亿 m^3，其中辽宁省、内蒙古自治区、河北省分别为8.91亿 m^3、0.58亿 m^3、0.17亿 m^3。全流域多年平均地下水可开采量为5.34亿 m^3，其中辽宁省、内蒙古自治区分别为4.94亿 m^3、0.4亿 m^3，而河北省无可开采地下水。

5. 水资源总量

大凌河流域多年平均水资源总量为19.43亿 m^3。其中，辽宁省水资源量为17.2亿 m^3，内蒙古自治区水资源量为1.85亿 m^3，河北省水资源量为0.38亿 m^3。大凌河流域水资源可利用总量为10.07亿 m^3，占流域水资源总量的51.83%。其中辽宁省水资源可利用量为9.03亿 m^3，内蒙古自治区水资源可利用量为0.85亿 m^3，河北省水资源可利用量为0.19亿 m^3，分别占水资源总量的52.52%、45.82%和50.00%。

大凌河流域多年平均水资源总量为19.43亿 m^3，其中辽宁省、内蒙古自治区、河北省水资源量分别为17.2亿 m^3、1.85亿 m^3、0.38亿 m^3，见表11.3。

表 11.3 大凌河流域多年平均水资源总量

省区	地市	计算面积/km²	地表水资源量/亿 m³	山丘区地下水总排泄量/亿 m³	山丘区河川基流量/亿 m³	平原区降雨入渗补量/亿 m³	水资源总量/亿 m³	水资源总量折合深度/mm
辽宁	锦州	2986	2.80	1.11	0.96	0.54	3.49	116.9
	阜新	3072	1.94	0.88	0.81	0	2.00	65.1
	朝阳	12989	9.77	5.36	5.25	0	9.87	76.1
	盘锦	37	0.038	0	0	0	0.04	102.7
	葫芦岛	1201	1.79	0.57	0.56	0	1.80	149.9
	小计	20285	16.33	7.92	7.59	0.54	17.20	84.8
内蒙古	赤峰	1699	0.93	0.34	0.25	0	1.02	60.0
	通辽	1376	0.76	0.27	0.20	0	0.83	60.3
	小计	3075	1.69	0.61	0.45	0	1.85	60.2
河北	承德	477	0.88	0.20	0.20	0	0.38	79.7
合计		23837	18.51	8.73	8.25	0.54	19.43	81.5

大凌河流域平均水资源总量深为81.5mm，仅为联合国教科文组织标准（基本保证适当的人类生活、维持原有的生态系统不退化所需要水资源总量深为150mm）的54%；人均水资源占有量为378m³，为全国人均占有量的16.7%；从亩均水资源占有量仅为213m³，流域人均水资源占有量仅为390m³。具体分析结果见表11.4。

表 11.4 大凌河流域水资源总量及占有量统计结果

省区	地市	水资源总量/亿 m³	总人口/万人	人均占有水资源量/m³	耕地面积/万亩	亩均占有水资源量/m³
辽宁	锦州	3.49	66.74	522	137.96	253
	阜新	2.00	95.28	210	100.28	200
	朝阳	9.87	263.18	375	492.76	200
	盘锦	0.04	0.49	772	0.54	707
	葫芦岛	1.80	29.76	604	43.48	414
	小计	17.20	455.45	378	775.02	222
内蒙古	赤峰	1.02	33.56	304	71.97	142
	通辽	0.83	5.29	1569	57.27	145
	小计	1.85	38.85	476	129.25	143
河北	承德	0.38	3.52	1080	8.57	444
合计		19.43	497.82	390	912.83	213

11.1.3 社会经济概况

辽宁省的锦州市、朝阳市、阜新市、葫芦岛市、盘锦市等5个城市所辖的13个县（县级市）区及内蒙古自治区的通辽市、赤峰市与河北省承德市部分地区均在大凌河流域范围之内。其中，朝阳市和阜新市作为辽宁省西部主要的重工业城市，具有重要的经济地位。

2015年，大凌河流域内总人口达14318万人，其中城市（镇）人口为8447.62万人；国内生产总值达3161.82亿元，其中工业增加值为1233.1亿元，农业增加值为474.27亿元；耕地面积达912.83万亩，播种面积为318.85万亩，粮食产量为60.96万吨；农田实际灌溉面积为318.85万亩，农田以旱田作物为主，旱田灌溉面积占总灌溉面积的79%，林、牧、渔、苇用水面积为48.03万亩。大凌河流域上游内蒙古自治区农村居民占总人口的90%，有效灌溉面积占总耕地面积的12%。河北省农村居民占总人口的98%，有效灌溉面积占总耕地面积的49%。流域内辽宁省工业发展形势良好，有阜新发电厂，国家大型企业凌源钢铁公司等；流域内交通便利，有沈山、锦承、新义等主要铁路线，有京沈等主要公路线，朝阳市和阜新市均通高速公路，县、乡公路均便利快捷。流域内农业以旱田为主，主要种植作物有玉米、高粱、小麦、蔬菜等。

11.1.4 大凌河流域水资源开发存在的问题

1. 水资源短缺，严重制约工业、农业发展

大凌河流域水资源严重短缺，流域亩均水资源占有量仅为213m^3，流域人均水资源占有量为390m^3，属于水资源匮乏地区。

水资源年内、年际配置极其不均，流域内旱灾频繁，素有“十年九旱”之称。根据现状水量平衡计算结果，多年平均年缺水量为2亿m^3。流域内主要缺水行业为农业和河口的苇田，流域缺水率达20%以上，严重影响了国民经济的发展。流域内缺水严重的阜新市，已经花巨资从较远的外流域闹得海水库调水，以解决阜新市的用水问题。

流域内水利工程基础设施薄弱，供水保证率低。年调节以上的大型水库仅为四座，其中新建的白石水库、阎王鼻子水库只补一些区间径流，没有发挥供水效益，其他两座水库也只供城市用水，农业用水主要靠潜水井和一些小型的蓄、引、提工程供水，用水保证率低，抵御自然灾害的能力较差，农业及生态用水得不到保证，严重制约了当地经济的发展。

在水资源短缺的情况下，近年来由于地理环境、气候条件和其他一些因素，大凌河流域水土流失严重，导致干旱缺水，严重制约了工业和农业的发展。如何合理地利用政府预留水量，减少缺水带来的损失是大凌河流域水资源开发面临的一个较为严峻的问题。

2. 水污染严重，对供水安全和环境安全构成严峻挑战

根据辽宁省水利厅发布的《大凌河流域水资源评价和规划要点报告》，大凌河干支流水质超过Ⅲ类标准的河长为726km，占总评价河长的55%，其中干流总污染河长246km，占干流评价河长的62%。大凌河干流上游50km水质较好，为Ⅱ类，中间白石水库、四家子水库、阎王鼻子水库等河段水质为Ⅲ类，污染河段主要集中在朝阳、锦州、葫芦岛城市段，其中锦州西八千断面污染最严重。

大凌河流域沿河有朝阳、阜新等城市，大量未经处理的工业和生活废污水排入大凌河干流和所属支流，城市段几乎均为超Ⅴ类水质，上游排水导致下游用水受污染问题突出，如白石水库由于上游朝阳市区和北票市的废污水排放，水源已受到污染，影响了供水功能

的发挥。流域内水质超过Ⅲ类标准的河长占总评价河长的56%，水功能区达标率仅为41%，特别是枯水期，由于地表径流少，污染尤为突出。地表水体污染不仅影响城市景观、危及人体健康，而且加剧了沿岸地下水的污染和近海水域的污染。

3. 地下水超采，严重影响了地下水资源的可持续利用

大凌河流域地表水资源短缺，地下水开采量过大，部分地区地下水降落漏斗逐年扩大。2000年，地下水开采量占总供水量的75%，地下水开采率为113%。流域下游凌海市大、小凌河冲积扇地下水丰富，易于开采。多年来，锦州市、盘锦市和葫芦岛市在此处争相开发，造成地下水超采严重，形成地下水降落漏斗，并且范围呈逐年扩大趋势，漏斗中心区地下水位已下降到海拔－4m，致使咸水向淡水区入侵，造成扇地南部地区地下水水质遭到破坏，污染了地下水环境，地下水氯离子含量增高，居民饮水困难，河口生态环境日趋恶化，严重威胁了地下水资源的可持续利用。

4. 争水问题突出，对流域内社会安定和经济发展构成严峻挑战

由于流域内水资源严重短缺，上下游之间，河道内、外，行业之间，生态环境与经济社会之间等用水矛盾日益突出，已经影响了流域内社会的安定和经济的协调发展。如白石水库向下游用水问题，辽宁省政府曾多次协调，但地方政府还是有许多反对意见。因此，必须尽早明晰流域初始水权，解决白石水库下游用水等问题。

5. 生态环境用水严重不足，生态区域脆弱

由于大凌河流域干旱缺水，水资源时空分布不均，加之开发利用不合理，生产用水挤占生态用水，生态用水严重不足，枯水期部分河段断流现象时有发生，致使河流功能退化，水生态区域遭受破坏。

11.1.5 大凌河流域省区初始水权和政府预留水量配置的可行性与必要性分析

1. 必要性分析

大凌河流域水资源匮乏，水资源年内、年际分配及其不均匀，流域上下游、左右岸之间，流域内各行业、生态环境与经济社会发展之间的争水矛盾日益突出；部分地区地下水降落漏斗逐年扩大，海水以每年20～40m的速度向淡水区入侵。这一系列用水矛盾和问题，对流域内社会经济可持续发展构成了严峻的挑战，迫切需要尽快制定流域水量分配方案，实行切实有效的省区初始水权和政府预留水量的配置措施。

系统梳理在水资源的开发及利用过程中大凌河流域面临的主要问题可知，大凌河流域资源型缺水和水质型缺水的双重矛盾并存，水资源浪费严重，且水污染严重。面向最严格水资源管理制度的要求，以“三条红线”为控制基准，对大凌河流域进行省区初始水权和政府预留水量配置迫在眉睫，这也是推进节水型社会建设、提高经济发展及加强流域水资源有效管理的必然要求。

(1) 是实施最严格水资源管理制度的需要。1978年以来，我国经济社会得到快速发展，但由于发展方式粗放，水资源短缺、水环境恶化和水生态退化等一系列水问题日益突出。因此《决定》(中发〔2011〕1号) 明确提出要实行最严格水资源管理制度，以缓解我国日益突出的水问题。《意见》(国发〔2012〕3号) 提出加快制定主要江河流域的水资源配置方案，建立包括流域和省、市、县三级行政区域的取用水总量控制指标体系，因而

实现流域和省区取用水总量控制。大凌河流域需要结合最严格水资源管理制度的要求，制定省区初始水权和政府预留水量配置方案，完善该流域的水量配置工作。

(2) 是加强流域水资源有效管理的需要。“十二五”和“十三五”期间是辽宁省实现全面振兴以及跨越发展的重要阶段，大凌河沿线四市八县是省重点进行经济发展的区域。而由于多种原因，目前大凌河流域还缺乏系统的流域规划及综合规划，水资源管理的水平亟待提高。因此，急需规范流域内各省区的用水秩序，提高用水效率，缓解水资源供需矛盾，保障突发事件需水要求，以及为重大发展做水量储备，迫切需要制定满足最严格水资源管理制度要求的省区初始水权和政府预留水量配置方案，提高流域综合管理能力和水平。加快推进大凌河水资源的有效管理，对保障用水安全、实现大局战略、促进辽宁省经济社会的可持续发展，都具有重要的实践意义。

2. 可行性分析

(1) 随着学者的深入研究，越来越多的学者已经在研究各大流域中省区初始水权和政府预留水量配置的问题，且计算结果都表明省区初始水权和政府预留水量与经济增长、节约用水、效益最大化的正相关性，足以证明水量配置已经得到理论上的验证。

(2) 大凌河流域是较早开展水权分配及水量分配试点的流域之一。2004 年 10 月，水利部决定将大凌河流域列入开展初始水权分配的试点流域。2008 年 7 月，水利部向国务院提请了《关于请求批复大凌河流域省（自治区）际水量分配方案的请示》；经国务院授权，水利部下发《关于大凌河流域水量分配方案的批复》。因此，大凌河流域进行省区初始水权和政府预留水量规模和结构优化配置，具有较好的工作基础。

(3) 2011 年的辽宁省委一号文件《辽宁省委辽宁省政府关于贯彻落实〈中共中央国务院关于加快水利改革发展的决定〉的实施意见》中，大凌河是需要综合治理的主要江河之一。治理大凌河河道、生态环境修复和水利设施建设是重要的国家战略。选择大凌河流域进行省区初始水权和政府预留水量的优化配置，具有较好的工程基础。

结合以上分析，大凌河流域进行省区初始水权和政府预留水量的优化配置是迫切需要的，并且是可行的。

11.2 大凌河流域省区初始水权量质耦合配置计算

大凌河流域的行政区域包括内蒙古自治区、辽宁省和河北省。目前流域年用水量已达 20.55 亿 m^3，但流域常年水资源量仅 19.43 亿 m^3，供需缺口较大。水量的不足、水污染的加剧、用水需求的不断增长，使得大凌河流域水资源、水环境承载能力不堪重负。水质型和资源型缺水已成为困扰大凌河流域社会经济发展的掣肘。实施大凌河流域省区初始水权分配，有效地界定省区水权和明确省区排污权，是大凌河流域可持续发展的必然要求。

据《中国统计年鉴》（2012—2016），内蒙古自治区、辽宁省、河北省统计年鉴（2012—2016）、《中国水利年鉴》《大凌河水资源公报》和《水权制度建设试点经验总结——大凌河流域初始水权制度建设资料汇编》等资料，2011—2015 年大凌河流域各省区现状用水等指标值见表 11.5。

表 11.5 2011—2015年大凌河流域各省区现状用水等指标值

省区	年份	指标							
		P_1/万 m³	P_2/万人	P_3/km²	P_4/（m³/人）	P_5/（万 m³/km²）	P_6/m³	P_7/元	P_8/万 t
内蒙古	2011	4802.20	6.45	3075.80	745.70	1.56	128.62	57974	261.04
	2012	4793.10	6.47	3094.00	741.63	1.55	116.09	63886	266.24
	2013	4763.72	6.49	3099.20	734.68	1.54	108.31	67836	277.94
	2014	4732.26	6.51	3109.60	727.61	1.52	102.42	71046	290.94
	2015	4830.80	6.53	3122.60	740.85	1.55	104.20	71101	288.34
辽宁	2011	201185.76	610.11	20281.44	330.10	9.92	65.03	50760	32322.24
	2012	197984.16	610.95	21603.84	324.28	9.16	57.24	56649	33240.96
	2013	197844.96	611.09	21687.36	323.80	9.12	52.22	61996	32642.40
	2014	197343.84	611.23	21840.48	322.90	9.03	49.52	65201	36595.68
	2015	195993.60	609.97	21882.24	320.97	8.96	49.11	65354	36192.00
河北	2011	4899.25	18.10	472.00	271.50	10.38	79.94	33969	696.50
	2012	4883.25	18.22	472.50	268.90	10.33	73.50	36584	764.50
	2013	4782.25	18.33	480.00	261.67	9.96	67.25	38909	777.25
	2014	4820.50	18.46	488.00	262.04	9.88	65.54	39984	774.50
	2015	4680.00	18.56	494.50	252.82	9.46	62.81	40255	776.50

注：P_1～P_8 分别为现状用水量、人口数量、区域面积、人均用水量、单位面积用水量、万元 GDP 耗水量、人均 GDP 和废污水排放量。数据表征的是大凌河流域内各省区的实际值，流域内内蒙古自治区包含赤峰和通辽区域，辽宁省包含锦州、阜新、朝阳、盘锦、葫芦岛区域，河北省指的是承德区域。

依据表 11.5 中的相关数据可以看出，自 2011 年以来，大凌河流域辽宁省内人口数量年均为 610.67 万人、面积为 21459.07km²，而流域内河北省和内蒙古自治区的人口数量年均分别为 18.33 万人和 6.49 万人，区域面积每年变化不大，平均为 481.4km² 和 3100.24km²。从大凌河流域的自然现状来看，基本维持着原有的模式，辽宁省不论人口和区域面积一直位居第一，而河北省人口位居第二，区域面积则最小，内蒙古自治区的人口数量最少，但其区域面积位居第二，所以从流域内单位面积的人口数量角度来看，河北省的单位面积人口数占比为 0.038，辽宁省和内蒙古自治区的单位面积人口数占比则分别为 0.028 和 0.002，河北省位居第一，辽宁省和内蒙古自治区分别位居第二和第三。

从用水量情况来看，河北省和内蒙古自治区的现状用水量年均分别为 0.481 亿 m³ 和 0.478 亿 m³，而辽宁的现状用水量年均高达 19.81 亿 m³，相比较流域内的辽宁省，由于河北省和内蒙古自治区流域内所占面积不多，且所居人口数量不高，因此其现状用水量不多，但两者的人均用水量水平则参差不齐，相比辽宁省人均用水量 324.4 m³/人，河北省的人均用水量低于辽宁省，为 263.4m³/人，然而内蒙古自治区的人均用水量则最高，为 738.09 m³/人。

从用水效率数据来看，内蒙古自治区的万元 GDP 能耗最高，为 111.93 m³，其次是河北省的 69.81 m³，能耗最低的是辽宁省的 54.62 m³。从单位面积用水量数据来看，河北省最高，为 10.002 万 m^3/km^2，其次是辽宁省，为 9.328 万 m^3/km^2，最低的是内蒙古自治区，为 1.544 万 m^3/km^2。

从废污水排放情况来看，辽宁省为 34198.66 万 t，其次是河北省，为 757.85 万 t，最低排放量的是内蒙古自治区，为 276.9 万 t。

从用水总量、用水效率和水功能区排污现状角度综合来看，辽宁省由于流域内区域所占面积和人口数量均最高，所以用水总量和废污水排放量最高；内蒙古自治区虽然区域所占面积和人口数量均不多，但其用水效率并不高，不论是人均用水量、万元 GDP 能耗还是单位面积用水量表现均最差，亟待提高用水效率；而河北省的表现则居于两者之间。鉴于辽宁省、河北省和内蒙古自治区的用水现状均差强人意，所以需要在最严格水资源管理机制下合理有效地配置水权量。

11.2.1 用水总量控制下的省区初始水量权值计算

根据《中国水利年鉴》《水权制度建设试点经验总结——大凌河流域初始水权制度建设资料汇编》等资料，50%来水频率下大凌河流域规划年 2030 年可分配初始水权总量为 13.58 亿 m^3。运用指标原始数据，根据构建的基于自适应混沌优化算法的动态投影寻踪省区初始水量权配置模型，运用 Matlab 7.0 编程计算得到：50%来水频率下大凌河流域规划年 2030 年，用水总量控制下大凌河流域省区初始水量权配置情况见表 11.6。

表 11.6 大凌河流域省区初始水量权配置情况

相关参数选取	初始种群规模 $B=200$，混沌迭代次数 $M=100$，初始温度 $T_0=100$
最优投影方向值 $\theta=(\omega_1, \cdots, \omega_{12}, \lambda_2, \lambda_3)$	(0.413，0.215，0.393，0.182，0.125，0.301，0.018，0.267，0.145，0.160，0.221，0.427，0.996，0.004)
最佳投影值 $d^*(k)$，$k=1, 2, 3$	内蒙古自治区 $d^*(1)=0.082$；辽宁省 $d^*(2)=0.947$；河北省 $d^*(3)=0.022$
省区初始水量权的分配比例	内蒙古自治区 $\omega_{s1}=0.078$；辽宁省 $\omega_{s2}=0.901$；河北省 $\omega_{s3}=0.021$
省区初始水量权的分配量	内蒙古自治区 $\omega_{s1}=1.06$ 亿 m^3；辽宁省 $\omega_{s2}=12.24$ 亿 m^3；河北省 $\omega_{s3}=0.29$ 亿 m^3

11.2.2 纳污总量控制下的省区初始排污权值计算

最严格水资源管理制度提出了加强水功能区限制纳污红线管理的要求。省区初始排污权配置必须在严格控制入河湖排污总量的基础上，实现流域水资源可持续利用，提高流域水资源综合利用效益。受限于大凌河流域的水质详尽数据难以获得，采用基于多目标的省区初始排污权配置模型，将流域水资源的综合利用效益分解为经济、社会和生态环境三大效益，分别反映了水资源充分利用程度和生产效率的高低，社会分配的公平性和省区的和谐关系，以及入河排污量对生态系统的压力或维持作用。基于纳污总量控制约束，采用经济、社会和生态环境效益三个优化目标，建立流域内各省区初始排污权免费分配模型。根据相关资料，大凌河流域内内蒙古自治区、辽宁省和河北省的区域面积、现状用水的多年平均值、万元 GDP 用水量和废污水排放量多年平均值等指标值见表 11.7。

表 11.7　　大凌河流域主要省区的区域面积、现状用水的多年平均值等指标值

配置指标	内蒙古自治区	辽宁省	河北省	年份
区域面积/km^2	3100	21459	481	2011—2015
面积占比/%	12.4	85.7	1.9	—
现状用水的多年平均值/万 m^3	4784.42	198070.46	4813.05	2011—2015
现状用水占比/%	2.3	95.4	2.3	
万元 GDP 用水量/m^3	104.20	49.11	62.81	2015
多年平均废水排放量值/万 t	276.9	34198.7	757.9	2011—2015

参考表 11.7 中的计算结果，设在 50%来水频率下，规划年 2030 年大凌河流域初始水权的预配置方案为：内蒙古自治区、辽宁省和河北省初始水权配置比例 $\omega_{水}(k=1,2,3)$ 分别为 7.8%、90.1%和 2.1%，可获得水权 $\omega_{水}(k=1,2,3)$ 分别为 1.06 亿 m^3、12.24 亿 m^3 和 0.29 亿 m^3。根据大凌河流域内各省区多年废水排放量进行相应折算，50%来水频率下，大凌河流域规划年 2030 年排污量为 3.17 亿 t。运用指标原始数据，根据构建的基于自适应混沌优化算法的多目标省区初始排污权配置模型，运用 Matlab 7.0 编程计算可得：50%来水频率下，大凌河流域规划年 2030 年基于纳污总量控制的大凌河流域主要省区初始排污权配置情况见表 11.8。

根据表 11.8 的计算结果，从目标函数 F_1 中可看出，辽宁省收益函数斜率最高，单位排污量导致的 GDP 增长最快，其次是内蒙古自治区，增长最慢的是河北省。从目标函数 F_2 中可以看出，内蒙古自治区和辽宁省之间在省区人口、面积和 GDP 方面的差异最大，省区间各项指标值比值的加权平均数为 3.1，其次是内蒙古自治区和河北省，为 2.4，差异最小的是辽宁省和河北省，为 0.77。可见，从三省区自然条件和经济发展方面来衡量，内蒙古与其他两省份的发展差异最大，由于目标函数 F_2 设定为社会效益优化函数，衡量的是三省区排放权量和社会经济发展的匹配程度，按照公平性和协调性的要求，两个比值越接近，匹配效果越好，协调度越高。因此，一定程度上要求排污量计算结果要使得内蒙古自治区和辽宁省的排污量差异超过河北省和辽宁省的排污量差异。

表 11.8　　大凌河流域主要省区的初始排污权配置情况

目标函数 F_1	内蒙古自治区的排污权收益函数[①]：$GDP_1(x_1)=2205.12x_1-7092.96$
	辽宁省的排污权收益函数：$GDP_2(x_2)=3428.73x_2-59026.26$
	河北省的排污权收益函数：$GDP_3(x_3)=1761.26x_3-25708.62$
	目标函数 F_1： $\max f_1(X)=(2205.12x_1-7092.96)+(3428.73x_2-59026.26)+(1761.26x_3-25708.62)$
目标函数 F_2	参数选取[②]：省区人口、面积和 GDP 指标的相对重要程度 β_k $(k=1,2,3)$ 为 $\beta_1=1/3$，$\beta_2=1/3$，$\beta_3=1/3$
	目标函数 F_2：$\min f_2(X)=(x_1/x_2-3.1)^2+(x_1/x_3-2.4)^2+(x_2/x_3-0.77)^2$
目标函数 F_3	参数选取[③]：生态环境损伤系数 $\eta_k(k=1,2,3)$ 为内蒙古自治区 $\eta_1=0.6$；辽宁省 $\eta_2=0.5$；河北省 $\eta_3=0.7$
	目标函数 F_3[④]：$\min f_3(X)=0.6\times(2456.37x_1-7460.93)+0.5\times(485.55x_2-15990.57)+0.7\times(-7842.81x_3+285617.2)$

续表

约束条件	$x_1+x_2+x_3\leqslant 3.17$；$x_1\geqslant 0$；$x_2\geqslant 0$；$x_3\geqslant 0$
算法参数选取	$\tau_1=1/3$，$\tau_2=1/3$，$\tau_3=1/3$，初始种群规模 $B=200$，混沌迭代次数 $M=100$，初始温度 $T_0=100$
省区初始排污权量	$x_{S_1}=288.9$ 万 t，$x_{S_2}=30640.9$ 万 t，$x_{S_3}=770.2$ 万 t

① 各省区获得排污权收益函数，主要通过拟合各省区历年 GDP 值与其排污量值获得。
② 考虑到目标函数 F_2 为综合社会效益优化目标，省区人口、面积和 GDP 指标对流域经济社会可持续发展具有同等重要的作用，因此取 $\beta_1=\beta_2=\beta_3=1/3$。
③ 借鉴基于污染足迹的生态环境风险评价方法和综合专家意见获得。
④ 各省区的环境损伤函数，主要通过拟合各省区历年的污染足迹与其排污量值获得。

11.2.3 大凌河流域量质耦合下的省区初始水权配置计算

现阶段我国水权管理正面临多重因素的制约，基于最严格水资源管理制度、国家重大发展战略和发展理念将排污权配置嵌入到初始水量权配置过程中，并基于对水资源保护“奖优罚劣”的激励视阈，研究省区初始水权量质耦合的配置模型。基于保护流域水环境的视角，当对河道减少取水时，河道内的用水量则相应增加，水环境纳污能力增强。因此，当省区的实际排污量低于其获得的初始排污权量时，实施正向奖励以增加其水权配置量；当省区的实际排污量超过其获得的初始排污权量时，实施负向惩罚以减少其水权配置量。由此通过构建“奖优罚劣”函数，调整各省区的初始水量权配置比例，通过实施该策略将更有利于流域水环境系统的可持续发展。

依据表 11.7 数据，大凌河流域内内蒙古自治区、辽宁省和河北省废水排放量的多年平均值分别为 276.9 万 t、34198.7 万 t 和 757.9 万 t。并根据表 11.8 中获得的排污权 x_{S_k}，计算得到在 50％来水频率下，针对大凌河流域规划年 2030 年，基于量质耦合下的大凌河流域主要省区初始水权配置情况，见表 11.9。

表 11.9 基于量质耦合下的大凌河流域主要省区初始水权配置情况

省区初始水权配置	配 置 过 程
省区 S_k“奖优罚劣”的调整值	参数选取：$\partial=2$①；计算得到内蒙古自治区 $(288.9/276.9-1)^2=0.002$；辽宁省 $(34198.7/30640.9-1)^2=0.013$；河北省 $(757.9/770.2-1)^2=0.0003$
归一化后省区 S_k 初始水权分配比例	计算得到：内蒙古自治区 $\omega_{S_1}''=8.02\%$；辽宁省 $\omega_{S_2}''=89.84\%$；河北省 $\omega_{S_3}''=2.14\%$
基于用水总量和排污总量双控的省区 S_k 初始水权分配量	计算得到：内蒙古自治区 $w'_{S_1}=1.089$ 亿 m^3；辽宁省 $w'_{S_2}=12.200$ 亿 m^3；河北省 $w'_{S_3}=0.291$ 亿 m^3

① 结合本实证中现状排污量与初始排污权量的比值大小，结合专家及调研等情况选取 $\partial=2$。

从表 11.9 中可看出，内蒙古自治区、辽宁省和河北省基于用水总量得到的省区初始水权量分别为 1.06 亿 m^3、12.24 亿 m^3 和 0.29 亿 m^3，由于内蒙古自治区实际排污量为 276.9 万 t，低于其获得的初始排污权量 288.9 万 t，因此实施正向奖励以增加其水权配置量 0.029 亿 m^3，最终得到基于水量水质耦合视角下的初始水权分配量为 1.089 亿 m^3。辽宁省由于实际排污量 34198.7 万 t 超过其获得的初始排污权量 30640.9 万 t，实施负向惩罚以减少其水权配置量0.04亿m^3，最终得到基于量质耦合视角下的初始水权分配量为12.2亿m^3。河北省由于其实际排污量757.9万t，低于获得的初始排污权量770.2万t，所以实施正向奖励以增加其水权配置量0.001亿m^3，得到基于量质耦合视角下的初始水权分配量为0.291亿m^3。

综上所述，本书针对现阶段中国水权管理面临的多重因素制约，结合最严格水资源管理制度要求，建立了多因素制约下的省区初始水权量质耦合配置模型。在省区初始水权量的配置过程中，本书充分考虑了经济活动量和排污情况的差异，首先基于用水总量控制得到各省区水量权初始配置，然后基于排污总量控制确定各省区排污权分配结果，最后基于激励视阈视角对省区初始水权进行水量水质耦合配置。该模型不仅满足了用水总量控制、用水效率控制和水功能区限制纳污控制要求，还汲取了应适应资源环境可承载的区域协调发展理念，考虑了经济、社会和生态环境三重优化目标，有效落实了最严格水资源管理制度中"三条红线"的限制，也满足了用水总量和纳污总量双重控制的实际要求。同时，本书结合大凌河流域获得的实证配置方案，为最严格水资源管理制度下太湖流域省区水权配置管理提供了有效的决策支持。

11.3 大凌河流域政府预留水量耦合优化配置

11.3.1 需求视角下大凌河政府预留水量规模优化配置

1. 基础数据收集与处理

(1) 规划年社会经济发展目标值。通过《中国水利年鉴》《辽宁省水资源公报》《流域初始水权分配理论与实践》《水权制度建设试点经验总结——大凌河流域初始水权制度建设资料汇编》以及现场调研、专家咨询等多种方式，获得大凌河流域2030年辽宁省境内锦州、阜新、朝阳和葫芦岛四个城市社会经济发展目标值见表11.10。

表11.10 大凌河流域2030年辽宁省境内四个城市社会经济发展目标值

目　标	锦　州	阜　新	朝　阳	葫芦岛
城镇居民生活用水定额/[L/(人·d)]	112	138	121	105
农村居民生活用水定额/[L/(人·d)]	78	78	78	78
城镇人口/万人	22.11	94.52	117.73	7.63
农村人口/万人	39.17	5.50	140.24	20.63
河道内生态环境需水量/万m^3	267.4	996.6	1125.0	85.7
农田灌溉水利用系数	0.63	0.61	0.67	0.64
农田灌溉面积/万亩	62.71	25.00	177.60	10.44
产水量/亿m^3	1.99	1.48	8.77	1.37
国内生产总值/亿元	313.94	606.97	803.98	53.41

(2) 权重的确定。结合面向区域的初始水权多准则优化配置模型，通过专家咨询，取不同原则下系统目标满意度函数权重以及公平性子原则的权重，见表11.11。

表 11.11　　初始水权配置的原则权重

原　　则	权　　重	公平性子原则	权　　重
生态用水保障原则	0.20	占用优先原则	0.40
粮食安全保障原则	0.22	人口优先原则	0.30
公平性原则	0.20	面积优先原则	0.20
效率性原则	0.20	水源地原则	0.10
政府预留原则	0.18		

2. 模型配置结果及分析

25%、50%以及75%三种来水频率下初始水权多准则优化配置结果以及综合满意度计算结果见表11.12和图11.1。

表 11.12　　不同来水频率下政府预留水量规模优化配置结果及综合满意度

频率/%	粮食安全需水 W_C	社会经济需水 W_R	政府预留需水 W_G	综合满意度 S
25	55696.09	94945.53	32512.27	0.91
50	47098.08	81951.46	9989.64	0.85
75	39035.39	67040.66	1664.94	0.77

注：由于本章的重点在于通过初始水权多准则优化配置模型计算出流域政府预留水量，为政府预留水量优化配置提供数据支撑，因此，该表没有列出各城市的配置结果。

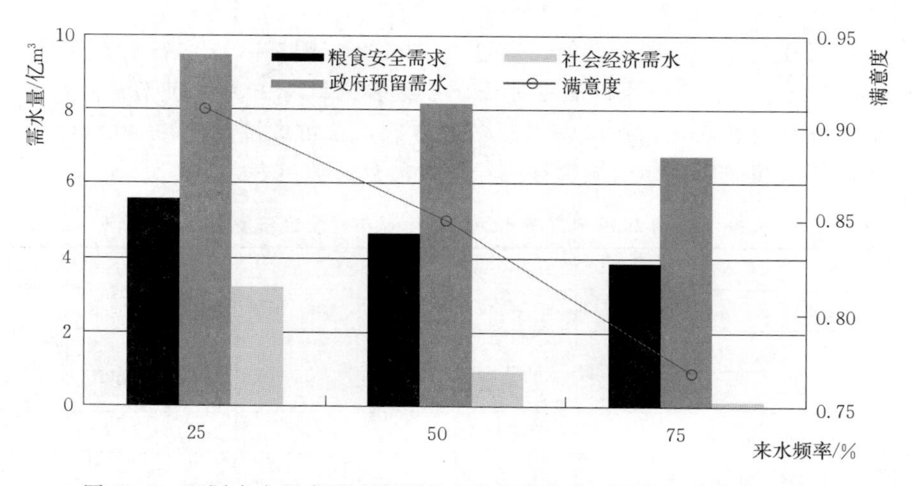

图 11.1　不同来水频率下政府预留水量规模优化配置结果及综合满意度

图11.2～图11.4分别显示了三种来水频率下政府预留水量规模优化配置模型遗传算法所得的详细结果。

在25%来水频率下，配置得到政府预留水量为32512.27万m³，将初始水权配置结果带入式（8.48），得到综合满意度为0.91，处于较高的水平，说明政府预留水量规模优化配置模型配置结果比较理想。在50%来水频率下，配置得到政府预留水量为9989.64万m³，初始水权配置综合满意度为0.85，小于25%来水频率下的满意度，因为可供分配的水资源量减

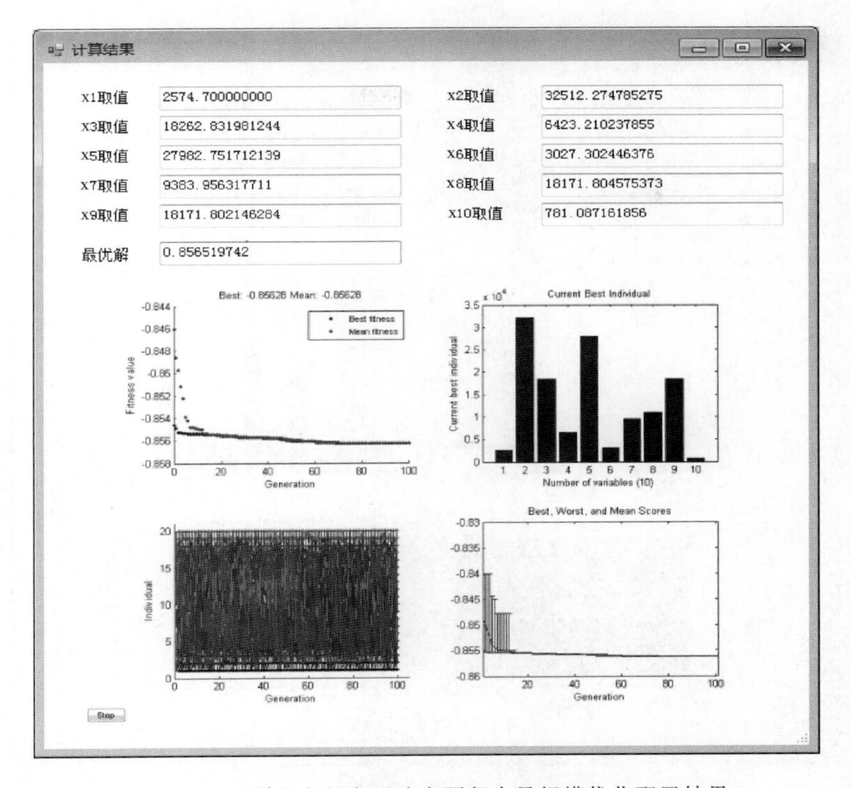

图 11.2 25%来水频率下政府预留水量规模优化配置结果

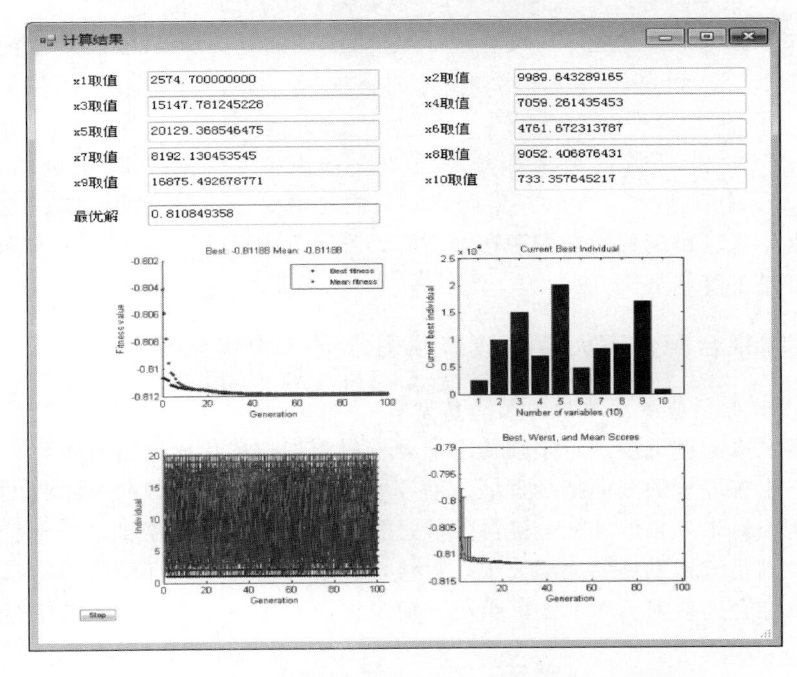

图 11.3 50%来水频率下政府预留水量规模优化配置结果

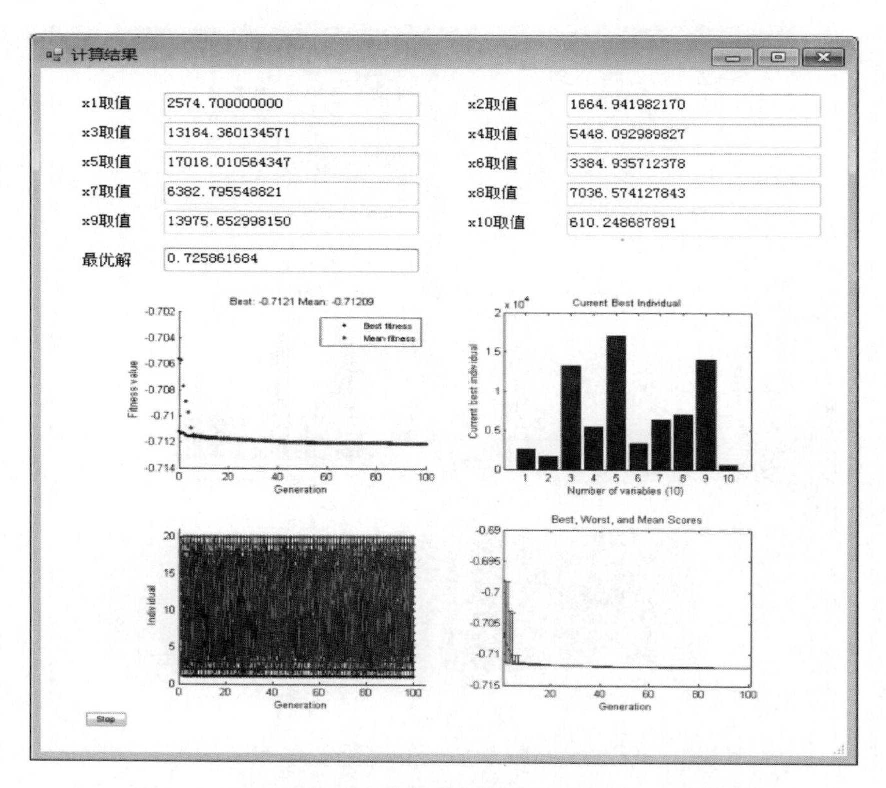

图 11.4　75％来水频率下政府预留水量规模优化配置结果

少。在75％来水频率下，配置得到政府预留水量为1664.94万m^3，初始水权配置综合满意度为0.77，小于25％和50％两种来水频率下的满意度，因为是枯水年，可供分配的水资源量十分有限。

在25％、50％和75％三种来水频率下，政府预留水量占总需水量的比重分别为21.83％、8.81％和1.85％，呈逐渐下降态势，同时绝对量也呈下降趋势，主要因为由丰水年变为枯水年，可供配置的水资源逐渐下降，导致配置的水量没有满足实际需求量，从而综合满意度呈下降趋势。

11.3.2　供需耦合视角下大凌河政府预留水量结构优化配置

1. 大凌河政府预留水量结构优化配置原则

大凌河流域水问题突出，亟须强化水资源权属管理，优化配置水资源，以促进流域内社会、经济、生态环境的全面持续发展。而政府预留水量作为流域初始水权的三大组成部分之一，用于应对未来自然和社会经济发展过程中的非常规用水需求，缓解特殊水情下的供水危机以及满足流域发展的战略要求，对流域经济社会和生态环境的可持续发展具有重要意义。本节结合大凌河流域的实际情况，研究提出大凌河流域政府预留水量结构优化配置原则。

(1) 公平性原则。大凌河流域包括辽宁省内5个地级市及其所辖的13个县（市、区），以及内蒙古赤峰市、通辽市和河北省承德市部分地区。政府分配预留水量时，须尊重公平性原则，优先保障供水危机情形下各区域人口生存的基本生活用水需求，按照各区人口比例进行分配，最小化供水危机带来的不利影响。另外，按照各区现状实际用水比例进行预留水量分配也是公平性原则的一个重要体现。当国家重大发展战略发生调整时，为了满足战略调整新增的用水需求，政府可基于现状实际用水比例进行预留水量的分配，既符合物权法的精神，又方便操作。

（2）可持续性原则。大凌河流域水资源短缺，已经严重制约了当地社会经济的发展。政府在分配预留水量时应遵循社会发展可持续性原则，缓解干旱灾害来临时的用水短缺问题，实现流域经济社会的稳定持续发展。因此，大凌河流域政府在配置预留水量时应从国家和社会的长远利益出发，以预留水量的可持续利用来保障生态环境和社会经济的可持续发展。

（3）有效性原则。大凌河流域水土流失现象严重，而水土流失带来的直接影响是加剧了地表水体污染，严重威胁供水安全和环境安全。为维持河流健康发展，实现生态环境系统的良性循环，政府分配预留水量时应遵循环境效益原则。另外，大凌河流域经济发展较为落后，是辽宁省主要干旱地区，也是辽宁省最贫困的地区。因此，政府分配预留水量时也应考虑经济效益和社会效益目标，实现水资源的高效利用，即运用有限的水资源实现经济效益和社会效益的最大化。因此，大凌河流域政府预留水量分配时应追求社会、经济、生态环境三个目标之间的协调发展，满足真正意义上的有效性原则。

（4）合作原则。大凌河流域的政府预留水量包括应急预留水量和发展预留水量。其中应急预留水量需求具有突发性、时效性强，发展预留水量具有预期性，时效性较弱。因此，当发生干旱灾害或突发水污染事件等供水危机时，为了满足大凌河流域内特殊的应急用水需求，政府可调用发展预留水量作为临时应急用水，缓解自然灾害或突发水污染事件对国民经济和国家安全造成的危害。在危机缓解之后，发展预留水量不再作为应急之用，而是继续作为发展预留水量以备未来发展之用。相反，考虑到应急预留水量需求的突发性、时效性强，高度不确定性以及强制性等特点，应急预留水量不可用于发展用水需求，而是始终保持储备状态，以备未来不可预知的水危机。大凌河流域政府预留水量进行结构优化配置时应当严格遵循合作原则，保证应急预留水量和政府预留水量内部结构的动态调整，即政府可调用发展预留水量作为临时应急用水，而应急预留水量不可用于发展用水需求。综上所述，大凌河流域政府预留水量分配时应当遵循公平性原则、可持续性原则、有效性原则及合作原则四个方面的原则。优化配置原则见图11.5。

2. 基础数据收集与处理

规划年2030年大凌河流域政府预留水量结构优化配置方案可以利用政府预留水量规模优化配置模型所得到的政府预留水量规模，应用政府预留水量结构优化配置的区间两阶段随机规划模型，计算获得大凌河流域四类用水事件的政府预留水量配置区间量。

3. 相关参数确定

（1）目标函数相关参数的率定。

1）决策参数 $C_{ij}^{\pm}$ 的确定。利用GDP、农业产值和用水总量和农业用水量得到大凌河流域2000—2014年GDP与用水量的比重及农业产值与农业用水量的比值，具体见表11.13。

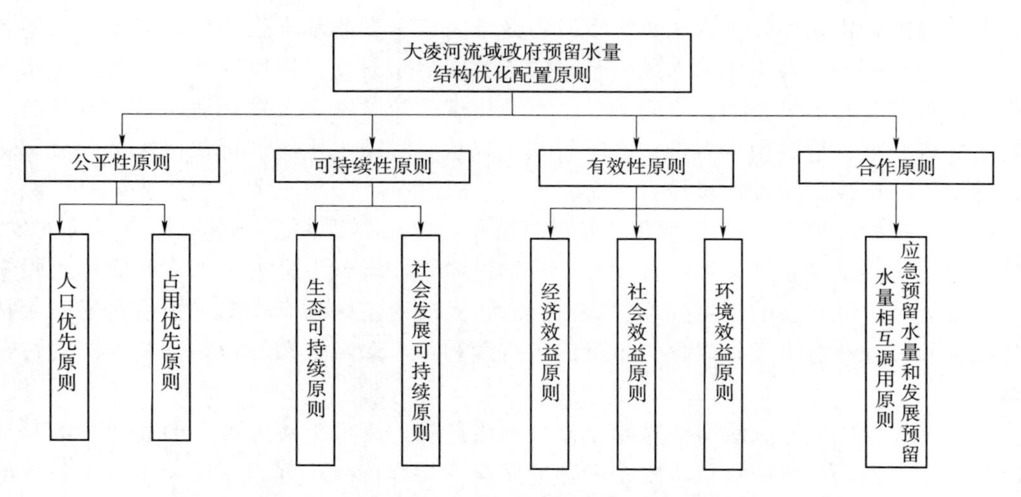

图 11.5　大凌河流域政府预留水量优化配置原则

表 11.13　　2000—2014 年大凌河流域产值与用水量的比值

年　份	GDP 与用水总量的比值	农业产值与农业用水量的比值
2000	34.24	5.79
2001	39.09	6.48
2002	42.93	7.10
2003	46.79	7.37
2004	51.23	9.32
2005	60.39	10.12
2006	65.88	10.26
2007	78.14	12.36
2008	95.73	14.33
2009	106.54	15.53
2010	128.47	18.16
2011	153.79	21.35
2012	174.69	23.56
2013	191.47	24.40
2014	201.92	25.50

运用指数拟合法对大凌河流域 2000—2014 年 GDP 与用水量的比值以及农业产值与农业用水量的比值进行拟合，得到大凌河流域的预留水量惩罚系数拟合曲线，将 2030 年带入方程中，便得到第一类、第三类和第四类用水事件的值为 389.09 元/m^3，第二类用水事

件的值为49.05元/m^3。大凌河流域GDP与用水总量比重的拟合曲线和农业产值与农业用水量比重的拟合曲线见图11.6和图11.7。

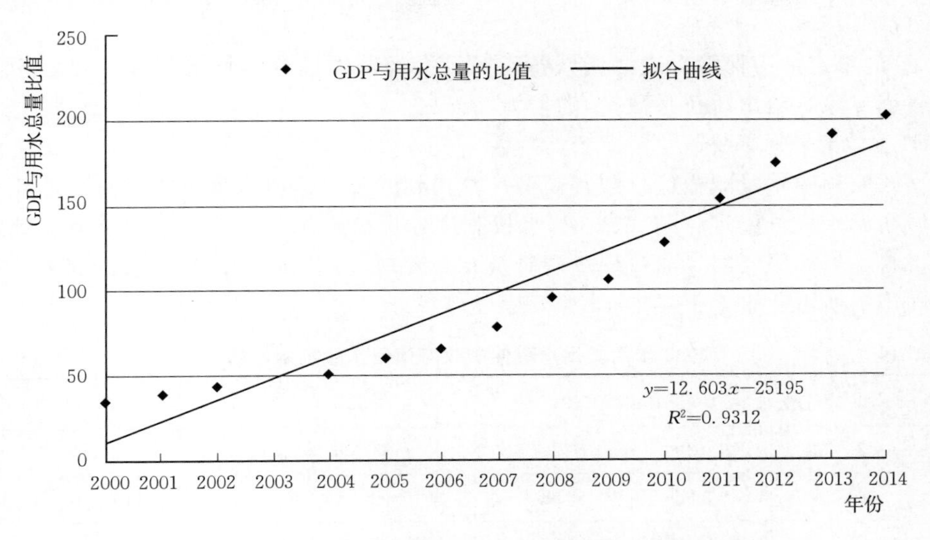

图11.6　大凌河流域GDP与用水总量比值的拟合曲线

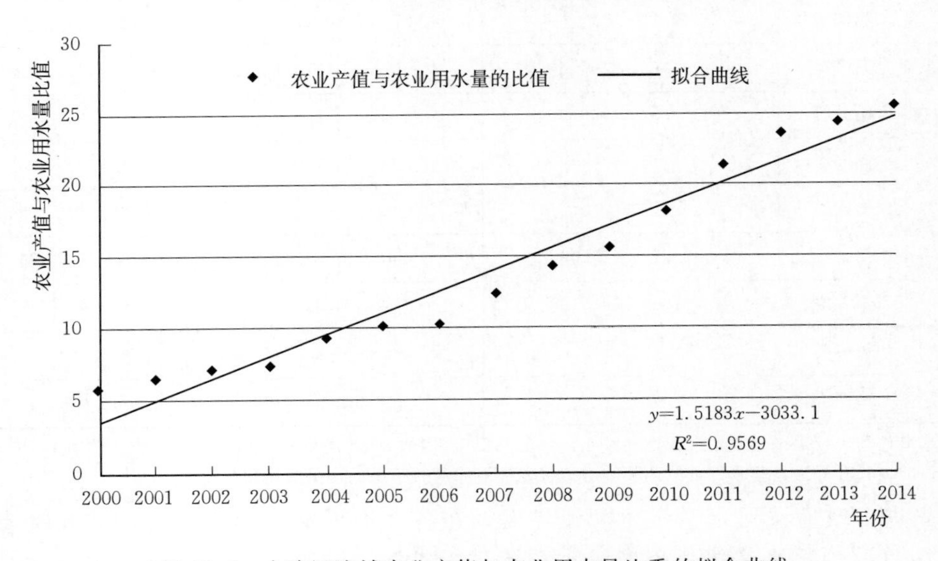

图11.7　大凌河流域农业产值与农业用水量比重的拟合曲线

2）T_{ij} 的确定。利用式（8.50）进行测算。基于大凌河流域实际情况结合专家意见，取 $\delta=0.3$。

（2）约束条件相关参数的率定。

1）β 的率定。类比辽宁省历年生态环境用水量占总用水量的比重，设置 $\beta=0.035$。

2）$\alpha_{应}$、$\alpha_{发}$ 以及 γ_{ij} 的率定。大凌河流域政府预留水量配置与各城市的自然条件、经济发展和战略规划密切相关。结合历年预留水量在应急预留水量和发展预留水量之间的配置以及在四类用水事件的配置情况，确定规划年应急预留水量和发展预留水量占政府预留水量总量的比重为$(\alpha_{应},\alpha_{发})=(0.40,0.60)$。考虑合作原则以及求得的$(\alpha_{应},\alpha_{发})$的值，设置四类用水事件占政府预留水量的比重为$(\gamma_{11},\gamma_{12},\gamma_{21},\gamma_{22},\gamma_{23},\gamma_{24})=(0.24,0.36,0.04,0.04,0.17,0.15)$。

3) $\lambda_{ij}^{\pm}$ 的率定。为保障大凌河流域各省区社会经济发展连续性的效果，参考相关资料并结合咨询专家，给出矫正系数 $\lambda_{ij}^{\pm}$ 的值为 [0.1, 0.2]。

4. 模型配置结果及分析

根据政府预留水量规模优化配置模型计算得到的政府预留水量占需水总量的比重，利用《流域初始水权分配理论与实践》《水权制度建设试点经验总结——大凌河流域水权制度建设资料汇编》等资料，通过现场调研及专家咨询，得到政府预留水量占需水总量比重区间，即当前所占比重上下浮动15%（表11.14）。

表11.14　2030年四类用水事件的政府预留水量控制目标　单位：万 m³

来水频率	用水事件	应急预留水量	发展预留水量	合　计
25%	第一类	[6400.37, 8659.32]	[847.11, 1035.35]	[7247.47, 9694.67]
	第二类	[9600.55, 12988.98]	[1411.85, 1725.59]	[11012.39, 14714.57]
	第三类	—	[4800.27, 5867.00]	[4800.27, 5867.00]
	第四类	—	[4235.54, 5176.77]	[4235.54, 5176.77]
50%	第一类	[1966.56, 2660.64]	[260.28, 318.12]	[2226.84, 2978.76]
	第二类	[2949.84, 3990.96]	[433.80, 530.20]	[3383.64, 4521.16]
	第三类	—	[1474.92, 1802.68]	[1474.92, 1802.68]
	第四类	—	[1301.40, 1590.60]	[1301.40, 1590.60]
75%	第一类	[327.76, 443.44]	[43.38, 53.02]	[371.14, 496.46]
	第二类	[491.64, 665.16]	[72.30, 88.37]	[563.94, 753.53]
	第三类	—	[245.82, 300.45]	[245.82, 300.45]
	第四类	—	[216.90, 265.10]	[216.90, 265.10]

注：用水事件列中，第一类表示水源地突发水污染公共安全事件；第二类表示区域干旱自然灾害事件；第三类表示人口的增长和异地迁移事件；第四类表示地区发展战略调整带来的水量激增事件。

首先进入政府预留水量优化配置界面，在各文本框输入模型需要的将相关参数数据，使用政府预留水量优化配置决策系统进行求解。同时，如果部分数据是早已录入数据库的，则可以通过程序直接调用。计算参数选择如下：种群个体数为100；种群迭代次数为10000；种群变异率为0.15；种群交叉率为0.80。点击“开始”按钮，计算机进行计算并予以反馈，其中，25%来水频率下政府预留水量需求下限优化迭代结果见图11.8。

需要说明的是，遗传算法只能计算目标函数最小值，本章计算的是经济收益最大值，所以在目标函数输入时每个常量均取负值，最终计算的最优解再取负值可以还原模型的解，最优配水目标$W_{ij}^{\pm}=[W_{ij}^{-},W_{ij}^{+}]$，未达到目标的缺水量$S_{ij}^{\pm}=[S_{ij}^{-},S_{ij}^{+}]$。其中$i=1,2,3$，$j=1,2,3,4$；$h=1,2,3$具体计算结果见表11.15和表11.16。

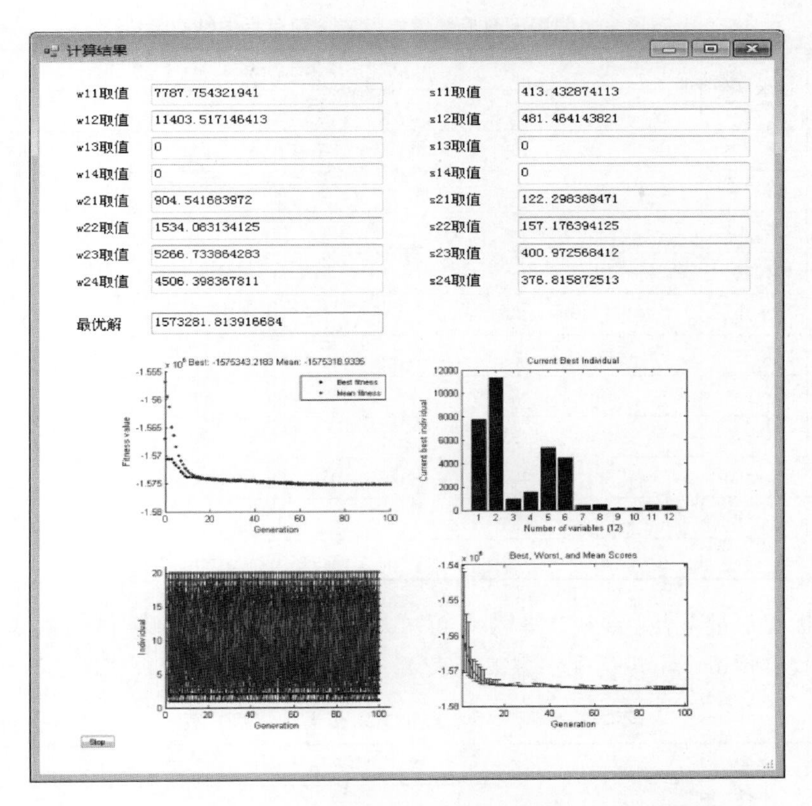

图 11.8　25%来水频率下政府预留水量需求下限优化结果

表 11.15　　**不同来水频率下政府预留水量最优配水目标**　　单位：万 m^3

配置对象	用水事件	来水频率		
		25%	50%	75%
应急预留水量	第一类	[7787.74，9447.67]	[2375.39，2916.33]	[398.53，484.78]
	第二类	[11403.52，13808.53]	[3404.02，4170.84]	[598.13，710.61]
	第三类	—	—	—
	第四类	—	—	—
	小计	[19191.26，23256.20]	[5779.42，7087.18]	[996.66，1195.39]
发展预留水量	第一类	[904.54，1049.96]	[280.54，339.48]	[47.76，52.65]
	第二类	[1534.08，1890.30]	[399.99，527.46]	[79.69，96.97]
	第三类	[5266.73，6308.95]	[1612.46，1955.60]	[269.90，330.45]
	第四类	[4506.40，5649.93]	[1424.81，1747.18]	[243.76，288.84]
	小计	[12211.75，14899.14]	[3717.79，4569.72]	[641.11，768.92]
合计		[31403.01，38155.34]	[9497.21，11656.90]	[1637.77，1964.31]

表 11.16 不同来水频率下政府预留水量未达到目标的缺水量 单位：万 m³

配置对象	用水事件	来水频率		
		25%	50%	75%
应急预留水量	第一类	[413.43，468.58]	[120.37，175.21]	[56.27，67.00]
	第二类	[481.46，785.50]	[189.90，277.51]	[93.13，128.30]
	第三类	—	—	—
	第四类	—	—	—
	小计	[894.89，1254.08]	[310.27，452.72]	[149.40，195.29]
发展预留水量	第一类	[122.30，182.17]	[30.25，43.20]	[9.38，13.67]
	第二类	[157.76，234.02]	[50.63，56.98]	[12.19，23.01]
	第三类	[400.97，491.42]	[123.52，146.57]	[46.94，57.02]
	第四类	[376.82，461.06]	[82.35，102.81]	[28.66，41.03]
	小计	[1057.85，1368.68]	[286.75，349.57]	[97.17，134.73]
合计		[1952.74，2622.76]	[597.03，802.29]	[246.57，330.02]

根据最优配水量 $W^{\pm}_{ijopt}=W^{\pm}_{ij}-S^{\pm}_{ij}$，可求得最优配水量 $W^{\pm}_{ijopt}=[W^{-}_{ijopt},W^{+}_{ijopt}]$，不同来水频率下政府预留水量最优配水方案见表 11.17。

表 11.17 不同来水频率下政府预留水量最优配水方案 单位：万 m³

配置对象	用水事件	来水频率		
		25%	50%	75%
应急预留水量	第一类	[7374.32，8979.09]	[2255.02，2741.12]	[342.25，417.78]
	第二类	[10922.03，13023.02]	[3213.77，3893.33]	[505.01，582.32]
	第三类	—	—	—
	第四类	—	—	—
	小计	[18296.35，22002.11]	[5468.79，6634.46]	[847.26，1000.10]
发展预留水量	第一类	[782.24，867.77]	[250.28，296.28]	[38.38，38.98]
	第二类	[1376.33，1656.27]	[349.36，470.48]	[67.50，73.96]
	第三类	[4865.76，5817.53]	[1488.93，1809.03]	[222.96，273.43]
	第四类	[4129.58，5188.87]	[1342.47，1644.37]	[215.09，247.81]
	小计	[11153.91，13530.45]	[3431.04，4220.16]	[543.94，634.19]
合计		[29450.26，35532.56]	[8899.84，10854.61]	[1391.20，1634.29]

根据式（8.48）可以计算出，三种不同来水频率下，政府预留水量带来的流域经济效益最优区间分别为：①25%来水频率下为 $F^{\pm}_{ijopt}=[1573281.81,1884257.31]$ 万元；②50%来水频率下为 $F^{\pm}_{ijopt}=[493067.94,592652.34]$ 万元；③75%来水频率下为 $F^{\pm}_{ijopt}=[50649.88,56305.06]$ 万元。

从表 11.17 看出：

（1）在 $h=1$，2，3 三种不同来水频率情况下，政府预留水量优化配置的最优配置水量分别为：［29450.26，35532.56］万 m^3、［8899.84，10854.61］万 m^3 和［1391.20，1634.29］万 m^3，呈明显下降趋势。这是因为，在丰水年，生态环境用水和国民经济用水可以较好地得到保证，初始水权可以更多地供给至政府预留水量以应对突发应急事件和重大发展规划的事件；而在枯水年，水资源总量短缺，大部分水量将供给至生态环境用水和国民经济用水以维持生态环境的可持续发展和保障国民经济的正常发展，相对的，政府预留水量配置到的水量会有所下降，因此，各用水事件配置到的水量也会减少。这表明，不同用水事件配置的水量跟来水频率有非常紧密的关系，且跟来水量呈正相关的关系。

（2）在 $h=1,2,3$ 三种不同来水频率情况下，每个来水频率中应急预留水量的总量多于发展预留水量的总量，这说明模型很好地诠释了“合作”这个政府预留水量的配置的基本原则，将优先保障突发应急需求所带来的水量需求，在必要的情况下，将部分重大发展预留水量优先供给至突发应急事件，以保障生态环境、人民生产生活的用水安全。而发展预留水量也可以得到一定的保障，在水资源尚有结余的情况下，将保证各个发展事件能获得一定量的水量配置，以规避未来发展风险、保障国家重大发展战略用水，并协调流域发展用水需求。

在 $h=1,2,3$ 三种不同来水频率情况下，通过政府预留水量优化配置带来的流域经济效益最优区间分别为［157.33,188.43］亿元、［49.31,59.27］亿元和［5.06,5.63］亿元。大凌河流域政府预留水量优化配置带来的收益在丰水年突破150亿元，即使在50%来水频率下也有显著收益，说明政府预留水量优化配置的研究可以为社会经济带来额外的经济收益。大凌河流域各省区政府预留水量优化配置而产生的总体经济效益最优区间数呈明显减少趋势，表明在降水较多的年份，初始水权中分配给政府预留水量的部分较多，政府预留水量优化配置带来的收益也相对较多；而在降水较少的年份，由于其他用水事件的用水需求，政府预留水量获得的配置总量较少，因此带来的收益也相对较少。这说明政府预留水量配置收益同来水量呈正相关关系，而且在丰水年份对政府预留水量进行优化配置显得更为重要。

11.4 省区初始水权与流域级政府预留水量耦合协调性判别

本节面向最严格水资源管理制度约束，研究省区初始水权量和政府预留水量的依存关系，构建耦合协调性判别准则，通过判断两个子系统间的耦合协调性，探讨基于子系统协调耦合的流域初始水权配置模型，并对大凌河流域进行实证研究。

首先分析省区初始水权量和政府预留水量的依存关系，构建用水总量、污水排放量和用水效率判别准则，并在此基础上建立耦合协调性判别准则，判断子系统预配置方案间的耦合协调性；其次，针对预配置方案不协调的情形，提出子系统水权量增加或减少的方向及水权量需调整的省区集合；之后，以耦合协调性最佳为目标，从控制用水总量规模等方面建立约束条件，构建水权配置量调整的优化决策模型，求解模型并对调整后水权配置方案重新进行判别，直至最终获得满足所有判别准则的方案。

前文已对大凌河流域的省区初始水权与流域级政府预留水量进行了初始优化配置，针对规划年2030年，大凌河流域省区初始水权量和政府预留水量预配置方案见表11.18。

表11.18 50%来水频率下大凌河流域省区初始水权量和政府预留水量预配置方案 单位：亿 m^3

不同省区预配置方案		内蒙古自治区	辽宁省	河北省
省区初始水权量		$W_1=1.089$	$W_2=12.200$	$W_3=0.291$
政府预留水量	不同省区消耗水量	$Z_1=0.060$	$Z_2=0.562$	$Z_3=0.012$
	流域公共消耗水量	$Z_g=0.423$		

在50%来水频率下，大凌河流域规划年2030年可分配的流域初始水权总量为14.64亿 m^3，排污量为3.17亿t。将这两个指标分别作为耦合配置方案的用水总量控制红线和水功能区纳污限制红线。

11.4.1 方案判别

分别从用水总量、污水排放量、用水效率三个维度构建判别准则，并进一步建立耦合协调性判别准则，对省区初始水权与流域级政府预留水量两个子系统的配置方案进行判别。

用水总量判别包括规模和结构判别两方面：规模判别是根据最严格水资源管理制度要求，判别两个配置子系统形成的总水量之和是否突破用水总量控制红线，及各省区用水量是否突破省区用水量控制红线；结构判别的目的是判断各省区用水量相对其社会经济发展水平的合理性。

1. 准则a：用水总量判别

（1）规模判别。

1）准则 a_1。由于 $\sum_{j=1}^{3}W_j=W_1+W_2+W_3=13.58$（亿 m^3），$Z_g+\sum_{j=1}^{3}Z_j=1.058$（亿 m^3），$W_{LH}=14.64$（亿 m^3），因此满足式（10.25）的要求，即通过流域用水总量判别。

2）准则 a_2。据大凌河流域各省区政府规划报告等相关资料，规划年2030年各省区用水总量控制红线分别为：内蒙古自治区 $W_{1H}=236.25$ 亿 m^3、辽宁省 $W_{2H}=167.9$ 亿 m^3、河北省 $W_{3H}=226$ 亿 m^3。由式（10.26）计算可以看到，内蒙古自治区 $W_1+Z_1<W_{1H}$、辽宁省 $W_2+Z_2<W_{2H}$ 以及河北省 $W_3+Z_3<W_{3H}$，均通过用水量判别。

（2）结构判别。

1）准则 a_3。设政府预留水量占流域可用水量比例合理区间为 $[\alpha_{\min},\alpha_{\max}]\in[0.025,0.065]$，据式（10.27）计算得 $(Z_g+\sum_{j=1}^{3}Z_j)/W_{LH}=0.072>\alpha_{\max}=0.065$，因此未通过合理性判别要求。

2）准则 a_4。大凌河流域各省区准则 a_4（水权量结构合理性）的相关判别指标见表11.19。结合大凌河流域各省区实际情况和专家意见，可得权系数 $\omega_q=(0.2,0.2,0.25,0.35)$，设省区水权量与综合社会经济指标匹配关系下限系数 $\eta_{\min}=0.45$、上限系数 $\eta_{\max}=1.25$。据式（10.28）和式（10.29）可得准则 a_4 判别的计算结果，见表11.20，则省区对 (d_2,d_1) 和 (d_1,d_3) 未通过水权量结构合理性判别。

表 11.19　　大凌河流域各省区准则 a_4 的相关判别指标

省区	人口数量/万人	灌溉面积/万亩	GDP/亿元	现状用水量/万 m^3
内蒙古自治区	6.53	21.47	175.27	4830.8
辽宁省	609.97	294.61	2781.17	195993.6
河北省	18.56	2.77	205.38	4680

表 11.20　　准则 a_4 判别的计算结果

省区对	$(W_j+Z_j)/(W_k+Z_k)$	$\gamma(d_j,d_k)$	$\eta_{\min}\gamma(d_j,d_k)$	$\eta_{\max}\gamma(d_j,d_k)$	判别情况
(d_2, d_1)	11.11	37.12	16.71	46.4	11.11，未通过
(d_2, d_3)	42.12	43.05	19.37	53.82	42.11，通过
(d_1, d_3)	3.79	2.18	0.98	2.72	3.79，未通过

2. 准则 b：污水排放量判别

污水排放量判别也包括规模和结构判别两方面：规模判别是根据最严格水资源管理制度要求，判别省区初始水权使用后形成的污水排放量与政府预留水量启用后形成的污水排放量之和是否突破污水总量控制红线，以及各省区的污水排放量是否突破区域污水排放量控制红线；结构判别目的是判断各省区污水排放量相对其社会经济发展水平的合理性。

（1）规模判别。

1）准则 b_1。查阅大凌河流域水资源各类规划文件，各省区单位污水排放系数分别为：内蒙古自治区 $Q_1=0.15$，辽宁省 $Q_2=0.18$，河北省 $Q_3=0.16$。设大凌河流域公共用水单位污水排放系数值为省区单位污水排放系数平均值，$Q_g=0.163$。流域污水排放量控制红线 $Q_{LH}=3.17$ 亿 t，由式（10.30）计算得，$\sum_{j=1}^{3}Q_j(W_j+Z_j)=2.506$（亿 t），$Q_gZ_g=0.138$（亿 t），$\sum_{j=1}^{3}Q_j(W_j+Z_j)+Q_gZ_g<Q_{LH}$，即通过流域污水排放总量判别。

2）准则 b_2。结合大凌河流域各省区环境公报及规划报告等资料，规划年 2030 年各省区污水排放控制红线值分别为：内蒙古自治区 $Q_{1H}=8.84$ 亿 m^3、辽宁省 $Q_{2H}=23.03$ 亿 m^3、河北省 $Q_{3H}=26.94$ 亿 m^3。由式（10.26）计算得，内蒙古自治区 $Q_1(W_1+Z_1)<Q_{1H}$、辽宁省 $Q_2(W_2+Z_2)<Q_{2H}$ 以及河北省 $Q_3(W_3+Z_3)<Q_{3H}$，均通过污水排放判别。

（2）结构判别。

准则 b_3。结合大凌河流域省区实际情况和专家意见，设省区污水排放量与综合社会经济指标匹配关系的下限系数 $\theta_{\min}=0.6$、上限系数 $\theta_{\max}=1.2$。由式（10.32）可获得准则 b_3 的判别的计算结果，见表 11.21，省区对 (d_1,d_3) 未通过污水排放判别。

表 11.21　　准则 b_3 判别的计算结果

省区对	$[Q_j\ (W_j+Z_j)]\ /\ [Q_k\ (W_k+Z_k)]$	$\gamma(d_j,d_k)$	$\theta_{\min}\gamma(d_j,d_k)$	$\theta_{\max}\gamma(d_j,d_k)$	判别情况
(d_2, d_1)	13.38	37.12	22.27	44.55	13.38，通过
(d_2, d_3)	47.3	43.05	25.83	51.66	47.3，通过
(d_1, d_3)	3.53	2.18	1.31	2.61	3.53，未通过

3. 准则 c：用水效率判别

用水效率判别包括流域和省区用水效率判别两方面，根据最严格水资源管理制度要求，判别流域初始水权配置的总用水效率是否满足用水效率控制红线，及各省区用水效率是否满足省区用水效率控制红线。为操作方便，取综合指标“万元 GDP 用水量”作为用水效率判别指标。

（1）流域用水效率判别：准则 c_1。由 $GDP_L=3161.82$ 万元，$E_{LH}=68.069\text{m}^3$/万元，根据式（10.33）可以计算获得 $[\sum_{j=1}^{3}W_j+(Z_g+\sum_{j=1}^{3}Z_j)]/GDP_L=46.3$（$\text{m}^3$/万元），满足流域用水效率判别。

（2）省区用水效率判别：准则 c_2。依据大凌河流域各省区水利规划，结合专家咨询，不同省区单位 GDP 用水量控制量分别为：内蒙古自治区 $E_{1H}=96.2\ \text{m}^3$/万元，辽宁省 $E_{2H}=49.11\text{m}^3$/万元，河北省 $E_{3H}=62.81\text{m}^3$/万元。根据《中国统计年鉴》（2012—2016年），内蒙古自治区、河北省和辽宁省的统计年鉴（2012—2016 年）可知，大凌河流域各省区 GDP 总量，可得不同省区万元 GDP 用水量分别为：内蒙古自治区为 59.06m^3/万元，辽宁省为 45.67m^3/万元，河北省为 24.71m^3/万元，均满足省区用水效率判别。

4. 准则 d：耦合协调性判别

综上所述，由于预配置方案未通过准则 a_3、a_4、b_3 的判别，因此根据耦合协调性判别准则可以判定为预配置方案不协调，需进行调整。

11.4.2　方案调整

（1）STEP_1。省区对（d_2，d_3）和（d_1，d_3）未通过准则 a_4 的水权量结构合理性判别，因此依据方案调整策略可知，调减省区初始水权配置量的区域为 d_1，调增省区初始水权配置量的区域为 d_2，即内蒙古自治区应调减水权量、辽宁省应调增水权量。由于根据式（10.27）计算的结果 $(Z_g+\sum_{j=1}^{3}Z_j)/W_{LH}=0.072>\alpha_{\max}=0.065$，因此政府预留水量相对偏多应调减。

（2）STEP_2。设政府预留水量调整后，大凌河流域政府公共用水量为 0.46 亿 $\text{m}^3-\Delta Z_g$，预留水量分解到各省区分别为：内蒙古自治区为 0.06 亿 $\text{m}^3-\Delta Z_1$，辽宁省为 0.562 亿 $\text{m}^3-\Delta Z_2$，河北省为 0.012 亿 $\text{m}^3-\Delta Z_3$；内蒙古自治区 d_1 水权量调整为 $1.089-\Delta W_1$。根据式（10.35）～式（10.40）构成的水量权调整优化决策模型，运用 Matlab 计算，获得调整后基于子系统协调耦合的流域初始水权配置方案，见表 11.22。根据设定的四条判别准则并计算可得，调整后大凌河流域省区初始水权量和政府预留水量配置新方案一致通过了准则 a、准则 b、准则 c 与准则 d 的判别，新方案判定为协调。

表 11.22　调整后的大凌河流域省区初始水权量和政府预留水量配置方案　单位：亿 m^3

不同省区调整后的新配置方案		内蒙古自治区	辽宁省	河北省
省区初始水权量		$W_1=0.69$	$W_2=13.06$	$W_3=0.32$
政府预留水量	不同省区消耗水量	$Z_1=0.033$	$Z_2=0.306$	$Z_3=0.007$
	流域公共消耗水量		$Z_g=0.23$	

续表

不同省区调整后的新配置方案	内蒙古自治区	辽宁省	河北省
总和（不含流域公共消耗水量）	0.723	13.366	0.327
占比	4.878%	92.877%	2.247%

11.4.3　耦合进化配置方案与水利部试点方案的比较

应用“省区初始水权配置方法”和“政府预留水量配置方法”计算得到的大凌河流域省区初始水权与流域级政府预留水量耦合协调进化方案与水利部试点分配方案的对比见表 11.23。

表 11.23　　耦合进化的配置方案与水利部试点分配方案的对比　　%

初始水权方案	河北省	内蒙古自治区	辽宁省
水利部试点方案	1.206	4.872	93.922
本书配置方案	2.247	4.878	92.874

本书基于最严格水资源管理制度，在耦合视角下，以“三条红线”控制为基准，提出流域初始水权配置方法与理论框架。首先，针对省区初始水权配置子系统，提出基于量质耦合的省区初始水权配置，获得流域内不同省区的初始水权量；其次，提出基于供需耦合的流域级政府预留水量配置框架，针对政府预留水量配置子系统，确定流域级政府预留水量；最后，提出基于循环耦合的流域初始水权配置框架，为保障两个子系统协调发展，建立基于耦合协调性判别准则的循环耦合模型，获得流域初始水权配置的最终推荐方案。

对水权配置方案与水利部试点水量分配方案进行对比分析，得到以下结论：

(1) 耦合进化水权配置方案中，河北省和内蒙古自治区两个省区的水权配置比例有所增加。这是因为相对于辽宁省，这两个省区的经济发展水平相对落后，应给予较多的经济发展用水，因此在流域初始水权配置过程中这两个地区的水权配置比例得以上升。

(2) 辽宁省的水权分配比例呈现了一定的下降，主要因为辽宁省现状年的经济发展速度已经处于大凌河流域中的较高水平。且近几年来，辽宁省排污量不断增加，本书在水权配置过程中考虑到省区初始水权的纳污控制，对大凌河流域污染情况最严重的辽宁省实行一定量的水权比例削减。

总体来看，通过耦合进化流域初始水权配置方法得到的配置方案，与水利部通过多轮民主协商得到的配置结果基本接近，这表明本书提出的“最严格水资源管理制度下的流域初始水权配置”方法对仿真民主协商过程具有一定的实践价值。

第6部分　总结与建议

第12章　结论与建议

流域初始水权配置是一项多层次、多目标、多群体的复杂系统决策问题。本项研究针对最严格水资源管理制度约束，提出了流域初始水权和政府预留水量耦合配置方法，目的是使模型和方法更能符合水资源管理的新要求，符合流域初始水权的配置机理，从而提高配置方法的科学性和实用性。本章主要总结本书的研究工作，提出流域初始水权配置方案在实施前还需完善的相关事项，展望流域初始水权研究领域可以进一步开展的工作。

12.1　主要工作

12.1.1　省区初始水权配置的工作

明晰省区初始水权是落实最严格水资源管理制度的重要途径，省区初始水权配置的理论与实践必须适应这一制度的要求。以"三条红线"为控制基准，研究了省区初始水权量质耦合配置方法。考虑到省区初始水权配置具有敏感性、复杂性和不确定性等特点，本书以"为什么配置→配置什么→如何配置"为研究思路，基于情景分析理论、区间数理论、初始二维水权分配理论、ITSP理论、GSR理论、PP技术等理论和技术，基于逐步寻优的思想提出三阶段省区初始水权量质耦合配置方法。关于省区初始水权配置的建议总结如下：

（1）深入剖析省区初始水权量质耦合配置的理论基础。通过国内外初始水权配置相关研究进展的系统梳理及评析，指出现有省区初始水权配置中存在的问题，提出研究方向，并据此设计研究框架。在提出相关概念及剖析其内涵的基础上，界定了省区初始水权量质耦合配置的对象及主体、指导思想、配置原则和配置模式，并在此基础上指出三阶段省区初始水权量质耦合配置模型构建的难点及解决思路，梳理出支撑该配置模型构建的理论技术要点及其借鉴意义。

（2）提出逐步寻优的三阶段省区初始水权量质耦合配置方法。基于以上基础分析，面向最严格水资源管理制度的约束，考虑到省区初始水权配置具有敏感性、复杂性和不确定性等特点，以用水总量控制、用水效率控制和纳污量控制为基准，将省区初始水权量质耦合配置分为以下逐步寻优的三个阶段：

第一阶段，省区初始水量权配置。基于用水总量控制要求，构建了用水效率多情景约束下省区初始水量权差别化配置模型，确定不同用水效率控制约束情景下的省区初始水量权配置方案。

第二阶段，省区初始排污权配置。构建了基于纳污控制的省区初始排污权ITSP配置模型，分类确定不同减排情形下的省区初始排污权配置方案。

第三阶段，省区初始水权量质耦合配置。构建了基于GSR理论的量质耦合配置模型，确定不同约束情景和减排情形下的省区初始水权量质耦合配置推荐方案。

（3）提出用水效率多情景约束下省区初始水量权差别化配置方法。首先，根据省区初始水量权的配置原则，在全面认知省区现状用水差异、资源禀赋差异和未来发展需求差异，识别影响用水效率控制约束强弱的关键情景指标的基础上，设计用水效率多情景约束下省区初始水量权差别化配置指标体系；其次，结合配置指标体系，以区间数描述不确定信息，设置及描述用水效率控制约束情景，并结合区间数理论和PP技术，构建了动态区间投影寻踪配置模型；最后，结合有效性判别条件和GA技术进行求解，分层计算获得不同用水效率控制约束情景下各省区的初始水量权，进而得到不同用水效率约束情景下的省区初始水量权配置方案P_1、P_2和P_3。

（4）构建基于纳污控制的省区初始排污权ITSP配置模型。在系统分析省区初始排污权配置模型构建的配置要素及其关键技术的基础上，根据省区初始排污权配置的基本假设，利用ITSP方法，以因省区初始排污权配置而获得的初始排污权所产生的经济效益为第一个阶段，以因承担减排责任而可能产生的减排损失为第二个阶段，以省区初始排污权的配置结果实现经济效益最优为目标函数，以省区初始排污权的配置结果能够体现社会效益、生态环境效益和社会经济发展连续性为约束条件，构建基于纳污控制的省区初始排污权ITSP配置模型，获得不同减排情形h下，规划年t关于水污染物d的省区初始排污权配置方案Q_h（$h=1, 2, \cdots, H$），实现污染物入河湖限制排污总量（WP_d）$_0$在流域内各省区间的分类配置。

（5）构建基于GSR理论的省区初始水权量质耦合配置模型。借鉴初始二维水权分配理论的配置理念，以GSR理论为基础，结合区间数理论，根据“奖优罚劣”原则和政府主导及民主参与原则，利用中央政府或流域管理机构在省区初始水权量质耦合配置中的特殊地位和作用，通过一个制度设计，包括省区获取水量权的行为规则设计，以及基于“奖优罚劣”原则的强互惠制度设计，即对超标排污“劣省区”采取水量折减惩罚手段和对未超标排污的“优省区”施予水量奖励的强互惠措施安排，将水质影响耦合叠加到水量配置，获得用水效率控制约束情景s_r和减排情形h下的省区初始水权量质耦合配置方案PQ_{rh}，其中，$r=1, 2, 3$；$h=1, 2, \cdots, H$。

（6）结合大凌河流域进行案例分析。将三阶段省区初始水权量质耦合配置方法应用于大凌河流域，以验证模型的合理性与有效性。通过案例研究，获得不同约束情景和减排情形下的9个关于大凌河流域省区初始水权量质耦合配置方案，对其进行了合理性分析。在最严格水资源管理制度框架下，结合配置方案，提出促进大凌河流域省区初始水权配置工作顺利开展的政策建议。

12.1.2　政府预留水量的工作

基于用水安全的视角，从需水规模和供水结构两个维度研究政府预留水量的耦合优化配置问题。研究政府预留水量的公共产品属性，分析应急管理理论等与政府预留水量优化配置的基本关系。分析用水安全对政府预留水量配置的影响机理，基于用水安全的视角提出政府预留水量配置的基本原则。在此基础上，构建需求视角下政府预留水量规模优化配置模型和供需耦合视角下结构优化配置模型。开发流域政府预留水量耦合优化配置系统，并针对大凌河流域进行案例研究。

(1) 研究政府预留水量的公共产品属性及分配原则。通过对公共产品的特性和政府预留水量的特性进行分析和对比，发现政府预留水量具有非排他性，但不具有非竞争性，因此，界定政府预留水量属于拥挤型准公共产品。基于政府预留水量的公共产品属性，从用水安全的视角，又提出了依据公平性原则、可持续性原则、有效性原则和合作原则进行政府预留水量结构优化配置的思想。其中，有效性原则突出了政府预留水量的社会效益；合作原则强调了发展预留水量可调用为应急用水。

(2) 构建基于满意度函数的政府预留水量规模优化配置模型。从“三条红线”约束出发，研究用水安全对流域初始水权规模优化配置的影响机理；提出将政府预留水量纳入流域初始水权优化配置的框架之中，研究政府预留水量规模优化配置的思路；从人口规模、水生态文明、粮食安全、社会公平与效率优先、突发事件与不可预见因素等方面梳理流域初始水权配置的影响因素；在此基础上，总结初始水权优化配置原则，并以满意度函数的形式对用水安全保障原则、政府预留原则、可持续原则、公平性原则和效率性原则进行定量描述；构建政府预留水量规模优化配置模型，并且采用遗传算法，求解出满意度最大的初始水权优化配置方案，进而得到最优的政府预留水量规模。

(3) 构建基于两阶段随机规划方法的政府预留水量结构优化配置模型。在用水安全的视角下，研究政府预留水量优化配置方法。系统分析在政府预留水量优化配置模型构建过程中外生参数的不确定性带来的误差。进而，基于区间两阶段随机规划方法，建立政府预留水量优化配置模型；研究目标函数的设置、约束条件及求解方法。结合政府预留水量的自身特点，确定使用两阶段随机规划方法处理不确定性因素；并通过对第二阶段惩罚系数的设置，辅以区间规划方法处理目标函数和约束条件里的模糊信息，将其转化为确定的区间求解上下限，得到最合理的优化方案，使得系统总收益最大。

(4) 开发政府预留水量耦合优化配置决策系统。研究政府预留水量耦合优化配置系统结构设计及系统开发。首先，进行政府预留水量耦合优化配置系统的功能设计、目标群体区分和功能模块设计；其次，采用数据库技术、C＃编程技术，详细设计系统中的五大模块，进行数据库的架构；再次，运用 Matlab 编程对优化配置模型进行结果计算，并在 C＃程序中设计与 Matlab 软件的数据接口，使结果可以直接呈现在系统中而无需用户分步操作；最后，根据不同目标人群的使用诉求，设计权限管理模块。

(5) 结合大凌河流域进行案例分析。研究如何将政府预留水量耦合优化配置系统应用于大凌河流域，以验证模型的合理性和有效性。通过案例分析，获得不同来水频率下政府预留水量规模及结构优化配置结果。在 25％、50％和 75％来水频率下，综合满意度分别为0.91、0.85和0.77，对应的政府预留水量规模分别为32512.27万m^3、9989.64万m^3和1664.94万m^3，说明政府预留水量规模优化配置结果比较理想。在保证系统总收益最大且满足约束条件的情况下，给出政府预留水量结构优化配置方案，在三种来水频率下，政府预留水量最优配置方案区间分别为［29450.26，35532.56］万m^3、［8899.84，10854.61］万m^3和［1391.20，1634.29］万m^3，政府预留水量优化配置带来的流域经济效益最优区间分别为［157.33,188.43］亿元、［49.31,59.27］亿元和［5.06，5.63］亿元，同时，使用计算机系统对数据进行计算，以验证计算机系统的准确性和高效性。

12.1.3　流域初始水权耦合配置系统的工作

（1）构建流域初始水权配置系统的协调耦合进化模型。面向最严格水资源管理制度约束，将流域初始水权配置系统分成省区初始水权和流域级政府预留水量配置两个子系统，研究基于子系统协调耦合的流域初始水权配置进化模型。探讨在最严格水资源管理“三条红线”的约束下，实现省区初始水权配置子系统和流域级政府预留水量配置子系统间有效耦合协调的流域初始水权配置调整模型，并通过“方案判别”和“方案调整”两个阶段来完成。

首先，分析省区初始水权量和政府预留水量的依存关系，构建用水总量、污水排放量和用水效率判别准则，并在此基础上建立耦合协调性判别准则，判断子系统预配置方案间的耦合协调性；其次，针对预配置方案不协调的情形，提出子系统水权量增加或减少的方向及水权量需调整的省区集合；之后，以耦合协调性最佳为目标，从控制用水总量规模等方面建立约束条件，构建水权配置量调整的优化决策模型，求解模型并对调整后水权配置方案重新进行判别，直至最终获得满足所有判别准则的方案。结果表明，模型和算法具有可行性和有效性。

（2）结合大凌河流域进行案例分析。将本书提出的省区初始水权和政府预留水量两个子系统之间的耦合协调应用于大凌河流域，以验证模型的合理性与有效性。通过流域初始水权配置方法得到的配置方案与水利部通过多轮民主协商得到的配置结果基本接近，表明本书提出的“最严格水资源管理制度下的流域初始水权配置”方法对仿真民主协商过程具有一定的实践价值。

12.2　实施建议

水资源是工农业发展的重要资源，对社会经济的发展乃至人类的生存的重要性都不容忽视。我国水资源存在供需矛盾，在严重的水资源危机背景下，加强我国的水权制度建设，完善我国的水权配置研究，具有较高的理论价值和实际意义，具有一定的理论意义和实践价值。本书结合流域初始水权耦合配置模型的特点，提出流域初始水权耦合配置方法的实施建议。

12.2.1　对省区初始水权配置的建议

结合大凌河流域自然条件和区域经济特点，在最严格水资源管理制度框架下，以大凌河流域为例，提出应用省区初始水权量质耦合配置方法的相关政策建议。

（1）关于基础数据与资料收集的建议。省区初始水权量质耦合配置受到生态环境因素与自然规律的影响与制约，是一个自然体系与人类活动相结合的复杂体系，涉及经济、社会、生态环境等多个方面，需要水利、发改、水文、环保、法制、财政、公共资源交易管理委员会等多个部门的协助，基础数据收集与整理的工作量较大。为了促进省区初始水权配置工作的有效开展，流域管理机构应在明确其水权配置所需基础数据的基础上，加快建设监测信息共享平台，如加快大凌河流域主要入湖河道口门监控站点的建设以及设备的更新，全方位提高水资源信息采集、传输、存储能力，以及水资源、水环境信息的统一监测和信息共享能力，提高信息采集能力和决策支持能力，进而提高省区初始水权量质耦合配置结果的准确度。

（2）关于省区初始水权量质耦合配置方案执行的建议。以区间数的形式给出不同约束情景和减排情形下的多种配置方案，可为决策者更好地应对规划中遇到的不确定问题提供更为有效的决策空间。同时，由于影响大凌河流域省区初始水权量质耦合配置方案的因素很多，如矫正系数、决策者心态指标系数和排污权配置比较基准的确定与选择，以及基础数据的共享程度，都会影响初始水权的配置结果。因此，应以本书提出的配置方案为大凌河流域的决策参考方案，通过一定的送审程序向上级相关部门报批，最终确定大凌河流域省区初始水权配置方案。该配置方案是以“三条红线”为控制基准确定的，为保障配置方案的有效落实，建议大凌河流域管理机构采用以下制度或措施：一是严格控制流域和省区用水总量，加强取水许可和计划用水管理，如严格执行水资源论证制度、实行重点河湖取水总量控制制度、实施计划用水管理等；二是严格控制入河湖排污总量，加强关键断面的水质监测，对排污量超过限制排污总量的省区限制审批入河排污口。

（3）关于充分发挥政府宏观调控作用的建议。省区初始水权配置是政府主导下的水资源配置模式，是政策性较强的行为。因此，在省区初始水权配置过程中应该充分发挥政府宏观调控作用。一是建议大凌河流域管理机构能与各省区代表、水权配置专家小组协商，设计超标排污的水量惩罚政策和未超标排污的水量奖励措施，制定考核办法，建立奖惩制度，考核结果作为省区政府领导综合考核评估的重要依据，以保障省区初始水权量质耦合配置成果的应用；二是建议大凌河流域管理机构协调好各个职能部门之间的关系，以促进省区初始水权配置方案的顺利实施；三是建议大凌河流域管理机构制定相应的大凌河流域水量调度管理办法，明确水量调度原则、权限等内容，使省区初始水权配置方案有章可循；四是制定特殊水情或紧急状态下的水权调整制度，有效地保护流域生态环境，保障社会稳定和经济平衡发展。

12.2.2　对政府预留水量配置的建议

结合大凌河流域的自然条件和区域经济特点，在最严格水资源管理制度的框架下，基于用水安全的视角，以大凌河流域为例，提出应用政府预留水量优化配置方法的相关政策建议。

（1）关于完善相关法律法规的建议。政府预留水量优化配置是政府主导下的水资源配置模式，政策性比较强，带有明显的行政性、指导性和政府导向性，很容易受到政府出台政策的影响。因此，在政府预留水量配置过程中应当充分发挥政府的宏观调控作用。建议政府完善相关法律制度，从法律的角度规定政府预留水量的相关权利，包括优先级、配置范围、动用原则等，通过制度的保障来维护政府预留水量的优化配置顺利开展，实现系统收益的最大化。

（2）关于政府预留水量动用的建议。通过模型计算获得政府预留水量优化配置方案后，如何保障各类用水事件能够及时、足额地获得用水量也是十分重要的。建议成立由流域管理机构与各区域代表等组成的协商小组，建立奖惩制度，制定考核办法，对水量未及时、准确送达的相关责任单位和个人予以惩罚，对按时、准确地进行水量送达的单位予以奖励，从管理的角度保障水资源调配的高效率。

（3）关于建立基础数据库的建议。政府预留水量规模和结构的优化配置都需要大量的基础数据支撑，可采集到的数据越多，计算结果的准确性和参考价值就越高。但是，由于政府预留水量优化配置和预测在国内尚处于研究阶段，相关数据库尚未建立，因此数据采集相对较为困难，本书采取的数据主要来源于相关文献、公开的统计资料及流域的专家意见。一个完备的数据库和案例库可以在未来实现全自动化和智能化的优化配置，每一次配置都可以直接从数据库调取配置参数，从案例库调取相应历史案例计算相关系数，可以显著提高工作效率，并且在计算结束后自动存储至数据库以便下一次的配置。建议建立政府预留水量的基础数据库，并安排专人采集、收集流域水资源、经济以及相关案例等数据，以利于更加科学、合理地确定政府预留水量规模及其结构。

12.3　主要创新点

（1）提出逐步寻优的三阶段省区初始水权量质耦合配置方法。面向最严格水资源管理制度的硬性约束，考虑到省区初始水权配置具有敏感性、复杂性和不确定性等特点，以用水总量控制、用水效率控制和纳污量控制为基准，将省区初始水权量质耦合配置分为逐步寻优的三阶段，即省区初始水量权配置→省区初始排污权配置→基于强互惠理论的省区初始水权量质耦合配置，将水质的影响耦合叠加到水量的配置，更符合最严格水资源管理制度的要求，更有利于水资源的高效利用和有效保护。

（2）构建用水效率多情景约束下省区初始水量权差别化配置模型。结合用水效率多情景约束下省区初始水量权差别化配置指标体系，以区间数描述不确定信息，设置及描述用水效率控制约束情景，构建动态区间投影寻踪配置模型，并结合有效性判别条件，利用遗传算法技术进行求解，计算获得不同用水效率控制约束情景下的省区初始水量权配置方案。分情景以区间数的形式给出省区初始水量权配置结果，为初始水量权配置决策提供更为准确的决策空间。

（3）构建基于纳污控制的省区初始排污权ITSP配置模型。针对省区初始排污权配置具有多阶段性、复杂性及不确定性的特点，利用ITSP方法在处理多阶段、多种需求水平和多种选择条件下以区间数和概率形式表示不确定性的优势，根据省区初始排污权配置的配置原则和基本假设，构建基于纳污控制的省区初始排污权ITSP配置模型，获得不同减排情形下纳污控制污染物的省区初始排污权配置区间量，分析过程更加规范和客观，分析结果更加符合省区初始排污权配置的特点和要求。

(4) 构建基于 GSR 理论的省区初始水权量质耦合配置模型。利用政府强互惠理论，结合区间数理论，根据“奖优罚劣”原则，耦合叠加省区初始水量权与省区初始排污权的配置结果，将水质影响耦合叠加到水量配置，构建了基于 GSR 理论的省区初始水权量质耦合配置模型，确定不同约束情景和减排情形下的省区初始水权量质耦合配置推荐方案。分情景分情形以区间数的形式给出省区初始水权量质耦合配置结果，为省区初始水权配置决策提供新的研究视角。

(5) 基于用水安全视角研究供需耦合视角下政府预留水量优化配置。本书从“三条红线”出发，研究用水安全对水资源配置的制约。即基于水资源的开发、配置、利用必须保证水资源在水量和水质上均能满足人类生存、国民经济发展以及生态环境维护用水需求的理念，研究如何获得规模适度、结构合理的政府预留水量配置问题。

(6) 提出政府预留水量的公共产品属性。通过对公共产品的特性和政府预留水量的特性进行对比和分析，发现政府预留水量具有非排他性，但不具有非竞争性，因此，界定政府预留水量属于拥挤型准公共产品。基于政府预留水量的公共产品属性，在用水安全的视角下，提出了依据公平原则、可持续性原则、有效性原则及合作原则进行政府预留水量结构优化配置。其中，有效性原则突出了政府预留水量的社会效益和环境效益；合作原则强调了发展预留水量与应急用水之间的补给关系。

(7) 构建需求视角下政府预留水量规模耦合优化配置模型。从人口规模、水生态文明、粮食安全、社会公平与效率优先、突发事件与不可预见因素角度分析了流域初始水权优化配置的影响因素；在此基础上，分析了初始水权优化配置原则；并以满意度函数的形式进行定量描述，从而构建了政府预留水量规模优化配置模型，并采用遗传算法，求解出满意度最大的初始水权优化配置方案，进而得到最优的政府预留水量需水规模。

(8) 构建供需耦合视角下政府预留水量结构优化配置模型。在获得政府预留水量需求规模的基础上，分析政府预留水量在结构优化配置过程中外生参数的不确定性可能带来的误差；构建政府预留水量结构优化配置的区间两阶段随机规划模型，该模型基于配水量和缺水量建立目标函数，基于公平原则、可持续性原则、有效性原则及合作原则等建立约束条件；模型通过对惩罚系数的设置，辅以区间规划方法处理目标函数和约束条件里的模糊信息，将其转化为确定的区间进而求解上下限，得到供需耦合视角下政府预留水量结构优化配置方案。

(9) 提出流域初始水权配置系统的协调耦合进化模型。对耦合系统中省区初始水权及流域级政府预留水量进行调整，保障流域初始水权配置结果通过耦合系统诊断，优化流域的社会经济综合效益。建立流域初始水权配置耦合系统模型，确定耦合系统中省区初始水权和流域级政府预留水量的分配方案。通过耦合，得以使初始水权的配置主体相互配合、相互适应，从而减少配置结果可能引发的争议，提高水权配置结果的满意度。通过构建省区初始水权与流域级政府预留水量循环耦合协调度判别准则，保证耦合协调度判别结果不断逼近设定阈值，实现算法的收敛性。

12.4 研 究 展 望

省区初始水权配置研究、政府预留水量配置方法以及两个子系统的耦合协调尚处于探索阶段，鉴于国内外省区初始水权配置的相关研究成果，面向最严格水资源管理制度的硬性约束，本书是在耦合视角下对省区初始水权配置问题研究的一次初探，在学科交叉的背景下，由于自身知识积累的有限及现有资料的局限，本书的研究存在一些不足，有些方面需要进一步拓展和深化，对流域初始水权的优化配置模型需进一步拓展和深化。

（1）基于纳污控制的省区初始排污权ITSP配置模型，在率定流域水污染物的减排责任概率分布值时，选取影响排污责任配置的影响因素仅是流域历年来水量水平和入河湖污染物排放量。事实上，流域水污染物的减排责任还会受到流域水污染物的历年入河湖系数、科技进步、环保法规及政策等因素的影响，较难确定。因此，如何科学合理率定流域水污染物的减排责任概率分布值尚待进一步研究。

（2）省区初始水权量质耦合配置结果是以年为单位的水权配置方案，由于水资源需求、来水量和排污量都存在时空的非均性，故在实施过程中，将年配置方案细化到以季度甚至月份的配置方案的研究值得进一步探讨和完善。另外，本书研究的仅是省区初始水权在各省区之间的配置，需要进一步探索从省区到用水行业的耦合配置方法。

（3）在配置模型中如何进一步考虑水资源的重复利用问题。模型是基于对政府预留水量进行需求分析的基础上，再以经济收益最大为配置目标，辅以政府预留水量配置原则进行的一系列优化配置。在后续的研究中，可以进一步考虑政府预留水量与国民经济水权及生态环境水权之间的相互关系，分析在获得的配水量存在不足的情况下，可以分析水资源在各个水权之间重复利用或回收利用的因素，以提高用水效率和系统收益，解决配水量的不足。

（4）进一步结合市场机制研究政府预留水量的配置问题。政府预留水量是一种为了应对未来自然和社会经济发展过程中的不可预见因素和各种紧急情况，由政府提出、政府配置、政府具体负责管理的一种特殊的水资源，政府部门在这个过程中起到核心作用。党的十八届三中全会审议通过的《中共中央关于全面深化改革若干重大问题的决定》提出要充分发挥市场在资源配置中的决定性作用。在后续研究中，需要进一步结合市场机制，研究政府预留水量的初始配置和二次配置问题，以提高水资源这一稀缺资源的配置效率。

（5）关于政府预留水量配置的制度创新问题。政府预留水量配置涉及多个主体之间的相互关系，而且相互关系错综复杂。当某个主体发生变化将可能导致多主体联动从而会对配置结果产生影响。如何规范配置行为、优化配置方法、提高配置效率需要政府的协作，提出更准确、更完备的管理制度，有助于帮助政府建立国家级的政府预留水量配置体系。

（6）进一步构建省区初始水权与流域级政府预留水量的耦合系统。基于系统分解-协调原理，剖析省区初始水权和流域级政府预留水量耦合系统的内涵与特征、目标与功能，对省区初始水权和流域级政府预留水量两个子系统耦合的过程与机理进行分析。建立流域初始水权配置耦合系统模型，确定耦合系统中省区初始水权和流域级政府预留水量的分配方案。

（7）进一步构建基于耦合视角的双层优化模型。这一研究视角主要因为“耦合”在省区初始水权和流域级政府预留水量确定过程中具有客观存在性。通过构建省区初始水权与流域级政府预留水量循环耦合协调度判别准则，保证耦合协调度判别结果不断逼近设定阈值，实现算法的收敛性。依据最严格水资源管理制度的要求，获得在客观条件的制约下，提高省区初始水权和流域级政府预留水量耦合协调度的准确性，研究如何调整获得更加协调的下层优化配置方案。通过耦合，得以使初始水权的配置主体相互配合、相互适应，从而减少配置结果可能引发的争议，提高水权配置结果的满意度。

（8）进一步应用基于群决策理论、协同进化理论与交互式决策理论开展相关研究。提出流域初始水权配置耦合系统优化机制，建立耦合系统优化的主从递阶协同优化模型，对耦合系统中省区初始水权及流域级政府预留水量进行调整，保障流域初始水权配置结果通过耦合系统诊断，优化流域的社会、经济综合效益。

参 考 文 献

[1] De Fraiture C, Giordano M, Liao Y. Biofuels and Implications for Agricultural Water Use: Blue Impacts of Green Energy [J]. Water Policy, 2008 (10): 67-81.

[2] Wang S, Huang G H. Interactive Two-stage Stochastic Fuzzy Programming for Water Resources Management [J]. Journal of Environmental Management, 2011, 92 (8): 1986-1995.

[3] 李国英. 2013年中国水利发展报告 [M]. 北京: 中国水利水电出版社, 2013.

[4] 王宗志, 胡四一, 王银堂. 流域初始水权分配及水量水质调控 [M]. 北京: 科学出版社, 2011.

[5] 齐殿斌. 水资源管理要严守"三条红线"——水利部副部长胡四一访谈录 [J]. 决策与信息, 2012, 335 (10): 40-42.

[6] Zhang L N, Wu F P, Jia P. Grey Evaluation Model Based on Reformative Triangular Whitenization Weight Function and Its Application in Water Rights Allocation System [J]. The Open Cybernetics & Systemics Journal, 2013, 7 (1): 1-10.

[7] 王浩. 实行最严格的水资源管理制度关键技术支撑探析 [J]. 河南水利与南水北调, 2011 (9): 8.

[8] 李原园. 水资源合理配置在实施最严格水资源管理制度中的基础性作用 [J]. 中国水利, 2010 (20): 26-28.

[9] 张丽娜, 吴凤平, 贾鹏. 基于耦合视角的流域初始水权配置框架初析——最严格水资源管理制度约束下 [J]. 资源科学, 2014 (11): 2240-2247.

[10] 姚傑宝, 董增川, 田凯. 流域水权制度研究 [M]. 郑州: 黄河水利出版社, 2008.

[11] 吴凤平, 陈艳萍. 流域初始水权和谐配置方法研究 [M]. 北京: 中国水利水电出版社, 2010.

[12] 尹明万, 于洪民, 陈一鸣, 等. 流域初始水权分配关键技术研究与分配试点 [M]. 北京: 中国水利水电出版社, 2012.

[13] 于术桐, 黄贤金, 程绪水, 等. 流域排污权初始分配模式选择 [J]. 资源科学, 2009 (7): 1175-1180.

[14] 刘钢, 王慧敏, 仇蕾. 湖域工业初始排污权合作配置体系构建——以太湖流域为例 [J]. 长江流域资源与环境, 2012 (10): 1223-1229.

[15] 黄显峰, 邵东国, 顾文权. 河流排污权多目标优化分配模型研究 [J]. 水利学报, 2008 (1): 73-78.

[16] 柯劲松, 桂以亮. 模糊决策和层次分析法在水权初始分配中的应用 [J]. 中国农村水利水电, 2006 (5): 59-61.

[17] 胡鞍钢, 王亚华. 转型期水资源配置的公共政策: 准市场和政治民主协商 [J]. 中国软科学, 2000 (5): 5-11.

[18] 贺骥, 刘毅, 等. 松辽流域初始水权分配协商机制研究 [J]. 中国水利, 2005 (9): 16-18.

[19] Wong B D C, Eheart J W. Market Simulations for Irrigation Water Rights: A Hypothetical Case [J]. Water Resources Research. 1993 (19): 1127-1138.

[20] 魏衍亮. 美国州法中的内径流水权及其优先权日问题 [J]. 长江流域资源与环境, 2001 (4): 302-308.

[21] Kimbrell G A. A Private Instream Rights: Western Water Oasis or Mirage-An Examination of the Legal and Practical Impediments to PRivate Instream RIghts in Alaska [J]. Public Land & Re-

sources Law Review，2004（24）：75.

[22] Mcdevitt E，Love D，Smith B. 1984 Survey of Legislative Changes [J]. Idaho Law Review，1985（21）：165.

[23] 李晶，宋守度，姜斌，等. 水权与水价：国外经验研究与中国改革方向探讨 [M]. 北京：中国发展出版社，2003.

[24] 秦雪峰，夏明勇. 从日本的水权看我国水权法规体系的健全 [J]. 中国水利，2001（12）：108-109.

[25] 张红亚，方国华，等. 初始水权分配数学模型的建立及其应用 [J]. 水利水运工程学报，2006（6）：41-46.

[26] Cheung S N S. The Structure of a Contract and the Theory of a Non-exclusive Resources [J]. Journal of Law and Economics，1969，12（4）：317-326.

[27] Mather，Russell J. Water Resources Development [M]. New York：John Wiley & Sons，1984.

[28] Laitos J G. Water Rights，Clean Water Act Section 404 Permitting，and the Takings Clause [J]. University of Colorado Law Review，1989（60）：901.

[29] Schleyer R G，Rosegrant M W. Chilean Water Policy：The Role of Water Rights，Institutions and Markets [J]. Water Resources Development，1996，12（1）：32-45.

[30] Brooks R，Harris E. Efficiency Gains from Water Markets：Empirical Analysis of Water Move in Australia [J]. Agricultural Water Management，2008（95）：391-399.

[31] Jungre J N. Permit Me Another Drink：a Proposal for Safeguarding the Water Rights for Federal Lands in the Regulated Riparian East [J]. Harvard. Environmental Law Review，2005（29）：369.

[32] Hodgson S. Modern Water Rights：Theory and Practice [M]. Food and Agriculture Organization of the United Nations，2006.

[33] 吴丹. 流域初始水权配置复合系统优化研究 [D]. 南京：河海大学，2010.

[34] 何逢标. 塔里木河流域水权分配研究 [D]. 南京：河海大学，2007.

[35] 傅春，胡振鹏. 国内外水权研究的若干进展 [J]. 中国水利，2000（6）：40-42.

[36] 周玉玺，胡继连，周霞. 流域水资源产权的基本特性与我国水权制度建设研究 [J]. 中国水利，2003（11）：16-18.

[37] 刘斌. 关于水权的概念辨析 [J]. 中国水利，2003（1）：32-33.

[38] 关涛. 民法中的水权制度 [J]. 烟台大学学报（哲学社会科学版），2002（4）：389-396.

[39] 姜文来. 水权及其作用探讨 [J]. 中国水利，2000（12）：13-14.

[40] 冯尚友. 水资源持续利用与管理导论 [M]. 北京：科学出版社，2000.

[41] Wu D，Wu F P，Chen Y P. Model of Industry-oriented Initial Water Right Allocation System [J]. Advances in Science and Technology of Water Resources，2010，30（5）：29-32.

[42] 汪恕诚. 水权管理与节水社会 [J]. 中国水利，2001（5）：6-8.

[43] 王浩，党连文，汪林，等. 关于我国水权制度建设若干问题的思考 [J]. 中国水利，2006（1）：28-30.

[44] 张郁. 南水北调中水权交易市场的构建 [J]. 水利发展研究，2002，2（3）：4-7.

[45] 马晓强. 水权与水权的界定——水资源利用的产权经济学分析 [J]. 北京行政学院学报，2002（1）：37-41.

[46] 林有祯. "初始水权"试探 [J]. 浙江水利科技，2002（5）：1-2.

[47] 张延坤，王教河，朱景亮. 松嫩平原洪水资源利用的初始水权分配研究 [J]. 中国水利，2004（17）：8-9.

[48] 刘思清. 探讨水权分配方法促进水权制度建设 [J]. 海河水利，2004（4）：62-64.

[49] 李海红，赵建世．初始水权分配原则及其量化方法［J］．应用基础与工程科学学报，2005（S1）：8－13.

[50] 王浩，党连文，谢新民．流域初始水权分配理论与实践［M］．北京：中国水利水电出版社，2008.

[51] Wu D，Wu F P，Chen Y P. Principal and Subordinate Hierarch Multi－objective Programming Model of Basin Initial Water Right Allocation［J］．Water Science and Engineering，2009，2（2）：105－116.

[52] 王宗志，张玲玲，王银堂，等．基于初始二维水权的流域水资源调控框架初析［J］．水科学进展，2012（4）：590－598.

[53] 尹庆民，刘思思．我国流域初始水权分配研究综述［J］．河海大学学报（哲学社会科学版），2013（4）：58－62.

[54] 张颖，王勇．我国排污权初始分配的研究［J］．生态经济，2005（8）：50－52.

[55] 王清军．我国排污权初始分配的问题与对策［J］．法学评论，2012（1）：67－74.

[56] Dales J H. Pollution，Property and Prices［M］．Toronto：University of Toronto Press，1968.

[57] 沈满洪，钱水苗，等．排污权交易机制研究［M］．北京：中国环境科学出版社，2009.

[58] 王清军．排污权初始分配的法律调控［M］．北京：中国社会科学出版社，2011.

[59] 蒋亚娟．关于设立排污权的立法探讨［J］．生态经济，2001（12）：67－69.

[60] 汪恕诚．水权和水市场——谈实现水资源优化配置的经济手段［J］．中国水利，2000（11）：6－9.

[61] 葛颜祥，胡继连，解秀兰．水权的分配模式与黄河水权的分配研究［J］．山东社会科学，2002（4）：35－39.

[62] 胡继连，葛颜祥．黄河水资源的分配模式与协调机制——兼论黄河水权市场的建设与管理［J］．管理世界，2004（8）：43－52.

[63] 王亚华．水权解释［M］．上海：上海人民出版社，2005.

[64] 李长杰，王先甲，郑旭荣．流域初始水权分配方法与模型［J］．武汉大学学报（工学版），2006（1）：48－52.

[65] 雷玉桃．产权理论与流域水权配置模式研究［J］．南方经济，2006（10）：32－38.

[66] 韩霜景．水权知识与水价管理［M］．济南：山东科学技术出版社，2008.

[67] 王慧敏，唐润．基于综合集成研讨厅的流域初始水权分配群决策研究［J］．中国人口·资源与环境，2009（4）：42－45.

[68] 吴丹．流域初始水权配置方法研究进展［J］．水利水电科技进展，2012，32（2）：89－94.

[69] Dudley N J. Irrigation Planning：4. Optimal Interseasonal Water Allocation［J］．Water Resources Research，1972，8（3）：586－594.

[70] D Person，P D Walsh. The Derivation and Use of Control Curves for the Regional Allocation of Water Resources［J］．International Association of Hydrological Sciences，1982，27（2）：202.

[71] Afzal J，Noble D H，Weatherhead E K. Optimization Model for Alternative Use of Different Quality Irrigation Waters［J］．Journal of Irrigation & Drainage Engineering，1992，118（118）：218－228.

[72] Whittlesey N K，Huffaker R G. Water Policy Issues for the Twenty－first Century［J］．American Journal of Agricultural Economics，1995，77（5）：1199－1203.

[73] Ruth meinzen－dick，et al. Water Rights and Multiple Water Uses. Irrigation and Drainage Systems，2001（15）：129－148.

[74] Gareth P Green，Joel R Hamilton. Water Allocation，Transfers and Conservation：Links between Policy and Hydrology［J］．International Journal of Water Resources Development，2000，16（2）：197－208.

[75] Lin C，Pagan P，Dollery B. Water Markets as a Vehicle for Reforming Water Resource Allocation in the Murray－Darling Basin of Australia［J］．Water Resources Research，2004，40（8）：196

-212.

[76] Wang Jinfeng, Wu Jilei. An Optimized Spatial-temporal-sectoral Allocation Model for Water Resources [J]. GeoJournal, 2004 (59): 227-236.

[77] Lu Ming feng, Si Jianhua, Xiao Shengchun. Consideration of Ecological Economics on Water Resources Redistribution in Heihe River [J]. Journal of Desert Research, 2006, 26 (4): 670-674.

[78] Wang J F, Cheng G D, Gao Y G, et al. Optimal Water Resource Allocation in Arid and Semi-Arid Areas [J]. Water Resources Management, 2008, 22 (2): 239-258.

[79] Letcher R A, Croke B F W, Jakeman A J. Integrated Assessment Modelling for Water Resource Allocation and Management: A Generalised Conceptual Framework [J]. Environmental Modelling & Software, 2007, 22 (5): 733-742.

[80] Yamout G M, Hatfield K, Romeijn H E. Comparison of New Conditional Value - at - risk - Based Management Models for Optimal Allocation of Uncertain Water Supplies [J]. Water Resources Research, 2007, 430 (7): 116-130.

[81] Wong Huge S. Sun No-Zheng Optimization of Conjunctive Use of Sufference Water and Groungwater with Water Quality Constrains [C] //Proceedings Annual Water Resourse Planning and Management and Conference Apr 6-9 1997: 408-413.

[82] Jorge Bielsa, Rosa Duarte. An Economic Model for Water Allocation in North Eastern Spain [J]. International Journal of Water Resources Development, 2001, 17 (3): 397-408.

[83] Wang L, Fang L, Hipel K W. Lexicographic Minimax Approach to Fair Water Allocation Problems [C] // IEEE International Conference on Systems, Man and Cybernetics, 2004: 1038-1043.

[84] Wang Y P, Xie J C, Chen L, et al. Game Analysis in Water Resources Optimal Allocation [C] // International Conference on Hybrid Information Technology. IEEE Computer Society, 2006: 443-446.

[85] 唐德善．黄河流域多目标优化配水模型 [J]．河海大学学报（自然科学版），1994，22（1）：46-52.

[86] 崔振才，郭林华，田文苓．水资源系统模糊优化多维动态规划模型与应用 [J]．水科学进展，2000，11（2）：186-193.

[87] 王来生，杨天行等．多目标规划在哈尔滨市地下水资源管理中的应用 [J]．长春科技大学学报，2001，31（2）：156-159.

[88] 方创琳．区域可持续发展与水资源优化配置研究——以西北干旱区柴达木盆地为例 [J]．自然资源学报，2001，16（4）：341-347.

[89] 王大正，赵建世，等．多目标多层次流域需水预测系统开发与应用 [J]．水科学进展，2002，13（1）：49-54.

[90] 裴源生，李云玲，于福亮．黄河置换水量的水权分配方法探讨 [J]．资源科学，2003，25（2）：32-37.

[91] 葛敏，吴凤平．水权第二层次初始分配模型 [J]．河海大学学报（自然科学版），2005，33（5）：592-594.

[92] 尹云松，孟令杰．基于 AHP 的流域初始水权分配方法及其应用实例 [J]．自然资源学报，2006，21（4）：645-652.

[93] 李刚军，李娟，李怀恩，等．基于标度转换的模糊层次分析法的宁夏灌区水权分配中的应用 [J]．自然资源学报，2007，22（6）：872-879.

[94] 陈燕飞，王祥三．流域水权初始配置模型研究 [J]．湖北水力发电，2006（3）：14-17.

[95] 彭少明，黄强，刘涵，等．黄河流域水资源可持续利用多目标规划模型研究 [J]．干旱区资源与环境，2007，21（6）：97-102.

[96] 马国军，林栋，刘君娣，等．基于多目标分析的石羊河流域水资源优化配置研究 [J]．中国沙

漠，2008，28（1）：191-194.
[97] 畅建霞，黄强，杨智睿，等．叶尔羌河流域水资源最优调配研究［J］．灌溉排水，2001，20（3）：65-69.
[98] 陈晓宏，陈永勤．东江流域水资源优化配置研究［J］．自然资源学报，2002，17（3）：366-372.
[99] 韩宇平，阮本清，解建仓．多层次多目标模糊优选模型在水安全评价中的应用［J］．资源科学，2003，25（4）：37-42.
[100] 王丽萍，王蕊，姜生斌，等．水资源系统多目标优化配置模型的研究及应用［J］．华北电力大学学报，2007，34（4）：32-37.
[101] 贺北方，周丽，马细霞．基于遗传算法的区域水资源优化配置模型［J］．水电能源科学，2002，20（3）：10-12.
[102] 沈军，刘勇健．水资源优化配置模型参数识别的遗传算法［J］．武汉大学学报，2002（35）：13-16.
[103] 刘红玲，韩美．基于遗传算法的济南市水资源优化配置［J］．水资源研究，2007（28）：24-28.
[104] 牛文娟，王慧敏．基于CAS理论的南水北调东线水资源优化配置模型［J］．河海大学学报（自然科学版），2007，35（4）：384-387.
[105] 刘妍，郑丕谔．初始水权分配中的主从对策研究［J］．软科学，2008，22（2）：91-93.
[106] 王道席，王煜，等．黄河下游水资源空间配置模型研究［J］．人民黄河，2001，23（12）：19-21.
[107] 刘文强，翟青．基于水权分配与交易的水管理机制研究——以新疆塔里木河流域为例［J］．西北水资源与水工程，2001，12（1）：1-4.
[108] 王劲峰，陈红焱．区际调水时空优化配置理论模型探讨［J］．水利学报，2001（4）：7-14.
[109] 王劲峰，刘昌明．水资源空间配置的边际效益均衡模型［J］．中国科学（D辑），2001，31（5）：421-427.
[110] 苏青，施国庆，吴湘婷．流域内区域间取水权初始分配模型初探［J］．河海大学学报（自然科学版），2003，31（3）：47-350.
[111] 袁伟，郭宗楼，楼章华，等．黑河流域水资源调配评价的投影决策分析方法［J］．浙江大学学报（工学版），2007，41（1）：76-82.
[112] 马颖，陈辉．水资源配置方案的相对有效性评价［J］．兰州交通大学学报（自然科学版），2007，26（1）：95-97.
[113] 左其亭，李可任．最严格水资源管理制度理论体系探讨［J］．南水北调与水利科技，2013（1）：34-38.
[114] 张志强，左其亭，马军霞．最严格水资源管理制度的和谐论解读［J］．南水北调与水利科技，2013，11（6）：133-137.
[115] 陶洁，左其亭，薛会露，等．最严格水资源管理制度“三条红线”控制指标及确定方法［J］．节水灌溉，2012（4）：64-67.
[116] 孙雪涛．贯彻落实中央一号文件实行最严格水资源管理制度［J］．中国水利，2011（6）：33-34，52.
[117] 左其亭，胡德胜，窦明，等．基于人水和谐理念的最严格水资源管理制度研究框架及核心体系［J］．资源科学，2014（5）：906-912.
[118] 落实最严格水资源管理制度的重要保障——水利部副部长胡四一解读《实行最严格水资源管理制度考核办法》［J］．中国水利，2013（1）：10-11.
[119] 陈进，黄薇．实施水资源三条红线管理有关问题的探讨［J］．中国水利，2011（6）：118-120.
[120] 郑汉通，许长新，徐乘．黄河流域初始水权分配及水权交易制度研究［M］．南京：河海大学出版社，2006.
[121] 金帅．排污权交易系统分析及优化研究——复杂性科学视角［M］．南京：南京大学出版

社，2013.
[122] GB/T 25173—2010，水域纳污能力计算规程［S］．北京：中国标准出版社，2010.
[123] 王清军．我国排污权初始分配的问题与对策［J］．法学评论，2012（01）：67-74.
[124] 汪恕诚．资源水利——人与自然和谐相处［M］．北京：中国水利水电出版社，2003.
[125] 王宗志．基于水量与水质的流域二维水权初始分配理论及其应用［D］．南京：南京水利科学研究院，2008.
[126] 李晶．中国水权［M］．北京：知识产权出版社，2008.
[127] 尹明万，张延坤，王浩，等．流域水资源使用权定量分配方法初探［J］．水利水电科技进展，2007（1）：1-5.
[128] 李雪松．中国水资源制度研究［M］．武汉：武汉大学出版社，2006.
[129] Hahn R W. Market Power and Transferable Property Rights［J］. Quarterly Journal of Economics，1984，99（10）：753-765.
[130] 李寿德，黄桐城．初始排污权分配的一个多目标决策模型［J］．中国管理科学，2003，11（6）：40-44.
[131] 于术桐，黄贤金，程绪水，等．流域排污权初始分配模型构建及应用研究——以淮河流域为例［J］．资源开发与市场，2010（5）：400-404.
[132] 完善，李寿德，马琳杰．流域初始排污权分配方式［J］．系统管理学报，2013（2）：278-281.
[133] 宋春花．主要污染物初始排污权分配方法研究［D］．长春：吉林大学，2014.
[134] Kahn J，Wiener A J. The Year 2000：A Framework for Speculation on the Next 33 Years［M］. New York：MacMillan Press，1967.
[135] 赵思健，黄崇福，郭树军．情景驱动的区域自然灾害风险分析［J］．自然灾害学报，2012（1）：9-17.
[136] 娄伟．情景分析理论与方法［M］．北京：社会科学文献出版社，2012.
[137] 刘俏．情景分析法在城市规划区域污染物排放总量中的预测研究［D］．合肥：合肥工业大学，2013.
[138] Moore R E. The Automatic Analysis and Control of Error in Digital Computation Based on the Use of Interval Numbers［J］. Error in digital computation，1965（1）：61-130.
[139] Moore R E. Interval analysis［M］. Englewood Cliffs：Prentice-Hall，1966.
[140] Nickel K. Interval Mathematics：Proceedings of the International Symposium，Karlsruhe，West Germany［M］. New York：Springer，1975.
[141] 张兴芳，管恩瑞，孟广武．区间值模糊综合评判及其应用［J］．系统工程理论与实践，2001，21（12）：81-84.
[142] 徐泽水．不确定多属性决策方法及应用［M］．北京：清华大学出版社，2004.
[143] 胡启洲，张卫华．区间数理论的研究及其应用［M］．北京：科学出版社，2010.
[144] Friedman J H，Turkey J W. A Projection Pursuit Algorithm for Exploratory Data Analysis［J］. IEEE Trans On Computer，1974，23（9）：881-890.
[145] 张连蓬．基于投影寻踪和非线性主曲线的高光谱遥感图像特征提取及分类研究［D］．青岛：山东科技大学，2003.
[146] 田铮，林伟．投影寻踪方法与应用［M］．西安：西北工业大学出版社，2008.
[147] Croux C，Filzmoser P，Roliveira M. Algorithms for Projection - Pursuit Robust Principal Component Analysis［J］. Chemometrics and Intelligent Laboratory Systems，2007，87（2）：218-225.
[148] Birge J R，Louveaux F V. A Multicut Algorithm for Two-stage Stochastic Linear Programs［J］. European Journal of Operational Research，1988（34）：384-392.
[149] Birge J R，Louveaux F V. Introduction to Stochastic Programming［M］. New York：Springer

Verlag, 1997.

[150] Ferrero R W, Friviera J, Shahidehpour S M. A Dynamic Programming Two - stage Algorithm for Long -term Hydrothermal Scheduling of Multireservoir Systems [J] . Transactions on Power Systems, 1998, 13 (4): 1534 - 1540.

[151] Huang G H, Loucks D P. An Inexact Two - stage Stochastic Programming Model for Water Resources Management under Uncertainty [J] . Civil Engineering, 2000 (17): 95 - 118.

[152] Gintis H, Bowles S, Boyd R, et al. Explaining Altruistic Behavior in Humans [J] . Evolution and Human Behavior, 2003, 24 (3): 153 - 172.

[153] Gintis H. Strong Reciprocity and Human Sociality [J] . Journal of Theoretical Biology, 2000 (206): 169 - 179.

[154] 王覃刚 . 制度演化：政府型强互惠模型 [D] . 武汉：华中师范大学，2007.

[155] 王慧敏，于荣，牛文娟 . 基于强互惠理论的漳河流域跨界水资源冲突水量协调方案设计 [J] . 系统工程理论与实践，2014 (8): 2170 - 2178.

[156] Bennett L L. The Integration of Water Quality into Tran Boundary Allocation Agreement Lessons from the Southwestern United States [J] . Agricultural Economics, 2000, 24 (1): 113 - 125.

[157] 钱正英 . 中国水资源战略研究中几个问题的认识 [J] . 河海大学学报（自然科学版），2001，29 (3): 1 - 7.

[158] 王宗志，胡四一，王银堂 . 基于水量与水质的流域初始二维水权分配模型 [J] . 水利学报，2010 (5): 524 - 530.

[159] 吴丹，吴凤平 . 基于双层优化模型的流域初始二维水权耦合配置 [J] . 中国人口・资源与环境，2012 (10): 26 - 34.

[160] 赵宇哲 . 流域二维水权的分配模型研究 [D] . 大连：大连理工大学，2012.

[161] 裴源生，李云玲，于福亮 . 黄河置换水量的水权分配方法探讨 [J] . 资源科学，2003 (2): 32 -37.

[162] 刘琼，欧名豪，盛业旭，等 . 建设用地总量的区域差别化配置研究——以江苏省为例 [J] . 中国人口・资源与环境，2013 (12): 119 - 124.

[163] Pearman A D. Scenario Construction for Transportation [J] . Transportation Planning and Technology, 1988 (7): 73 - 85.

[164] Kahn J, Wiener A J. The Year 2000: A Framework for Speculation on the Next 33 Years [M] . New York: MacMillan Press, 1967.

[165] 左其亭，王丽，高军省 . 资源节约型社会评价：指标・方法・应用 [M] . 北京：科学出版社，2009.

[166] 朱党生 . 中国城市饮用水安全保障方略 [M] . 北京：科学出版社，2008.

[167] 胡启洲，张卫华 . 区间数理论的研究及其应用 [M] . 北京：科学出版社，2010.

[168] 刘增良 . 模糊技术与应用选编 (3) [M] . 北京：北京航空航天大学出版社，1998.

[169] Zhang C, Dong S H. A New Water Quality Assessment Model Based on Projection Pursuit Technique [J] . Journal of Environment Sciences Supplement, 2009, 87 (2): 154 - 157.

[170] 李寿德，黄桐城 . 交易成本条件下初始排污权免费分配的决策机制 [J] . 系统工程理论方法应用，2006 (4): 318 - 322.

[171] 王广起，张德升，吕贵兴，等 . 排污权交易应用研究 [M] . 北京：中国社会科学出版社，2012.

[172] 徐雪红 . 太湖流域水资源保护规划及研究 [M] . 南京：河海大学出版社，2011.

[173] Birge J R, Louveaux F V. Introduction to Stochastic Programming [M] . New York: Springer Verlag, 1997.

[174] Ahmed S, Tawarmalani M, Sahinidis N V. A Finite Branch - and - bound Algorithm for Two—

stage Stochastic Integer Programs [J]. Mathematical Programming Series A. 2004, 100: 355-377.
[175] 王媛，牛志广，王伟. 基尼系数法在水污染物总量区域分配中的应用 [J]. 中国人口·资源与环境，2008，18 (3): 177-180.
[176] Kvemdokk S. Tradable CO2 Emission Permits: Initial Distribution as a Justice Problem [J]. Environmental Values, 1995 (4): 129-148.
[177] Van der Zaag P, Seyam I M, Savenije H H G. Towards Measurable Criteria for the Equitable Sharing of International Water Resources [J]. Water Policy, 2002, 4 (1): 19-32.
[178] Bennett L L. The Integration of Water Quality into Tran Boundary Allocation Agreement Lessons from the Southwestern United States [J]. Agricultural Economics, 2000, 24 (1): 113-125.
[179] 雷玉桃. 国外水权制度的演进与中国的水权制度创新 [J]. 世界农业，2006 (1): 36-38.
[180] 葛颜祥，胡继连，解秀兰. 水权的分配模式与黄河水权的分配研究 [J]. 山东社会科学，2002 (4): 35-39.
[181] 安正亚. 西部干旱地区初始水权配置研究 [D]. 兰州：甘肃政法学院，2014.
[182] 谢新民，王教河，王志璋，等. 松辽流域初始水权分配政府预留水量研究 [J]. 中国水利，2006 (1): 31-33.
[183] 夏军，朱一中. 水资源安全的度量：水资源承载力的研究与挑战 [J]. 自然资源学报，2002，17 (3): 262-269.
[184] 张瑞. 湘江干流长株潭城市群水资源安全配置模型优化与管理研究 [D]. 长沙：中南大学，2010.
[185] 闵庆文，于贵瑞，余卫东. 西北地区水资源安全的生态系统途径 [J]. 水土保持研究，2003，10 (4): 272-274, 307.
[186] 张利平，夏军，胡志芳. 中国水资源状况与水资源安全问题分析 [J]. 长江流域资源与环境，2009，18 (2): 116-120.
[187] 郭梅，许振成，彭晓春. 水资源安全问题研究综述 [J]. 水资源保护，2007，23 (3): 40-43.
[188] 胡代平，雷爱中，李宗明，等. 水安全与应急管理的探讨 [J]. 科技和产业，2007，7 (4): 1-2.
[189] 祁明亮，池宏，赵红，等. 突发公共事件应急管理研究现状与展望 [J]. 管理评论，2006，18 (4): 35-45.
[190] 郑振宇. 从应急管理走向公共安全管理——应急管理发展的必然趋势 [J]. 福建行政学院学报，2008 (6): 24-29.
[191] 张海波，童星. 中国应急管理结构变化及其理论概化 [J]. 中国社会科学，2015 (3): 58-84.
[192] 陈安，迟菲. 应急管理：社会管理的核心功能 [J]. 中国科学院院刊，2012，27 (1): 31-36.
[193] 李少华，董增川，周毅. 复杂巨系统视角下的水资源安全及其研究方法 [J]. 水资源保护，2007，23 (2): 1-3.
[194] 陈德敏，乔兴旺. 中国水资源安全法律保障初步研究 [J]. 现代法学，2003，25 (5): 118-121.
[195] 赵军凯，赵秉栋，冷传明. 中国水资源安全与可持续利用 [J]. 南阳师范学院学报 (自然科学版)，2004，3 (3): 67-70.
[196] 王渺琳，刘春德，易瑜. 岷江流域水资源安全问题探讨 [J]. 四川水利，2005，26 (2): 32-34.
[197] 伍新木，李雪松. 保障水资源安全的关键是制度创新 [N]. 光明日报，2004-08-18.
[198] 王建华. 科学发展视域下的我国水资源公共政策选择 [J]. 人民黄河，2010，32 (1): 4-6.
[199] 邓晓军，杨琳，吴春玲，等. 广西水资源与社会经济发展协调度评价 [J]. 中国农村水利水电，2013 (3): 14-17.
[200] 齐桂珍. 国内外政府职能转变及其理论研究综述 [J]. 中国特色社会主义研究，2007 (5): 87-92.
[201] 程瑶，冯丽云，冯晓波. 水资源突发事件应急管理浅议 [J]. 人民黄河，2010，32 (8): 59-60.

[202] 胡代平，雷爱中，李宗明，等．水安全与应急管理的探讨［J］．科技和产业，2007，7（4）：1－2.

[203] 程瑶．水资源突发事件应急管理研究现状与展望［J］．人民黄河，2012，34（1）：45－46.

[204] 宁资利．构建政府应急管理体系的探索［J］．领导科学，2008（14）：16－17.

[205] 张馨．公共财政论纲［M］．北京：经济科学出版社，1999.

[206] Bazargan－Lari M R，Kerachian R，Mansoori A. A Conflict Resolution Model for the Conjunctive Use of Surface and Groundwater Resources that Considers Water Quality Issues：A Case Study［J］．Journal of Environmental Management，2009，43（3）：470－482.

[207] Kerachian R，Fallahnia M，Bazargan－Lari M R，et al. A Fuzzy Game Theoretic Approach for Groundwater Resources Management：Application of Rubinstein Bargaining Theory［J］．Resources，Conservation and Recycling，2010，54（10）：673－682.

[208] 薛英焕．基于公共产品外部性理论的农村水利设施产权制度研究［D］．石家庄：石家庄铁道大学，2013.

[209] 李群，彭少明，黄强．水资源的外部性与黄河流域水资源管理［J］．干旱区资源与环境，2008，22（1）：92－96.

[210] 石宗耀．以色列的水资源管理研究［D］．南昌：南昌大学，2014.

[211] 殷致．我国公共产品供给研究［D］．南京：南京理工大学，2006.

[212] 程浩，管磊．对公共产品理论的认识［J］．河北经贸大学学报，2002，23（6）：10－17.

[213] 贾旋．论中国准公共产品市场供给的公共风险规避［D］．上海：上海交通大学，2007.

[214] 周义程．公共产品民主型供给模式的理论建构［M］．北京：中国社会科学出版社，2009.

[215] 罗晓东．论政府提供公共产品的经济职能［J］．经济评论，1995（1）：66－69.

[216] 翁白莎，严登华．变化环境下中国干旱综合应对措施探讨［J］．资源科学，2010，32（2）：309－316.

[217] 詹道强．对南四湖应急生态调水的回顾与思考［C］//湖泊保护与生态文明建设——第四届中国湖泊论坛论文集，2014.

[218] 陈燕飞，郭大军，王祥三．流域水权初始配置模型研究［J］．长江流域资源与环境，2006，16（3）：14－17.

[219] 郑航．初始水权分配及其调度实现［D］．北京：清华大学，2009.

[220] Von Neumann J，Morgenstern. Theory of Games and Economic Behavior (3nd Ed)［M］．Princeton：Princetion University Press，1953.

[221] Arrow K J，Hurwicz L，Chenery H B，et al. Studies in Linear and Non－linear Programming［M］．Stanford：Stanford University Press，1958：67－110.

[222] Johnsen E. Studies in multiobjective decision models［R］．1968.

[223] Dantzig G B，Wolfe P. Decomposition Principle for Linear Programs［J］．Operations Research，1960，8（1）：101－111.

[224] Charnes A，Granot D，Granot F. An Algorithm for Solving General Fractional Interval Programming Problems［J］．Naval Research Logistics Quarterly，1976，23（1）：67－84.

[225] Wets R. Programming Under Uncertainty：The Solution Set［J］．Siam Journal on Applied Mathematics，1966，14（5）：1143－1151.

[226] Borell C. Convex Measures on Locally Convex Spaces［J］．Arkiv for Matematik，1974，12（1）：239－252.

[227] Prékopa A. Logarithmic Concave Measures and Related Topics［J］．Stochastic Programming，1980：63－82.

[228] Kall P，Wallace S W. Stochastic programming［M］．JohnWiley&Sons，1994.

[229] Ermoliev Y. Stochastic Quasi－gradient Methods and Their Application to System Optimization

[J]. Stochastics - an International Journal of Probability & Stochastic Processes, 1983, 9 (1-2): 1-36.

[230] Dantzig G B. Linear Programming under Uncertainty [J]. Management Science, 1955 (1): 197-206.

[231] Charnes A, Cooper W W. Chance-constrained Programming [J]. Management Science, 1959, 6 (1): 73-79.

[232] 刘宝碇. 随机规划与模糊规划 [M]. 北京: 清华大学出版社, 1998.

[233] Inuiguchi M, Sakawa M. Minimax Regret Solution to Linear Programming Problems with an Interval Objective Function [J]. European Journal of Operational Research, 1995, 86 (3): 526-536.

[234] Chanas S, Kuchta D. Multiobjective Programming in Optimization of Interval Objective Functions — A Generalized Approach [J]. European Journal of Operational Research, 1999, 25 (3): 117-120.

[235] 达庆利, 刘新旺. 区间数线性规划及其满意解 [J]. 系统工程理论与实践, 1999, 19 (4): 3-7.

[236] 张吉军. 区间数线性规划问题的最优解 [J]. 系统工程与电子技术, 2001, 23 (9): 53-55.

[237] Sengupta A, Pal T K, Chakraborty D. Interpretation of Inequality Constraints Involving Interval Coefficients and a Solution to Interval Linear Programming [J]. Fuzzy Sets & Systems, 2001, 119 (1): 129-138.

[238] 史加荣, 刘三阳, 熊文涛. 区间数线性规划的一种新解法 [J]. 系统工程理论与实践, 2005, 25 (2): 101-106.

[239] 牛彦涛, 黄国和, 张晓萱, 等. 区间数线性规划及其区间解的研究 [J]. 运筹与管理, 2010, 19 (3): 23-29.

[240] 张丽, 宋士强, 张艳红, 等. 基于熵权的模糊物元模型在水权分配中的应用 [J]. 人民黄河, 2008, 30 (8): 56-57.

[241] 陈燕飞, 王祥三. 汉江流域水权初始配置模型研究 [J]. 长江流域资源与环境, 2007, 16 (3): 298-302.

[242] 赵卫华. 居民家庭用水量影响因素的实证分析——基于北京市居民用水行为的调查数据考察 [J]. 干旱区资源与环境, 2015, 29 (4): 137-142.

[243] 李闽慧, 岳金桂, 韦诚, 等. 江苏省农村居民生活用水需求影响因素实证研究 [J]. 水利经济, 2014, 32 (2): 12-14.

[244] 严岩, 王辰星, 张亚君, 等. 基于灰色模型的农村生活用水影响因子分析 [J]. 水资源与水工程学报, 2013 (5): 50-53.

[245] 张亚芳. 保定市用水结构变化及其影响因素 [J]. 水科学与工程技术, 2016 (1): 43-45.

[246] 张瑞她, 张庆华, 蒋磊, 等. 山东省 2001—2010 年用水趋势与影响因素分析 [J]. 南水北调与水利科技, 2014, 12 (2): 37-40.

[247] 翟兴涛, 张庆华, 蒋磊, 等. 山东省南四湖流域 2001—2010 年用水趋势与影响因素分析 [J]. 水利经济, 2013 (4): 59-61.

[248] 张建云, 王小军. 关于水生态文明建设的认识和思考 [J]. 中国水利, 2014 (7): 1-4.

[249] 杨贵羽, 汪林, 王浩. 基于水土资源状况的中国粮食安全思考 [J]. 农业工程学报, 2010 (12): 1-5.

[250] 陈莹, 刘昌明, 赵勇. 节水及节水型社会的分析和对比评价研究 [J]. 水科学进展, 2005 (1): 82-87.

[251] 郭艳, 朱记伟, 刘建林, 等. 陕西省节水型社会建设试点城市评价及对比分析 [J]. 中国农村水利水电, 2015 (5): 31-34.

[252] 张熠, 王先甲. 节水型社会建设评价指标体系构建研究 [J]. 中国农村水利水电, 2015 (8): 118-120.

[253] 马海良, 王若梅, 訾永成. 中国省际水资源利用的公平性研究 [J]. 中国人口·资源与环境,

2015（12）：70-77.

［254］ 付意成，吴文强，阮本清．永定河流域水量分配生态补偿标准研究［J］．水利学报，2014（2）：142-149.

［255］ 王小军，张建云，刘九夫，等．我国生活用水公平问题研究［J］．自然资源学报，2011，26（2）：328-333.

［256］ 董璐，孙才志，邹玮，等．水足迹视角下中国用水公平性评价及时空演变分析［J］．资源科学，2014（9）：1799-1809.

［257］ 李建芳，粟晓玲，王素芬．基于基尼系数的内陆河流域用水公平性评价——以石羊河流域为例［J］．西北农林科技大学学报（自然科学版），2010（8）：217-222.

［258］ 许新宜，杨丽英，王红瑞，等．中国流域水资源分配制度存在的问题与改进建议［J］．资源科学，2011（3）：392-398.

［259］ 王笑梅，黄润，刘桂建，等．基于熵权 Topsis 模型的淠史杭灌区初始水权分配研究［J］．水利水电技术，2015（10）：7-11.

［260］ 周晔，吴凤平，陈艳萍．水源地突发水污染公共安全事件应急预留水量需求估测［J］．自然资源学报，2013（8）：1426-1437.

［261］ 周晔，吴凤平，陈艳萍．政府预留水量的研究现状及动因分析［J］．水利水电科技进展，2012（4）：83-88.

［262］ 郑雪莲．非线性最优化问题的若干算法研究［D］．济南：山东科技大学，2005.

［263］ 席裕庚，柴天佑，恽为民．遗传算法综述［J］．控制理论与应用，1996（6）：697-708.

［264］ 杜健，滕文贵，徐凤娟．城市水源选择初探［J］．黑龙江水利科技，2003，31（1）：66-67.

［265］ Huang G H，Loucks D P. An Inexact Two-stage Stochastic Programming Model for Water Resources Management under Uncertainty［J］. Civil Engineering & Environmental Systems，2000，17（2）：95-118.

［266］ Bronstert A，Jaeger A，Guntner A，et al. Integrated Modelling of Water Availability and Water Use in the Semi-arid Northeast of Brazil［J］. Physics & Chemistry of the Earth Part B Hydrology Oceans & Atmosphere，2000，25（3）：227-232.

［267］ Li Y P，Huang G H，Wang G Q，et al. FSWM：A Hybrid Fuzzy-stochastic Water-management Model for Agricultural Sustainability under Uncertainty［J］. Agricultural Water Management An International Journal，2009，96（12）：1807-1818.

［268］ Cao M F，Huang G H，Sun Y，et al. Dual Inexact Fuzzy Chance-constrained Programming for Planning Waste Management Systems［J］. Stochastic Environmental Research & Risk Assessment，2010，24（24）：1163-1174.

［269］ 解玉磊．随机分析方法用于环境系统规划管理的研究［D］．北京：华北电力大学（北京），2011.

［270］ Li Y P，Huang G H. Inexact Multistage Stochastic Quadratic Programming Method for Planning Water Resources Systems under Uncertainty［J］. Environmental Engineering Science，2007，24（10）：1361-1378.

［271］ Stedinger J R，Sule B F，Loucks D P. Stochastic Dynamic Programming Models for Reservoir Operation Optimization［J］. Water Resources Research，1984，20（11）：1499-1505.

［272］ Huang G H. IPWM：an Interval Parameter Water Quality Management Model［J］. Engineering Optimization，1996，26（2）：79-103.

［273］ Li Y P，Huang G H，Yang Z F，et al. IFMP：Interval-fuzzy Multistage Programming for Water Resources Management under Uncertainty［J］. Resources Conservation & Recycling，2008，52（5）：800-812.

[274] Gu J J, Huang G H, Guo P, et al. Interval Multistage Joint - probabilistic Integer Programming Approach for Water Resources Allocation and Management [J] . Journal of Environmental Management, 2013, 128 (20): 615 - 624.

[275] Li Y P, Huang G H. Interval - parameter Two - stage Stochastic Nonlinear Programming for Water Resources Management under Uncertainty [J] . Water Resources Management, 2008, 22 (6): 681 - 698.

[276] Li Y P, Huang G H. Two - stage Planning for Sustainable Water - quality Management under Uncertainty [J] . Journal of Environmental Management, 2009, 90 (8): 2402 - 2413.

[277] Birge J R, Louveaux F V. Introduction to Stochastic Programming [M] . New York: Springer, 1997.

[278] Ruszczyński A. Parallel Decomposition of Multistage Stochastic Programming Problems [J] . Mathematical Programming, 1993, 58 (1 - 3): 201 - 228.

[279] Loucks D P, Stedinger J R, Haith D A. Water Resource Systems Planning and Analysis. Englewood Cliffs: Prentice - Hall, 1981.

[280] Ruszczyński A, Świetanowski A. Accelerating the Regularized Decomposition Method for Two - stage Stochastic Linear Problems [J] . Andrzej Ruszczynski, 1996, 101 (2): 328 - 342.

[281] Dupacčová J. Applications of Stochastic Programming: Achievements and Questions [J] . European Journal of Operational Research, 2002, 140 (2): 281 - 290.

[282] Li Y P, Huang G H, Nie S L, et al. Inexact Multistage Stochastic Integer Programming for Water Resources Management under Uncertainty. [J] . Journal of Environmental Management, 2008, 88 (1): 93 - 107.

[283] Li Y P, Huang G H. An Inexact Two - stage Mixed Integer Linear Programming Method for Solid Waste Management in the City of Regina [J] . Journal of Environmental Management, 2006, 81 (3): 188 - 209.

[284] Pereira M V F, Pinto L M V G. Stochastic Optimization of a Multireservoir Hydroelectric System: A Decomposition Approach [J] . Water Resources Research, 1985, 21 (6): 779 - 792.

[285] Wang D, Adams B J. Optimization of Real - time Reservoir Operations With Markov Decision Processes [J] . Water Resources Research, 1986, 22 (3): 345 - 352.

[286] Lu H, Huang G, Li H. Inexact Rough - interval Two - stage Stochastic Programming for Conjunctive Water Allocation Problems [J] . Journal of Environmental Management, 2009, 91 (1): 261 - 269.

[287] Chen W T, Li Y P, Huang G H, et al. A Two - stage Inexact - stochastic Programming Model for Planning Carbon Dioxide Emission Trading under Uncertainty [J] . Applied Energy, 2010, 87 (3): 1033 - 1047.

[288] Eiger G, Shamir U. Optimal Operation of Reservoirs by Stochastic Programming [J] . Engineering Optimization, 1991, 17 (17): 293 - 312.

[289] Li Y P, Huang G H, Xiao H N, et al. An Inexact Two - stage Quadratic Program for Water Resources Planning [J] . Journal of Environmental Informatics, 2007, 10 (2): 99 - 105.

[290] Maqsood I, Huang G H, Yeomans J S. An Interval - parameter Fuzzy Two - stage Stochastic Program for Water Resources Management under Uncertainty [J] . European Journal of Operational Research, 2005, 167 (1): 208 - 225.

[291] Li Y, Huang G. Robust Interval Quadratic Programming and Its Application to Waste Management under Uncertainty [J] . Environmental Systems Research, 2012, 1 (1): 1 - 16.

[292] Fan Y, Huang G, Huang K, et al. Planning Water Resources Allocation Under Multiple Uncer-

tainties Through a Generalized Fuzzy Two - stage Stochastic Programming Method [J]. IEEE Transactions on Fuzzy Systems, 2015, 23 (5): 1488 - 1504.

[293] Li Y P, Huang G H, Nie S L. An Interval - parameter Multi - stage Stochastic Programming Model for Water Resources Management under Uncertainty [J]. Advances in Water Resources, 2006, 29 (5): 776 - 789.

[294] Lu H W, Huang G H, Liu L, et al. An Interval - parameter Fuzzy - stochastic Programming Approach for Air Quality Management under Uncertainty [J]. Environmental Engineering Science, 2008, 25 (6): 895 - 910.

[295] 王浩，王建华，秦大庸．流域水资源合理配置的研究进展与发展方向 [J]．水科学进展，2004 (1): 123 - 128.

[296] 吴丹，吴凤平，陈艳萍．流域初始水权配置复合系统双层优化模型 [J]．系统工程理论与实践，2012, 32 (1): 196 - 202.

[297] Ralph W A. Modeling River - reservoir System Management, Water Allocation, and Supply Reliability [J]. Journal of Hydrology, 2005 (300): 100 - 113.

[298] 陈艳萍，吴凤平，周晔．流域初始水权分配中强弱势群体间的演化博弈分析 [J]．软科学，2011 (7): 11 - 15.

[299] Read L, Madani K, Inanloo B. Optimality Versus Stability in Water Resource Allocation [J]. Journal of Environmental Management, 2014, 133 (15): 343 - 354.

[300] 吴凤平，葛敏．水权第一层次初始分配模型 [J]．河海大学学报（自然科学版），2005 (2): 216 - 219.

[301] 黄显峰，邵东国，顾文权，等．基于多目标混沌优化算法的水资源配置研究 [J]．水利学报，2008, 39 (2): 183 - 188.

[302] Wang Z J, Zheng H, Wang X F. A Harmonious Water Rights Allocation Model for Shiyang River Basin, Gansu Province, China [J]. International Journal of Water Resources Development, 2009, 25 (2): 355 - 371.

[303] Condon L E, Maxwell R M. Implementation of a Linear Optimization Water Allocation Algorithm into a Fully Integrated Physical Hydrology Model [J]. Advances in Water Resources, 2013 (60): 135 - 147.

[304] Mostafavi S A, Afshar A. Waste Load Allocation Using Non - dominated Archiving Multi - colony Ant Algorithm [J]. Procedia Computer Science, 2011 (3): 64 - 69.

[305] Sun T, Zhang H, Wang Y. The Application of Information Entropy in Basin Level Water Waste Permits Allocation in China [J]. Resources, Conservation and Recycling, 2013 (70): 50 - 54.

[306] Wang S F, Yang S L. Carbon Permits Allocation Based on Two - stage Optimization for Equity and Efficiency: a Case Study within China [J]. Advanced Materials Research, 2012 (518): 1117 - 1122.

[307] 高柱，李寿德．基于水功能区划的流域初始排污权分配方式研究 [J]．上海管理科学，2010 (5): 36 - 38.

[308] 黄彬彬，王先甲，胡振鹏，等．基于纳污红线的河流排污权优化分配模型 [J]．长江流域资源与环境，2011 (12): 1508 - 1513.

[309] 李如忠，钱家忠，汪家权．水污染物允许排放总量分配方法研究 [J]．水利学报，2003 (5): 112 - 115.

[310] 刘年磊，蒋洪强，卢亚灵，张静．水污染物总量控制目标分配研究——考虑主体功能区环境约束 [J]．中国人口，资源与环境，2014 (5): 80 - 87.

[311] 刘振军，杨迪雄．面向工程全局优化的混沌优化算法研究进展 [J]．计算力学学报，2016, 33

(3)：269－286.

[312] 王森，程春田，武新宇，等．自适应混沌整体退火遗传算法在水电站群优化调度中的应用[J]．水力发电学报，2014，33（5）：63－71.

[313] 张讲社，徐宗本，梁怡．整体退火遗传算法及其收敛充要条件［J］．中国科学（E辑），1997，27（2）：154－164.

[314] Read L，Madani K，Inanloo B. Optimality Versus Stability in Water Resource Allocation [J]. Journal of Environmental Management，2014，133（15）：343－354.

[315] LN Zhang，FP Wu，LL Yu，X Wang. Grey Clustering Evaluation Model Based on D－S Evidence Theory to Evaluate the Scheme of Basin Initial Water Rights Allocation [J]. Open Cybernetics & Systemics Journal，2015，9（1）：7－16.

[316] Wang Z，Zhu J，Zheng H. Improvement of Duration－based Water Rights Management with Optimal Water Intake On/Off Events [J]. Water Resources Management，2015，29（8）：2927－2945.

[317] FJ Chang，YC Wang，WP Tsai. Modelling Intelligent Water Resources Allocation for Multi－users [J]. Water Resources Management，2016，30（4）：1395－1413.

[318] M Wang，D Tang，Y Bai，Z Xiao. A Compound Cloud Model for Harmoniousness Assessment of Water Allocation [J]. Environmental Earth Sciences，2016，75（11）：1－14.

[319] Dou M，Wang Y. The Construction of a Water Rights System in China That is Suited to the Strictest Water Resources Management System [J]. Water Science & Technology Water Supply，2017，17（1）：238－245.

[320] A Kebede，D Chemeda，S Ayalew. A Framework for Defining Equity and Sustainability in the Nile River Basin [J]. International Journal of Water Resources & Environmental Engineering，2012（3）：44－54.

[321] 周晔，吴凤平，陈艳萍．基于降水量波动性的抗旱应急预留水量确定方法［J］．人民长江，2012，43（11）：11－15.

[322] 程铁军，吴凤平，章渊．改进的案例推理方法在政府应急预留水量预测中的应用［J］．水资源与水工程学报，2016，27（3）：1－5.

[323] 王冠孝，梁留科，李锋，等．区域旅游业与信息化的耦合协调关系实证研究［J］．自然资源学报，2016，31（8）：1339－1350.

[324] 吕志勇，王霞．商业健康保险与社会医疗保险系统耦合协调发展研究［J］．保险研究，2013，1（9）：31－42.

[325] 李健，滕欣．天津市海陆产业系统耦合协调发展研究［J］．干旱区资源与环境，2014，28（2）：1－6.

[326] 杜湘红．张家界旅游—经济—生态系统耦合协调分析［J］．统计与决策，2014，416（20）：146－148.

[327] 和瑞亚，张玉喜．区域科技创新系统与公共金融系统耦合协调评价研究——基于中国28个省级区域的实证分析［J］．科技进步与对策，2014，24（4）：31－36.

[328] 曾昭法，王颖．基于耦合协调度的金融生态系统协调发展研究［J］．统计与决策，2016，25（11）：140－143.

[329] 彭邦文，武友德，曹洪华，等．基于系统耦合的旅游业与新型城镇化协调发展分析——以云南省为例［J］．世界地理研究，2016，25（4）：103－114.

[330] 孙爱军，董增川，张小艳．中国城市经济与用水技术效率耦合协调度研究［J］．资源科学，2008，30（3）：446－453.

[331] 刘丽萍，唐德善．水资源短缺与社会适应能力评价及耦合协调关系分析［J］．干旱区资源与环境，2014，28（6）：13－19.

[332] 王琦，汤放华．洞庭湖区生态—经济—社会系统耦合协调发展的时空分异［J］．经济地理，2015，35（12）：161－202.

[333] 尹风雨，龚波，王颖．水资源环境与城镇化发展耦合机制研究［J］．求索，2016，1（1）：84－88.

[334] 张丽娜，吴凤平．基于GSR理论的省区初始水权量质耦合配置模型研究［J］．资源科学，2017（3）：461－472.

[335] 张丽娜，吴凤平，王丹．基于纳污能力控制的省区初始排污权ITSP配置模型［J］．中国人口·资源与环境，2016（8）：88－96.

[336] 张丽娜，吴凤平，张陈俊．用水效率多情景约束下省区初始水量权差别化配置研究［J］．中国人口·资源与环境，2015（5）：122－130.

[337] Ge Min，Wu Fengping，You Min. Initial Provincial Water Rights Dynamic Projection Pursuit Allocation Based on the Most Stringent Water Resources Management：A Case Study of Taihu Basin，China［J］．2017，9（1）：35.

[338] 葛敏，吴凤平，尤敏．基于奖优罚劣的省区初始水权优化配置［J］．长江流域资源与环境，2017，26（1）：1－6.

[339] 佟金萍，王慧敏，牛文娟．流域水权初始分配系统模型［J］．系统工程，2007，25（3）：105－110.